한 권으로 이해하는 중학 과학

한 권으로 이해하는
중학 과학

사와니이 지음 | 포뇽 그림 | 곽범신 옮김

시그마 북스

한 권으로 이해하는
중학 과학

발행일 2025년 9월 5일 초판 1쇄 발행
지은이 사와니이
그린이 포농
옮긴이 곽범신
발행인 강학경
발행처 시그마북스
마케팅 정제용
에디터 최윤정, 최연정, 양수진
디자인 김문배, 강경희, 정민애

등록번호 제10-965호
주소 서울특별시 영등포구 양평로 22길 21 선유도코오롱디지털타워 A402호
전자우편 sigmabooks@spress.co.kr
홈페이지 http://www.sigmabooks.co.kr
전화 (02) 2062-5288~9
팩시밀리 (02) 323-4197
ISBN 979-11-6862-399-6 (03400)

"CHUUGAKU NO RIKA" GA ISSATSU DE MARUGOTO WAKARU
© SAWANII 2024
Originally published in Japan in 2024 by BERET PUBLISHING CO., LTD., TOKYO
Korean Characters translation rights arranged with BERET PUBLISHING CO., LTD., TOKYO,
through TOHAN CORPORATION, TOKYO and EntersKorea Co., Ltd., SEOUL.

이 책의 한국어판 저작권은 ㈜엔터스코리아를 통해 저작권자와 독점 계약한 **시그마북스**에 있습니다.
저작권법에 의하여 한국 내에서 보호를 받는 저작물이므로 무단전재와 무단복제를 금합니다.

파본은 구매하신 서점에서 교환해드립니다.

* **시그마북스**는 ㈜시그마프레스의 단행본 브랜드입니다.

시작하며

이 책은 중학교 때 배웠던 과학을 재미있게 복습할 수 있게끔 주로 성인 여러분을 위해 집필했습니다.

'과학을 배운다'란 '자연에 대해 배운다'는 것을 말합니다. 성인이 된 지금이기에 과학을 다시 익힌다면 새로이 수많은 것을 발견할 수 있지 않을까요.

저는 공립 중학교의 과학 교사였습니다. 교사라는 직업에 지나치게 열중한 탓에 건강을 해쳐서 교사 일을 그만둘 수밖에 없었죠(5년이 걸렸고, 지금은 충분히 회복했습니다!).

퇴직 후, '중학교 과학의 고민 해결 사이트'라는 사이트를 운영하기 시작했습니다. 마침 교직원을 퇴직했던 시기와 코로나 사태가 유행했던 시기가 맞물리기도 했으므로 현직 교사 시절, 학생들의 등교 거부 문제에 대응했던 경험을 살려서 '전국의 중학생들이 격차 없이 과학을 공부했으면' 하는 바람으로 제작한 사이트였습니다.

여러분 덕분에 이 사이트는 전국의 중학생들에게 지지를 받아 누계 1000만 회 이상의 접속 수를 기록했고, 그 후로 운영하기 시작한 유튜브 채널 역시 구독자 수 8만 명을 기록하며 호평을 받았습니다.

평소에는 과학을 어려워하는 중학생을 대상으로 알기 쉬운 해설을 목표로 활동하던 저였습니다만, 이 책은 성인을 위해 집필했습니다.

 '중학교 과학의 재학습'과 '과학과 일상생활의 접목'에 중점을 두고 성심성의껏 쓴 책이죠.

본문은 성인뿐 아니라 과학에 자신이 있는 중학생, 고등학생에게도 도움이 되는 내용으로 채워져 있습니다. 이 책을 읽고 일상생활에서 발견되는 다양한 현상이 과학적 이론과 결부되어 여러분의 생활이 조금이라도 풍요로워진다면 그보다 더한 기쁨은 없겠습니다.

사와니이

차례

시작하며 ··· 6

제 1 장 생물

1-1 꽃가루를 옮기려는 식물의 노력 ················· 16
꽃이 하는 일

1-2 식물의 열매와 씨앗의 신비 ························ 19
꽃가루받이 전후의 식물의 모습

1-3 속씨식물과 겉씨식물 ································· 22
속씨식물과 겉씨식물의 차이

1-4 쌍떡잎식물과 외떡잎식물의 잎과 뿌리의 구조 ··· 25
쌍떡잎식물과 외떡잎식물의 특징

1-5 갈래꽃과 통꽃 - 민들레 꽃의 비밀 ············· 28
꽃잎의 구조

1-6 양치식물과 선태식물은 씨앗을 만들지 않고도 동료를 늘린다? ··· 32
씨앗을 만들지 않는 식물

1-7 척추동물의 특징과 5개 그룹이 뭔지 아시나요? ··· 35
척추동물 무리

1-8 거미는 곤충이 아니다? 절지동물이란 ········· 40
무척추동물 무리

1-9 머리에서 다리가 자라난다? 연체동물의 신비 ··· 45
연체동물 무리

1-10 생물의 몸은 무엇으로 이루어져 있을까? ···· 48
식물과 동물의 세포 구조

- **1-11 소화란? 사람의 소화기관의 구조** ·· 51
  소화와 흡수

- **1-12 허파에는 근육이 없는데도 호흡이 가능한 원리** ······················ 55
  허파의 구조와 하는 일

- **1-13 사람의 혈액 속 네 가지 성분** ·· 59
  혈액이 하는 일

- **1-14 동맥·정맥·동맥혈·정맥혈의 차이** ·· 62
  사람의 혈관과 혈액 순환

- **1-15 사람의 눈의 구조 - 눈에는 감지할 수 없는 장소가 있다?** ········· 67
  눈의 구조와 하는 일

- **1-16 사람의 귀의 구조 - 사람은 귀로 균형을 잡는다?** ···················· 70
  귀의 구조와 하는 일

- **1-17 자극과 반응 - 신경의 신비** ·· 73
  사람이 반응을 보이는 원리

- **1-18 유성생식과 무성생식이란? 장점과 단점** ································· 78
  생물이 늘어나는 방식

- **1-19 유전의 구조 - 아이의 혈액형은 예상할 수 있다** ······················ 83
  유전의 구조

- **1-20 먹이사슬과 생물의 균형** ·· 89
  먹고 먹히는 관계

- **1-21 산이 사체로 뒤덮이지 않는 이유는 무엇일까?** ························ 92
  분해자와 탄소의 순환

제 2 장 화학

- 2-1 금속은 자석에 붙는다는 것은 큰 착각? ·········· 96
  금속의 공통된 성질

- 2-2 유기물과 무기물이란? 단어의 유래를 알아보자 ·········· 99
  유기물과 무기물

- 2-3 밀도란 무엇일까? 위인을 통해 알아보자 ·········· 102
  밀도의 크기

- 2-4 상태변화란? 부피와 질량의 변화 ·········· 106
  상태변화와 부피·질량

- 2-5 온도란 무엇일까? 상태변화와의 관계성 ·········· 111
  상태변화와 온도

- 2-6 친숙한 기체의 성질 - 산소와 이산화탄소를 중심으로 ·········· 114
  기체의 성질

- 2-7 원자와 분자는 무엇이 다를까 ·········· 118
  원자와 분자의 차이

- 2-8 화학식을 보면 물질을 이해할 수 있다 ·········· 123
  물질의 화학식

- 2-9 화학반응식 쓰는 법의 중요 포인트 ·········· 126
  화학반응식 쓰는 순서

- 2-10 산소가 결합하는 변화와 제거되는 변화 ·········· 133
  산화와 환원

- 2-11 화학변화 전후의 질량과 질량보존의 법칙 ·········· 136
  화학변화와 질량

2-12 **이온이란? 원자의 구조와 이온이 생겨나는 원리** ········· 141
　　　이온이 생겨나는 원리

2-13 **이온화 경향과 전지의 구조** ········· 147
　　　금속의 이온화 경향

2-14 **산성·알칼리성의 성질과 정체** ········· 150
　　　산성과 알칼리성

2-15 **중화와 염 - 이온으로 알 수 있는 중화의 원리** ········· 154
　　　중화와 염

제 3 장 지구과학

3-1 **암석은 어디서 생겨났을까? 화성암의 비밀** ········· 160
　　　화성암의 구조

3-2 **이건 보석일까? 중학교 과학에서 배우는 광물** ········· 165
　　　다양한 광물

3-3 **퇴적암이란? 오랜 세월을 거치며 만들어진 암석** ········· 169
　　　퇴적암이 만들어지는 방식

3-4 **화석으로 알아보는 과거의 지구** ········· 174
　　　시상화석과 표준화석

3-5 **매그니튜드와 진도의 차이** ········· 177
　　　지진의 흔들림의 크기

3-6 **대지가 움직인다? 판 구조론이란** ········· 180
　　　판 구조론

3-7 **맑음과 구름 많음, 싸라기눈과 우박의 차이** ·············· 184
날씨의 종류와 기상기호

3-8 **헷갈리지 않게 16방위 외우는 법** ·············· 187
풍향과 16방위

3-9 **이슬점이란? 여름철 컵에 물방울이 맺히는 이유** ·············· 192
이슬점과 포화수증기량

3-10 **구름이 생겨나는 원리 - 구름 아래쪽이 평평해지는 이유** ·············· 198
수증기와 구름

3-11 **습도 100%란 무엇일까? 공기 중에 포함된 수증기** ·············· 201
습도를 구하는 법

3-12 **저기압과 고기압이란 무엇일까?** ·············· 205
등압선과 저기압·고기압

3-13 **전선이란 무엇일까? 전선이 생겨나는 원리와 특징** ·············· 209
다양한 전선

3-14 **태양의 특징 - 차원이 다른 에너지를 알아보자** ·············· 214
태양의 모습

3-15 **태양계란? 8개 행성의 특징** ·············· 217
태양계 행성의 특징

3-16 **하루 동안 별의 움직임 - 지구의 자전과 일주운동** ·············· 222
별의 일주운동

3-17 **당신은 반년 후 어디에 살고 있을까? 지구의 공전과 연주운동** ··· 225
별의 연주운동

3-18 **달의 신비 - 가장 가까운 천체의 신비** ·············· 230
달의 위상 변화

3-19 일식과 월식 - 태양과 달의 관계 ········· 236
　　　일식과 월식의 구조

3-20 금성이 보이는 때는 아침 혹은 저녁뿐? 그 이유는? ········· 241
　　　금성이 보이는 방식

제 4 장 　물리

4-1 빛의 신비 - 사물이 보이는 원리란? ········· 248
　　　빛과 물체가 보이는 방식

4-2 빛의 굴절 - 사물이 휘어져 보이는 이유 ········· 254
　　　빛의 굴절

4-3 불꽃놀이의 소리는 왜 늦게 들릴까? ········· 257
　　　빛과 소리의 속도 차이

4-4 힘의 세 가지 작용과 힘의 화살표 ········· 260
　　　힘의 작용

4-5 힘과 압력의 차이란? 일상생활에서 응용되는 힘 ········· 264
　　　힘과 압력의 차이

4-6 수압과 부력 - 각각의 의미를 정확하게 이해하자 ········· 267
　　　수압과 부력의 차이

4-7 무게의 단위는 kg이 아니다? ········· 273
　　　질량과 무게의 차이

4-8 직렬회로와 병렬회로란? 구분하는 포인트는 단 한 가지 ········· 276
　　　회로도를 보는 방식

4-9 전류란 무엇일까? 이미지로 간단하게 이해하자! ········· 280
　　　전류란 무엇일까

| 4-10 | **전압을 알면 회로를 알 수 있다! - 전류와의 차이는 무엇일까?** | 285 |
| | 전압이란 무엇일까 | |

| 4-11 | **옴의 법칙 - 이토록 편리한 법칙은 없다** | 292 |
| | 옴의 법칙의 계산 | |

| 4-12 | **정전기는 어째서 발생할까? 물체에 전기가 모이는 원리** | 295 |
| | 정전기가 발생하는 원리 | |

| 4-13 | **전류의 정체는 무엇일까? 전자의 신비를 알아보자** | 298 |
| | 전류의 정체 | |

| 4-14 | **자기장이란? 전류와의 신비한 관계** | 302 |
| | 전류와 자기장 | |

| 4-15 | **전자기 유도와 유도 전류 - 발전의 원리** | 306 |
| | 전자기 유도와 유도 전류 | |

| 4-16 | **플레밍의 왼손 법칙 - 그 유명한 법칙을 알아보자** | 311 |
| | 전류·자기장·힘의 관계 | |

| 4-17 | **모터가 돌아가는 이유는? 인간이 가진 지혜의 결정체** | 314 |
| | 모터의 구조 | |

| 4-18 | **등속직선운동과 관성의 법칙** | 318 |
| | 힘과 물체의 운동 | |

| 4-19 | **일이란? 과학에서 말하는 일과 일의 원리** | 321 |
| | 힘과 일의 관계 | |

| 4-20 | **역학적 에너지 보존의 법칙이란?** | 325 |
| | 운동 에너지와 위치 에너지 | |

| 4-21 | **에너지의 변환과 보존** | 331 |
| | 다양한 에너지 | |

생 물

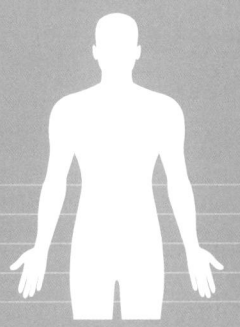

1-1 꽃가루를 옮기려는 식물의 노력

1 학년

―― 꽃이 하는 일

중학교 과학은 대부분의 경우 식물에 대해 알아보면서 시작합니다. 봄날의 따스한 햇살 속에서 다양한 식물을 관찰해보자는 것이죠.

식물 역시 다른 생물과 마찬가지로 살아남고 자손을 남기기 위해 다양한 노력을 기울입니다. 우선은 식물의 '**꽃**' 부분에 주목해서 배워보도록 합시다.

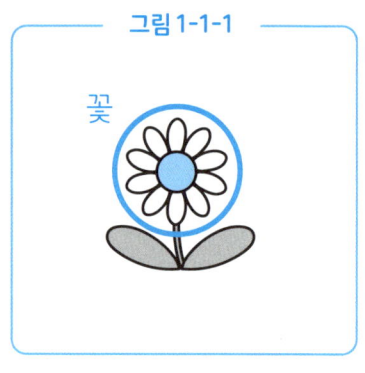

그림 1-1-1

꽃이란 그림1-1-1의 동그라미로 에워싼 부분을 말합니다. 여러분은 **식물이 어째서 꽃을 피우는지**, 생각해본 적이 있나요?

식물은 자손을 남기기 위해 꽃을 피웁니다. 그림1-1-2는 유채꽃입니다. 꽃은 보통 ①암술 ②수술 ③꽃잎 ④꽃받침으로 이루어져 있습니다.

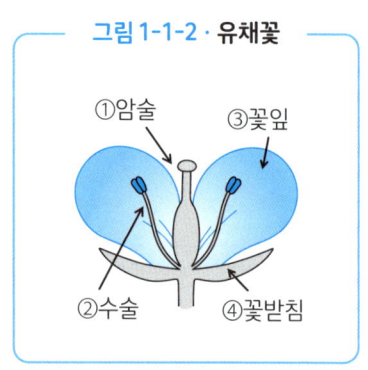

그림 1-1-2 · 유채꽃

수술 끝부분에는 '꽃밥'이라 불리는 자루가 있는데, 이 안에 꽃가루가 들어 있습니다. 그리고 꽃가루가 암술 끝부분에 묻으면(이것을 **꽃가루받이**라고 합니다) **종자**가 생겨납니다. 이렇게 식물은 자손을 만들어내는 것입니다. 참고로 종자란 학술적 용어로, 일상적으로는 '씨앗'이라는 표현을 사용합니다.

꽃가루받이를 할 때, 자신의 꽃가루를 다른 곳에 핀 같은 종류의 꽃에 묻힐 수 있다면, 유전자의 조합이 늘어나 더욱 뛰어난 자손을 남길 가능성이 높아지겠죠. 하지만 움직일 수 없는 식물이 어떻게 자신의 꽃가루를 멀리 떨어진 곳에 있는 식물에 묻힐 수 있는 것일까요.

한 가지 방법은 곤충을 이용하는 것입니다. 곤충을 이용해서 꽃가루를 나르는 식물을 '**충매화**'라고 합니다. 충매화는 보통 곤충을 부르기 위해 눈에 잘 띄는 꽃잎과 꿀을 만들어냅니다.

그림 1-1-3 · 충매화

충매화의 꽃가루는 끈끈하기 때문에 눈에 잘 띄는 꽃잎을 목표로 삼아 꿀을 모으러 온 곤충에게 들러붙습니다. 곤충이 다른 꽃으로 꿀을 모으러 가면 곤충에 묻어 있던 꽃가루가 암술 끝부분에 묻으면서 꽃가루받이에 성공하게 되는 것이죠.

충매화는 곤충을 이용하기 때문에 적은 꽃가루로도 **효과적으로 꽃가루받이를 할 수 있습니다.** 곤충을 유혹하는 방법 역시 다양한데, 썩은 고기 냄새로 파리를 모으거나, 암벌의 모습을 흉내 내서 수벌을 부르는 식물도 있답니다.

곤충이 아닌 바람을 이용해서 꽃가루를 나르는 식물도 있습니다. 이러한 식물을 '풍매화'라고 합니다. 대표적인 식물로는 삼나무·편백나무·소나무 등이 있습니다.

풍매화가 꽃가루받이를 하기 위한 작전은 단순합니다. '꽃가루를 잔뜩 만들어서 바람에 태워 흩뿌리는' 것이죠. 식물의 이름을 보고 알아차린 분도 있겠지만, 꽃가루알레르기의 대부분은 풍매화의 꽃가루 때문에 일어납니다.

풍매화는 곤충을 유혹할 필요가 없기 때문에 꽃은 그다지 눈에 잘 띄지 않습니다. 그 대신 꽃가루는 바람에 날아가기 쉬운 형태를 띠고 있죠. 이러한 식물의 노력에는 절로 감탄하게 되지만 인간에게는 영 성가신 결과를 불러오기도 합니다.

그림 1-1-4 · 풍매화

식물의 열매와 씨앗의 신비

—— 꽃가루받이 전후의 식물의 모습

앞서 식물이 씨앗을 만들어내기 위해, 꽃가루받이를 하려 노력하는 것에 대해 소개했습니다. 하지만 식물이 지혜를 짜낼 때는 꽃가루받이를 할 때뿐만이 아닙니다. 이번에는 꽃가루받이 전후의 식물의 모습을 자세히 살펴보겠습니다.

그림1-2-1은 꽃가루받이를 전후로 유채꽃의 변화를 나타낸 것입니다. 꽃가루받이 전의 암술에 주목해주세요. 암술 아래쪽의 볼록한 부분을 '**씨방**', 씨방 안의 알갱이를 '**밑씨**'라고 합니다.

꽃가루받이 후에 꽃이 어떻게 변했는지를 살펴봅시다. 씨방은 **열매**, 밑씨는 **씨앗**으로 변합니다. 열매라 하면 일반적으로 복숭아나 감 등이 떠오르지 않을까요.
　하지만 열매란 '**씨방이 성숙하면서 생겨난 것**'을 가리킵니다.

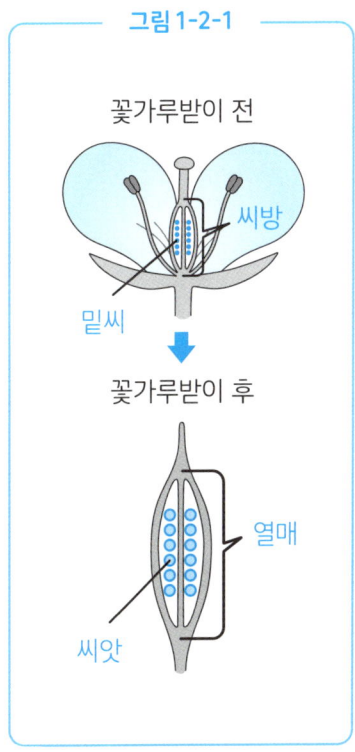

그림 1-2-1

덧붙여서 알아주셨으면 하는 점은 여러분이 먹는 열매(복숭아나 감 등)는 **본래 식물의 암술이었다**는 사실입니다. 식탁에 오르는 식재료가 어떻게 성장했는지에 주목하면 새로운 것을 발견할 수 있을 것입니다.

이어서 밑씨와 씨앗에 주목해봅시다. 씨방 안에 있는 밑씨가 씨앗의 바탕이 됩니다. 꽃가루받이 후에 밑씨는 씨앗으로 성장합니다. 복숭아나 감 등의 열매 안에는 씨앗(종자)이 들어 있습니다.

  사람은 씨앗을 먹기도 합니다. 예를 들어, 완두콩은 꼬투리 부분이 열매, 콩 부분이 씨앗입니다. 먹을 수 있는 부분이 열매가 아니라, **씨앗을 감싸고 있는 것이 열매**라고 이해하면 되겠습니다.

현실에는 맛있는 여러 열매가 존재합니다. 어째서 식물 중에는 맛있는 열매를 맺는 종류가 있는 것일까요. 그 해답은 '식물은 움직이지 못한다'라는 사실에 있습니다. 꽃가루받이와 같은 이유에서죠.

식물은 움직일 수 없기 때문에 스스로의 힘만으로 **씨앗을 멀리까지 옮기기가 곤란**합니다. 따라서 맛있는 열매를 만들어서 다른 동물이 씨앗까지 함께 먹게 하는 것입니다. 그리고 씨앗은 소화하기 어려운 형태로 만들어서 똥과 함께 배출시킵니다. 이렇게 해서 자신은 움직이지 못하더라도 씨앗을 멀리까지 옮길 수 있는 것이죠.

  열매를 맛있게 만드는 방법 외에도 식물은 다양한 수를 써서 씨앗을 옮깁니다. 민들레는 솜털, 단풍나무는 프로펠러처럼 생긴 열매를 만들어서 바람의 힘으로 씨앗을 멀리까지 날립니다.

등나무는 씨앗을 튕겨내고, 도꼬마리나 우엉은 열매가 동물 등에 들러붙기 쉽게끔 만들어져 있습니다. 지갑 따위에 쓰이는 벨크로 테이프(일명 찍찍이)는 우엉의 이 구조를 참고해서 발명되었습니다.

 땅콩은 땅속에서 자라다 많은 비가 내리거나 홍수가 일어나면 씨앗이 운반되는 구조를 이루고 있습니다. 온갖 방법으로 서식 지역을 넓히고자 하는 식물의 노력. 우리 인간도 '질 수 없다'라는 생각이 들지 않나요?

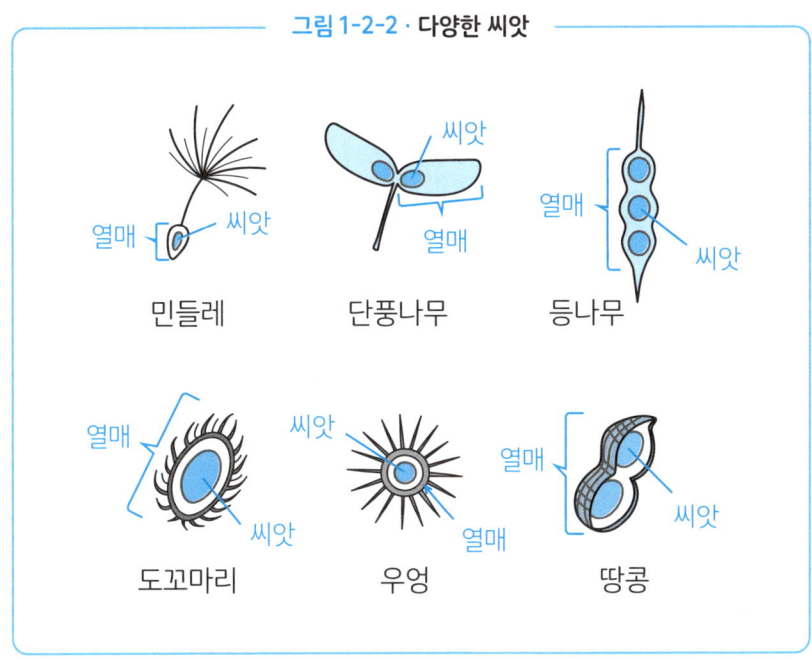

그림 1-2-2 · 다양한 씨앗

1학년

속씨식물과 겉씨식물

── 속씨식물과 겉씨식물의 차이

앞서 유채꽃을 예로 들어 열매나 씨앗으로 성장하는 과정에 대해 설명했습니다. 앞서 설명했듯이 밑씨가 씨방에 감싸여 있는 식물을 **속씨식물**이라고 합니다. 속씨식물은 꽃가루받이 이후, **씨방이 열매, 밑씨가 씨앗으로** 변하죠.

하지만 식물 중에는 씨방이 없어서 꽃가루받이 후에 열매를 만들지 않는 무리도 존재합니다. 이러한 식물을 **겉씨식물**이라고 합니다. 씨앗을 만들어서 무리를 늘려나가는 식물에는 속씨식물과 겉씨식물이 있습니다.

이번에는 대표적인 겉씨식물인 소나무에 대해서 설명해보겠습니다. **평소 우리가 상상하는 꽃과는 다른** 부분도 많은 소나무의 매력을 살펴보도록 합시다.

그림1-3-1이 소나무가 되겠습니다. 소나무에는 암꽃과 수꽃이라는 두 종류의 꽃이 핍니다. 암꽃과 수꽃을 보면 비늘처럼 생긴 인편(鱗片)이 다닥다닥 붙어 있습니다. 빨간색을 띤 암꽃은 유채꽃에서 말하는 암술과 비슷한 일을 합니다. 수꽃은 노란색으로, 수술과 비슷한 일을 합니다.

우선은 암꽃에 주목해봅시다. 암꽃의 인편을 핀셋으로 떼어내 보면 밑씨가 달려 있

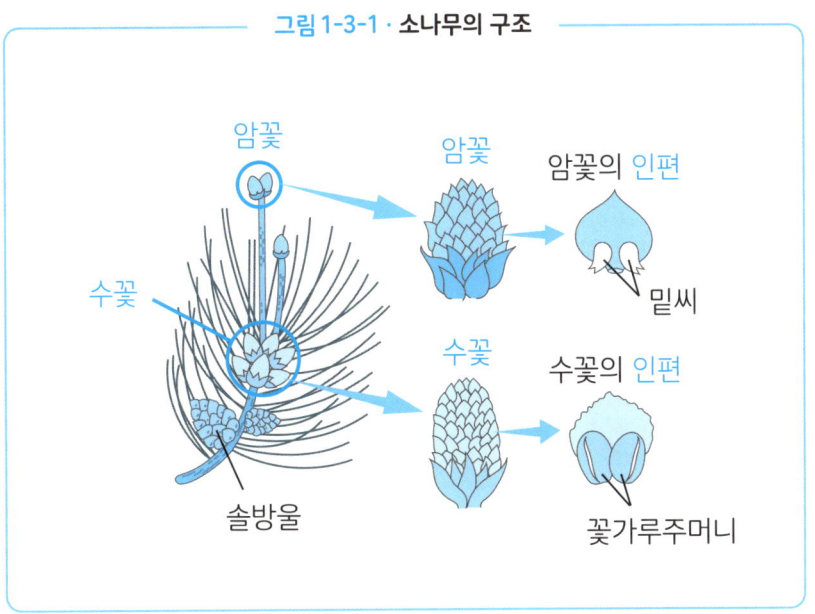

그림 1-3-1 · 소나무의 구조

다는 사실을 알 수 있습니다. 앞서 소개한 유채꽃과 같은 **속씨식물은 밑씨가 씨방에 감싸여 있었지만, 소나무에게는 씨방이 없어서 밑씨가 고스란히 드러나 있습니다.** 이러한 식물을 겉씨식물이라고 합니다.

한편, 밑씨란 꽃가루받이 이후에 씨앗이 되는 부분이죠. 소나무의 암꽃은 꽃가루받이 이후 약 2년에 걸쳐서 성장해 **솔방울**이 됩니다.

솔방울은 그 외에도 '송구', '송과', '송란'이라는 이름으로도 알려져 있습니다.

솔방울 안에는 씨앗이 들어 있습니다(그림1-3-2). 이는 암꽃의 밑씨가 성장한 것입니다. 솔방울에는 씨앗을 보호하는 역할이 있지만 열매와는 다릅니다. 소나무는 겉씨식물로, 씨방이 없기 때문에 열매는 맺지 못하죠.

이어서 소나무의 수꽃을 살펴보겠습니다(그림1-3-1). 수꽃 역시 인편이 다닥다닥 붙어 있습니다. 수꽃의 인편에는 **꽃가루주머니**가 달려 있는데, 이 안에 꽃가루가 들어 있습니다. 즉, 겉씨식물의 꽃가루주머니는 속씨식물의 꽃밥과 비슷한 역할을 하는 것이죠. 하지만 구조 등의 차이 때문에 이름을 나누어서 사용하는 경우가 많습니다.

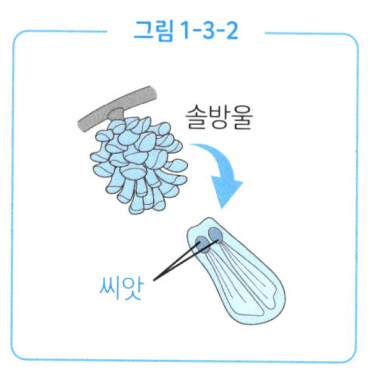

그림 1-3-2

솔방울 / 씨앗

소나무의 꽃가루에는 공기주머니가 달려 있어서 바람을 타고 날기 쉬운 구조를 하고 있습니다. 겉씨식물의 대부분은 풍매화로, 꽃가루를 바람에 날려 보내 꽃가루받이를 합니다.

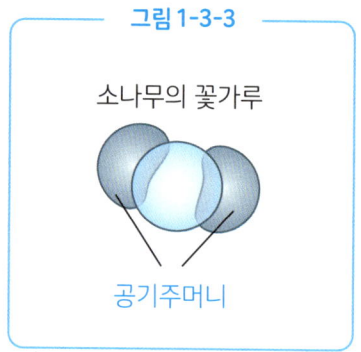

그림 1-3-3

소나무의 꽃가루 / 공기주머니

이것이 소나무 꽃의 구조입니다. 소나무는 곤충을 부를 필요가 없으므로, 꽃은 눈에 잘 띄지 않는 생김새를 하고 있습니다. 그렇기 때문에 보기에는 조금 수수하긴 하지만, 봄이 되면 꼭 소나무의 꽃을 자세히 관찰해보기 바랍니다.

1-4 쌍떡잎식물과 외떡잎식물의 잎과 뿌리의 구조

1학년

—— 쌍떡잎식물과 외떡잎식물의 특징

다음은 꽃이 아닌 식물의 잎과 뿌리의 구조에 주목해보겠습니다. 이번에 소개할 것은 쌍떡잎식물, 외떡잎식물이라는 식물의 무리입니다.

쌍떡잎식물이란 속씨식물 중에서도 떡잎이 2장인 식물의 무리를 가리킵니다. **떡잎**이란 식물이 씨앗에서 싹을 틔운 후 처음으로 나오는 잎을 말합니다.

한편 **외떡잎식물**은 속씨식물 중에서도 떡잎이 1장인 식물의 무리입니다. 일반적으로 떡잎이라 하면 2장을 떠올리는 경우가 많을지도 모르겠지만, 오른쪽 그림과 같이 떡잎이 1장인 식물도 있습니다.

쌍떡잎식물과 외떡잎식물의 차이는 떡잎의 개수뿐만이 아닙니다. **잎맥**이나 뿌리의 구조 역시 다릅니다.

그림1-4-1은 쌍떡잎식물과 외떡잎식물의 잎맥의 모습입니다. 잎맥이란 잎에서 볼

25

수 있는 구조로, 물이나 영양분이 다니는 길입니다. 물이나 영양분은 잎의 구석구석까지 도달해야 하므로 이와 같은 구조를 이루는 것입니다. 사람의 혈관과 비슷한 일을 한답니다.

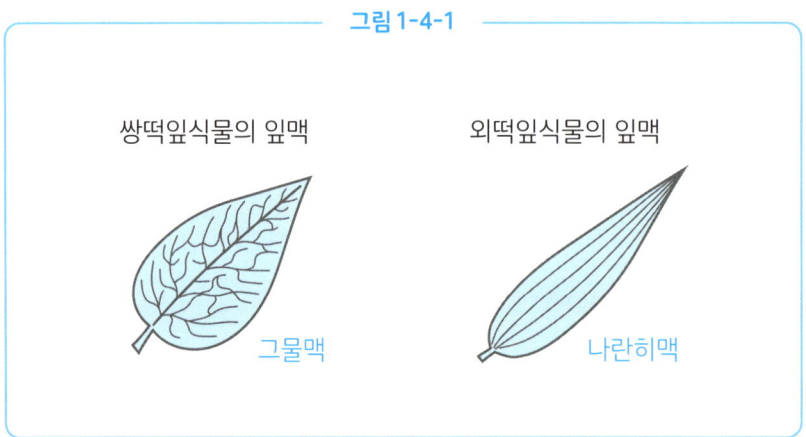

그림 1-4-1

쌍떡잎식물의 잎맥은 그물 형태를 이루고 있어 **그물맥**이라고 불립니다. 외떡잎식물의 잎맥은 나란히 뻗어 있기 때문에 **나란히맥**이라고 불립니다.

이어서 뿌리의 구조를 살펴보겠습니다(그림1-4-2). 쌍떡잎식물의 뿌리는 하나의 굵은 뿌리에서 가느다란 뿌리가 뻗어 나와 있습니다. 이 굵은 뿌리를 **원뿌리**라고 하며, 가느다란 뿌리를 **곁뿌리**라고 합니다. 한편 외떡잎식물의 뿌리는 모두 가느다란 뿌리로 이루어져 있답니다. 이러한 뿌리의 구조를 **수염뿌리**라고 합니다.

이처럼 쌍떡잎식물과 외떡잎식물은 **떡잎·잎맥·뿌리의 구조가 다릅니다.** 이 사실을 알고 있으면 식물의 일부만 보고도 전체적인 모습을 예상할 수 있습니다.

우리 주변의 식물로 생각해봅시다. 이를테면 양파는 어떨까요. 우리가 먹는 부분은 사실 잎 부분입니다(초록색을 띠고 있지는 않지만요. 이는 땅에 묻혀 있기 때문에 광합성을 할 필요

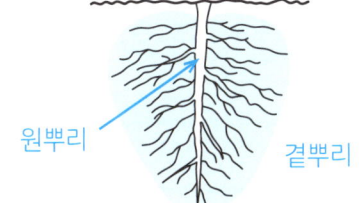

그림 1-4-2

쌍떡잎식물의 뿌리 — 원뿌리, 곁뿌리

외떡잎식물의 뿌리 — 수염뿌리

가 없어서 엽록체를 만들지 않기 때문입니다). 양파를 잘라 보면 나란히맥임을 알 수 있습니다. 즉, 양파는 외떡잎식물로, 뿌리는 수염뿌리의 형태를 이루고 있답니다. 양파에서 뻗어 나온 수염뿌리를 본 적이 있을 것입니다.

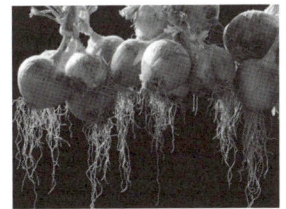

양파

한편, 시금치는 잎맥이 그물맥의 형태를 띠고 있습니다. 이 사실을 통해 시금치는 쌍떡잎식물임을 알 수 있습니다. 따라서 뿌리는 원뿌리·곁뿌리일 것이라 상상해볼 수 있습니다.

시금치

저는 곧잘 마당의 풀을 뽑고는 하는데, 수염뿌리인 식물은 원뿌리·곁뿌리인 식물보다 잘 뽑히는 경우가 많습니다.

 수염뿌리는 깊은 곳까지 뿌리를 내리기가 어렵기 때문이죠. 이처럼 뽑기 쉬울지, 뽑기 어려울지 역시 잎맥만 보더라도 판별할 수 있습니다. 여러분도 꼭 주변의 식물을 관찰할 때 이러한 지식을 활용해보기를 바랍니다.

갈래꽃과 통꽃 - 민들레 꽃의 비밀

1학년

—— 꽃잎의 구조

충매화는 벌레를 부르기 위한 표식으로 예쁜 꽃잎을 달고 있습니다. 꽃잎의 구조를 자세히 관찰하기 위해 유채꽃과 진달래꽃을 분해해봅시다.

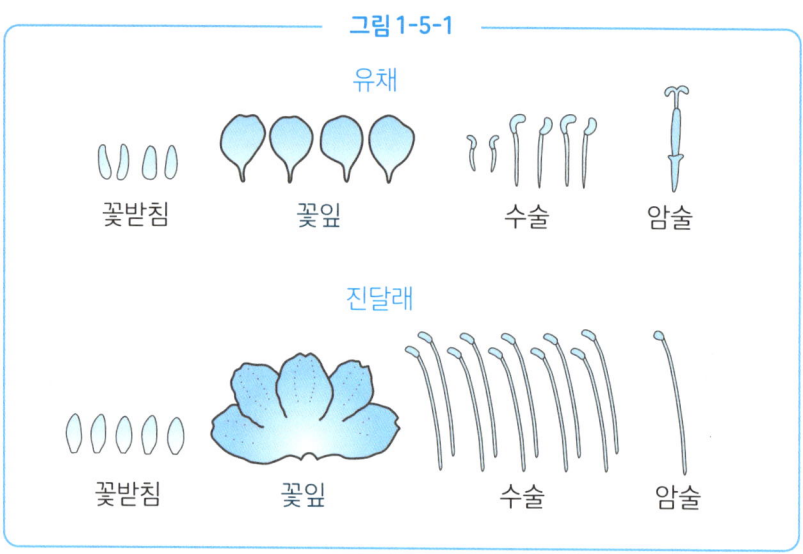

그림 1-5-1

여기서 **꽃잎에 구조적으로 차이**가 있다는 사실을 알 수 있습니다. 유채의 꽃잎은 한 장씩 떨어져 있는 반면, 진달래의 꽃잎은 붙어 있습니다.

유채처럼 꽃잎이 떨어져 있는 꽃의 무리를 '**갈래꽃류**'라고 하며, 진달래처럼 꽃잎이 붙어 있는 꽃의 무리를 '**통꽃류**'라고 합니다.

갈래꽃류의 대표적인 식물로는 유채·벚나무·제비꽃 등이 있으며, 통꽃류로는 진달래·나팔꽃·민들레 등이 있습니다.

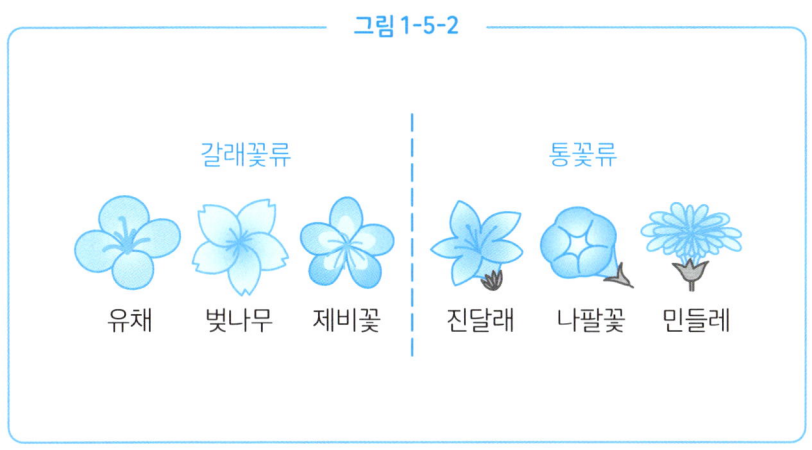

그림 1-5-2

여기서 많은 중학생이 착각하기 쉬운 꽃이 있습니다. 바로 민들레입니다. 민들레는 갈래꽃류가 아닌 통꽃류입니다.

하지만 민들레의 꽃을 떠올려보면 꽃잎이 한 장씩 떨어져 있는 것처럼 보입니다. 그런데 **어째서 민들레는 통꽃류**인 것일까요?

그 비밀은 민들레의 꽃 구조에 있습니다. 보통 우리가 보는 민들레는 하나의 꽃이 아니라 **수많은 꽃이 모여서 이루어진 형태**입니다. 민들레의 꽃을 그림1-5-3처럼 분해해보면 민들레의 꽃 하나를 관찰할 수 있습니다.

꽃 하나의 구조는 그림1-5-4와 같습니다. 길가에 핀 민들레를 분해해보면 육안으로

그림 1-5-3

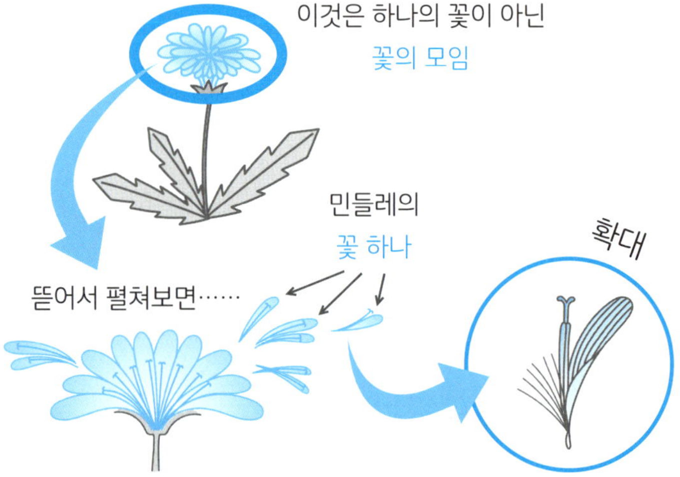

이것은 하나의 꽃이 아닌
꽃의 모임

민들레의
꽃 하나

뜯어서 펼쳐보면······

확대

도 암술 끝에 꽃가루가 묻어 있음을 확인할 수 있을 것입니다.

조금 전 '민들레는 통꽃류'라고 했습니다. 이야기를 되돌려보겠습니다. 민들레의 꽃 하나를 보면 꽃잎이 1장처럼 보이지만, 실은 꽃잎이 5장 붙어 있습니다. 즉, 민들레는 통꽃류라고 부를 수 있다는 뜻이죠.

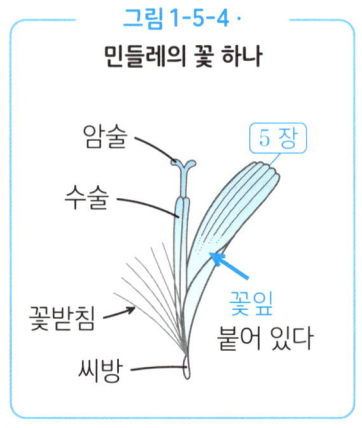

그림 1-5-4 · 민들레의 꽃 하나

암술
수술
5장
꽃받침
꽃잎 붙어 있다
씨방

민들레는 꽃가루받이 후, 모두에게 친숙한 솜털로 모습을 바꿉니다. 민들레의 꽃받침 부분이 솜털로 바뀌는 것이죠. 또한 일반적으로 씨앗이라 불리는 부분은 사실 열매로, 씨앗은 그 안에 있습니다.

친숙한 것일수록 자세히 살펴보면 새로운 것을 발견할 수 있습니다. 여러분도 길을 걸을 때, 약간의 의문이나 궁금증으로 눈길을 돌려보면 새로운 발견이 펼쳐질 것입니다.

그림 1-5-5 ·
꽃가루받이 이후의 민들레

열매
이 안에 씨앗이 있다

1-6 양치식물과 선태식물은 씨앗을 만들지 않고도 동료를 늘린다?

1학년

—— 씨앗을 만들지 않는 식물

앞서 다양한 식물의 무리를 소개했습니다. 지금까지 설명해온 식물의 무리는 모두 씨앗을 만들어서 동료를 늘리는 식물이었습니다. 씨앗으로 동료를 늘리는 식물은 식물 전체의 약 80%를 차지합니다.

바꾸어 말하자면 나머지 약 20%의 식물은 **씨앗을 만들지 않고 동료를 늘린다**는 뜻이겠죠. 이번에는 씨앗은 만들지 않는 식물의 대표인 양치식물과 선태식물에 대해 설명해보겠습니다.

우선 **양치식물** 무리인 개고사리를 살펴볼까요. 개고사리는 고사리 무리지만 먹을 수는 없으므로 주의하세요.

개고사리는 그림1-6-1과 같은 구조를 이루고 있습니다. 주의해야 할 포인트는 잎과 줄기의 구조입니다. 양치식물은 여기에 그려진 잎 전체가 잎 1장이기 때문에 주의하기 바랍니다. 그림1-6-2를 보면 이해하기 쉬울 것입니다.

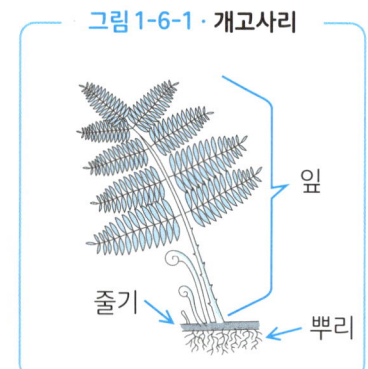

그림 1-6-1 · 개고사리

또한 양치식물의 **줄기는 땅속**에 있습니다. 이러한 줄기의 구조를 땅속줄기라고 합니다.

이 줄기에서 각각의 잎이 자라납니다. 참고로 양치식물 외에도 감자나 연꽃 등 땅속줄기를 가진 식물은 많습니다.

그림 1-6-2

모두 잎 1장

양치식물의 잎 뒷면을 살펴보면 갈색 알갱이 같은 것이 붙어 있습니다. 양치식물은 이것을 이용해 무리를 늘려나갑니다.

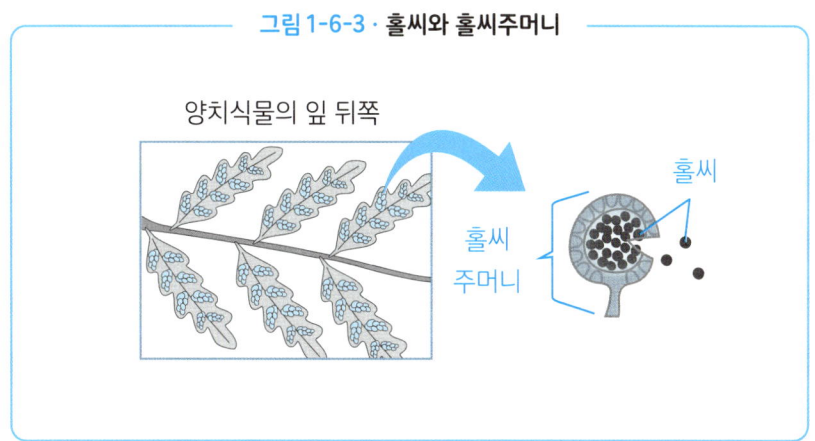

그림 1-6-3 · 홀씨와 홀씨주머니

이것은 **홀씨주머니**라고 합니다. 홀씨주머니 안에는 **홀씨**라고 불리는 작은 알갱이가 잔뜩 들어 있습니다. 양치식물은 **이 홀씨를 이용해 무리를 늘려나가는** 것입니다.

일반적인 홀씨의 장점은 하나의 식물에서 수십만, 수백만의 숫자를 만들어낼 수 있다는 점입니다. 홀씨 자체에는 영양분이 거의 없기 때문에 싹을 틔울 가능성은 낮지만 숫자가 많은 만큼 자손을 남길 가능성이 높은 것이죠.

씨앗은 홀씨와는 반대로 많은 숫자를 만들어내기는 어렵지만, 일반적으로 씨앗 안에는 영양분이 많이 함유되어 있기 때문에 싹을 틔우고 성장하기 쉽습니다.

첫머리에 썼듯이 현재는 씨앗으로 동료를 늘리는 식물이 더 많지만 홀씨에는 홀씨 나름의 장점이 있다는 뜻입니다.

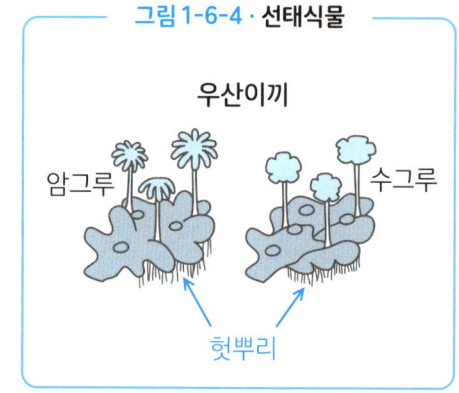

그림 1-6-4 · 선태식물

선태식물 역시 홀씨로 동료를 늘리는 대표적인 식물입니다. 선태식물은 뿌리·줄기·잎의 구별이 없다는 별난 특징을 가진 식물입니다.

  보통 식물은 뿌리에서 물을 흡수하지만, 선태식물에는 뿌리가 없기 때문에 **몸의 표면에서 물을 흡수**합니다. 또한 선태식물은 뿌리 대신 헛뿌리라는 기관을 갖고 있습니다. 헛뿌리가 주로 하는 일은 몸을 고정하는 것으로, 지면이나 바위 등에 달라붙을 수 있게 해줍니다. 헛뿌리가 있기 때문에 선태식물은 바위에서 자라는 듯이 보이는 것이죠.

이번에는 씨앗을 만들지 않는 식물에 대해 설명했습니다. 식물이라 하면 씨앗을 통해 불어난다는 느낌이 강하지만 씨앗 외에 다른 방법으로 동료를 늘리는 식물도 적지 않습니다.

1학년

척추동물의 특징과 5개 그룹이 뭔지 아시나요?

—— 척추동물 무리

지금부터는 동물의 무리에 대해 설명해보겠습니다. 동물은 크게 '**척추동물**'과 '**무척추동물**'로 나눌 수 있습니다. **척추란 등뼈**를 말합니다(비슷한 말로 척수가 있습니다. 척수는 척추 안에 있는 신경 다발을 가리킵니다).

척추를 가진 동물을 척추동물이라 하고, 척추가 없는 동물을 무척추동물이라고 합니다. 이번에는 척추동물에 대해 알아보겠습니다.

척추동물은 5개 그룹으로 나뉩니다. 바로 어류·양서류·파충류·조류·포유류랍니다. 이 그룹들의 이름은 들어본 적이 있을 것입니다. 이 그룹에 포함된 생물은 모두 등뼈를 가진 동물입니다. 생선 등은 먹을 때 등뼈가 눈에 보이니 이해하기 쉽겠네요.
　척추동물의 그룹은 각각 다른 특징이 있습니다. 우선은 새끼가 어떻게 태어나는지에 대해 알아보겠습니다. 포유류 이외의 무리는 알에서 새끼가 태어납니다. 알에서 새끼가 태어나는 동물의 번식 방법을 **난생**이라고 합니다.

포유류는 어미의 자궁 속에서 어느 정도 성장한 뒤에 새끼가 태어납니다. 이러한 번식 방법을 **태생**이라고 합니다. 태생은 포유류의 가장 큰 특징이라고도 볼 수 있죠.

제1장 생물

35

그림 1-7-1 · 척추동물의 분류

	어류	양서류	파충류	조류	포유류
등뼈	있다	있다	있다	있다	있다
새끼가 태어나는 방식	난생	난생	난생	난생	태생
알이 자라는 장소	물속	물속	육상	육상	-
주요 생활 장소	물속	물가	육상	육상	육상
호흡 방법	아가미	새끼: 아가미와 피부 부모: 허파와 피부	허파	허파	허파
몸의 표면	비늘	축축한 피부	비늘	깃털	털
예	붕어 상어	개구리 영원	악어 거북 도마뱀붙이	비둘기 참새 펭귄	고양이 고래 박쥐 사람

또한 그림1-7-1의 표에는 나와 있지 않지만 일반적으로 어류·양서류·파충류는 알을 낳고 떠나고 조류와 포유류는 새끼를 돌봅니다. 이러한 차이 역시 재미있는 부분이죠.

물론 **모든 동물이 그림1-7-1의 표에 적용되는 것은 아닙니다.** 예를 들어, 악어는 파충류지만 새끼를 돌보고, 오리너구리는 포유류지만 알을 낳습니다. 이처럼 예외가 있다는 사실도 함께 이해하기 바랍니다.

이어서 몸의 표면에 대해 알아보겠습니다. 특히 주목해야 할 부분은 양서류와 파충류입니다. 이 두 그룹은 차이를 알기 어렵기 때문에 분간할 때에는 몸의 표면을 비교해보면 알기 쉽습니다.

개구리나 영원* 등 양서류의 몸의 표면은 축축한 피부로 이루어져 있지만, 악어나 거북 등의 파충류의 몸은 비늘로 덮여 있습니다.

영원

양서류와 파충류에서 특히 구별하기 어려운 것이 영원과 도마뱀붙이입니다. 도마뱀붙이는 '수궁(守宮)'이라고도 하는데, 집 주변의 해충을 잡아먹기 때문에 '집(宮)'을 '지키는(守)' 동물이라는 이름이 붙었다고 합니다. 여러분도 영원과 도마뱀붙이를 구별할 때는 몸의 표면을 참고하면 바로 구별할 수 있을 것입니다.

도마뱀붙이

척추동물의 그룹을 나눌 때 착각하기 쉬운 동물들은 그 외에도 많습니다. 대표적인 사례는 어류인 상어와 포유류인 고래가 아닐까요. 고래는 알을 낳지 않으므로 포유류입니다. 고래의 조상은 땅 위에서 살고 있었지만 그곳에서 바다로 삶의 터전을 옮긴 것입니다. 그래서 고래의 뼈에는 뒷다리의 흔적을 찾아볼 수 있습니다.

* 도롱뇽의 일종-옮긴이

또한 고래는 포유류이기 때문에 허파로 호흡을 합니다. 따라서 몇 분~몇 시간에 한 번씩 호흡을 하기 위해 해수면으로 올라와야 합니다. 고래가 바닷물을 내뿜을 때가 바로 호흡하는 순간입니다.

이어서 포유류인 고래나 돌고래는 어류와 꼬리지느러미를 움직이는 방향이 다릅니다. 이는 육지로 올라온 동물이 다시 바다로 돌아가기 위해 진화하는 과정에서 생겨난 차이로 생각됩니다.

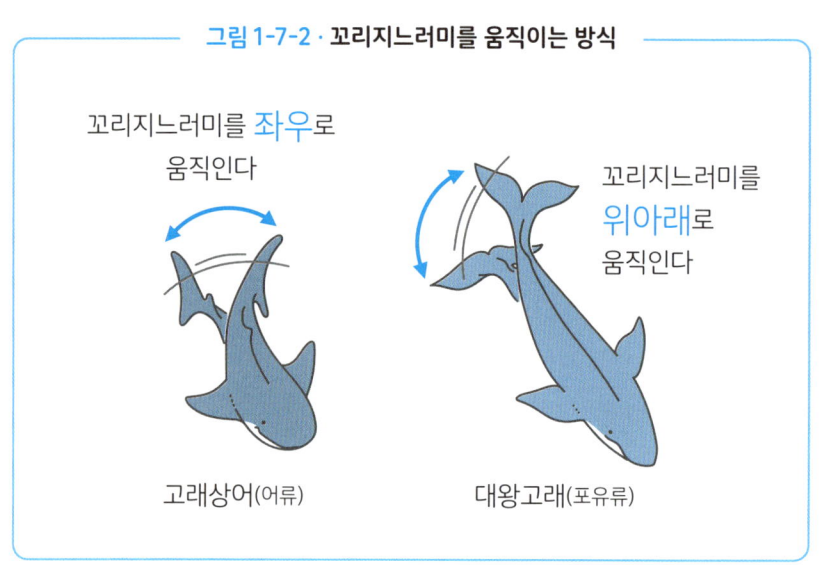

그림 1-7-2 · 꼬리지느러미를 움직이는 방식

마지막으로 **사람의 몸 표면**에 대해서도 간단하게 설명해두겠습니다. 일반적인 포유류는 개·고양이·사자 등으로 대표되듯이 털로 뒤덮여 있습니다. 그런데 어째서 사람은 털이 듬성듬성 자라나게 진화한 것일까요.

그것은 체온 조절, 특히 몸을 식히는 기능에 특화되었기 때문입니다. 사람은 몸 곳곳에서 땀이 흐르기 때문에 다른 동물에 비해서 체온을 식히는 능력이 뛰어납니다.

그 덕분에 다른 동물이 더워서 움직일 수 없는 낮에 오랫동안 활동할 수 있게 되었죠. 그리고 체온 상승에 약한 뇌를 오랫동안 사용할 수 있게끔 진화를 했다고 말하기도 합니다.

이처럼 포유류는 하나의 그룹 안에서도 독자적으로 진화를 했다는 사실을 알 수 있습니다. 여러분도 꼭 척추동물의 공통점이나 차이점을 찾아보기 바랍니다.

1-8 거미는 곤충이 아니다? 절지동물이란

— 무척추동물 무리

척추동물에 이어서 **무척추동물** 무리를 살펴보겠습니다. 지구상의 동물 중 95% 이상은 무척추동물이라고 합니다. 앞서 설명한 척추동물은 동물계 안에서는 매우 적은 숫자인 셈이죠.

무척추동물은 어떻게 분류할 수 있을까요. 그림1-8-1은 무척추동물의 분류를 그림으로 나타낸 것입니다.

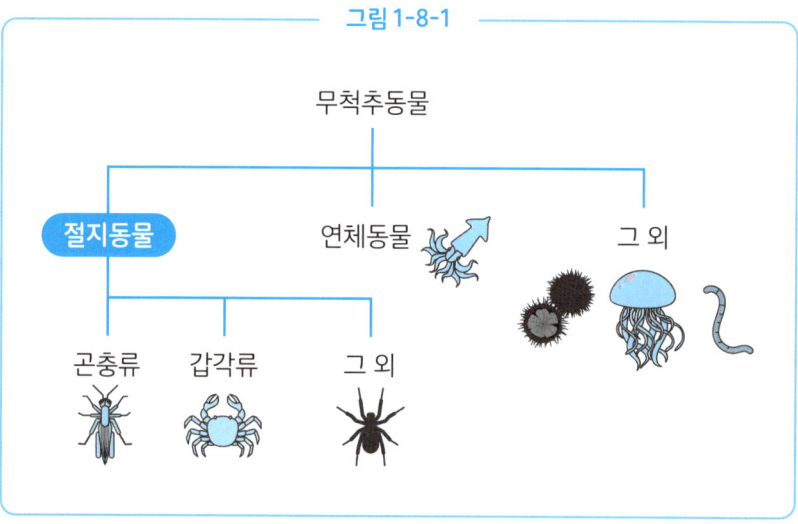

그림 1-8-1

무척추동물은 크게 절지동물·연체동물·그 외의 동물로 나눌 수 있습니다. 이번에는 무척추동물 중에서도 **절지동물**에 대해 설명해보겠습니다.

절지동물은 크게 2개의 특징을 가진 동물입니다. 하나는 외골격을 가졌다는 점, 나머지 하나는 몸이나 다리에 **마디**가 있다는 점입니다.

외골격이란 몸의 바깥쪽에 있는 골격을 말합니다. 반대로 우리 척추동물의 골격은 **내골격**이라고 부릅니다.

그림1-8-2와 같이 척추동물은 안쪽에 골격이 있고, 그 바깥쪽에 근육이 있죠. 한편 절지동물은 외골격이기 때문에 바깥쪽에 골격이 있고, 그 안쪽에 근육이 있습니다.

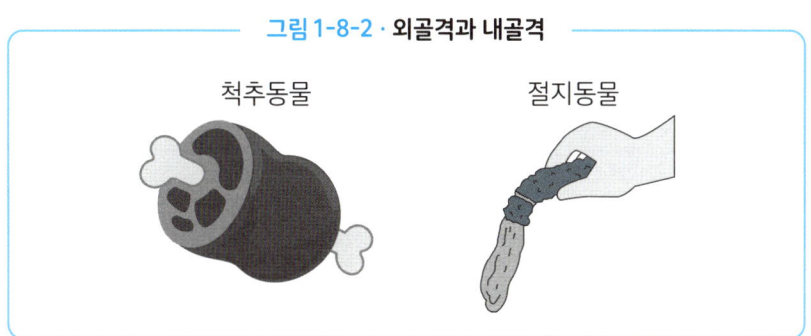

그림 1-8-2 · **외골격과 내골격**

절지동물의 특징 두 번째는 몸이나 다리에 마디가 있다는 사실입니다. 마디란 사람으로 말하자면 관절과 같은 부분입니다. 절지동물은 외골격이기 때문에 마디를 알아보기 쉽죠.

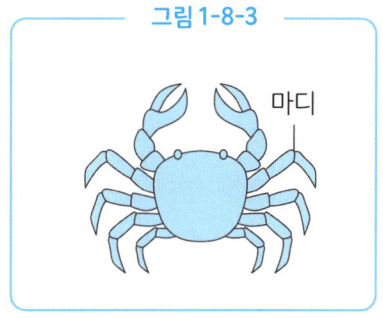

그림 1-8-3

이러한 특징을 지닌 절지동물은 크게 곤충류·갑각류·그 외의 동물로 더욱 세부적으로 나눌 수 있습니다. 우선은 곤충류부터 자세히 살펴보겠습니다.

곤충류는 지구상에서 약 80%를 차지하는 동물입니다. 무척추동물의 종류가 많은 이유 중 하나는 곤충류의 종류가 무척 많기 때문입니다. 지구상의 모든 인류의 몸무게와 모든 개미의 몸무게가 거의 같다고 여겨질 만큼 곤충류의 숫자는 매우 많습니다.

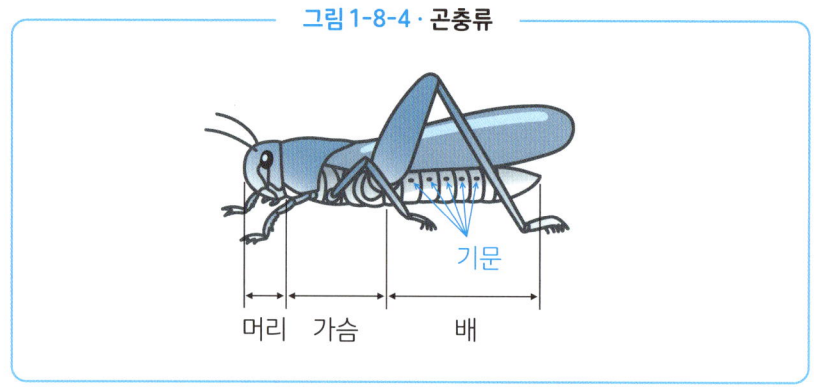

그림 1-8-4 · 곤충류

곤충류의 특징은 몸이 머리·가슴·배로 나뉘어 있다는 사실입니다. 가슴에는 마디가 있는 다리가 3쌍(6개) 있습니다. 몸 옆쪽에는 기문이라 불리는 구멍이 있는데, 이곳을 통해 공기를 빨아들여 호흡을 합니다.

또한 알을 까고 나온 애벌레가 생김새나 생활양식을 바꾸어서 어른벌레가 되는 과정을 **변태**라고 합니다(변태하지 않는 곤충도 있습니다).
　변태에는 완전변태와 불완전변태의 두 종류가 있습니다. 완전변태란 나비·벌·장수풍뎅이처럼 **애벌레→번데기→어른벌레**로 변하는 것을 말합니다. 한편 불완전변태는 잠자리·메뚜기·매미처럼 번데기 시기가 없는 경우를 말합니다.

곤충은 우리와 가장 가까운 동물이라고도 볼 수 있습니다. 기회가 있다면 꼭 우리 주변의 곤충을 관찰해보기 바랍니다.

곤충류 이외의 절지동물로는 갑각류가 있습니다. 갑각류의 대표적인 생물로 게나 새우 등을 꼽을 수 있습니다. 갑각류 역시 다양한 종류가 있지만, 바다에 서식하는 생물이 많아 곤충류만큼 친숙하지는 않습니다.

갑각류는 몸이 단단한 껍질로 뒤덮여 있으며, 두흉부(머리와 가슴)와 배로 나뉘어 있습니다(생김새가 희한한 종류도 많습니다). 물속에서 생활하는 갑각류는 아가미로 호흡을 하지만 육지에서 생활하는 갑각류는 다른 부분으로 호흡합니다.

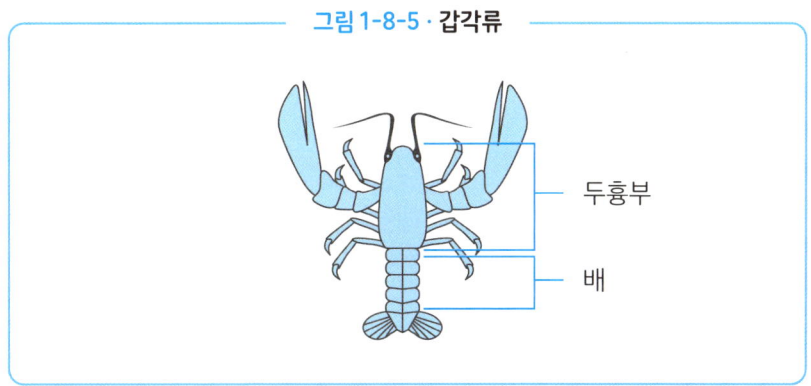

그림 1-8-5 · 갑각류

또한 절지동물로는 곤충류·갑각류 외에도 다양한 종류가 있습니다. 거미류·지네류·노래기류 등이 대표적인 생물이겠죠. 이들은 일반적으로 '벌레'라고 불리지만 곤충은 아니라는 사실에 주목해야겠습니다.

거미류는 자세히 보면 다리가 8개 있습니다. 곤충류의 다리는 6개이므로 거미는 곤충과는 다른 종류임을 알 수 있죠. 거미는 생김새가 징그럽기 때문에 싫어하는 분도 많을 것입니다. 하지만 거미는 일부의 독거미를 제외하면 사람에게 해를 끼치지 않습니다. 오히려 사람이나 농작물에 해를 끼치는 해충을 잡아먹기 때문에 익충으로 여겨지는 경우가 더 많죠.

절지동물은 우리와 무척이나 가까운 동물입니다. 부디 흥미를 갖고 여러모로 알아봐주세요.

1-9 머리에서 다리가 자라난다? 연체동물의 신비

1학년

—— 연체동물 무리

무척추동물에는 절지동물 외에도 여러 종류가 있습니다. 이번에는 무척추동물 무리인 연체동물에 대해 설명해보겠습니다.

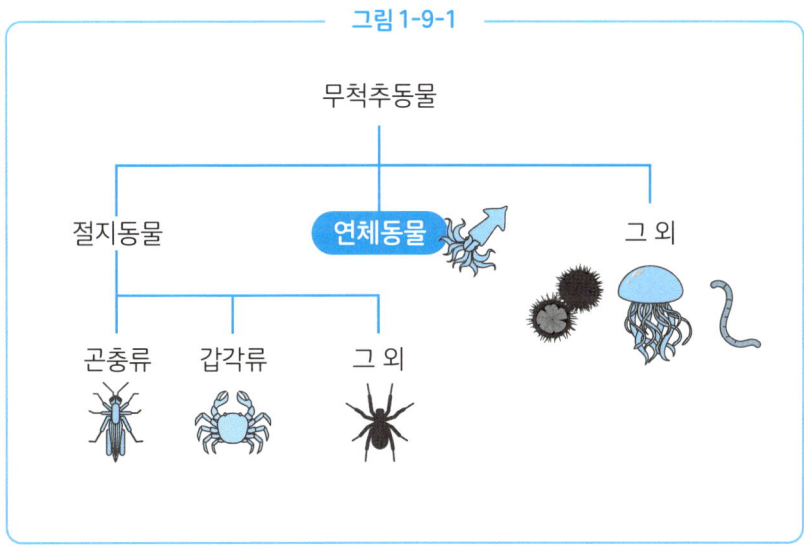

그림 1-9-1

연체동물이란 몸 바깥쪽이 **외투막**이라는 근육으로 이루어진 막으로 뒤덮인 생물을 가리킵니다. 뼈나 마디가 없으며 **근육으로 이루어진 다리를 이용해서 활동**합니다. 오징어나 문어, 가리비 등의 조개류, 달팽이 등을 꼽을 수 있습니다.

오징어나 문어 무리는 연체동물 중에서도 두족류(頭足類)라고 불립니다. 이름에서 알 수 있듯이 머리(頭)에서 다리(足)가 나와 있는 생물이죠. 외투막으로 뒤덮인 부분은 사실 머리가 아니라 몸통이니 주의해주세요.

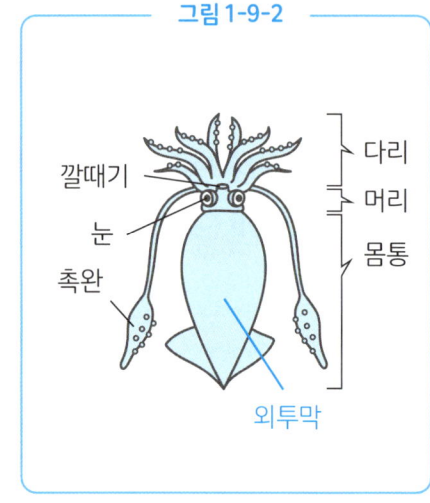

그림 1-9-2

외투막을 잘라서 펼쳐보면 내장의 형태를 관찰할 수 있습니다.

 해부라 하면 개구리 해부가 먼저 떠오를지도 모르지만 현재는 오징어 해부가 주류를 이루고 있습니다. 오징어는 평소에 요리를 할 때도 손질할 기회가 있다 보니 눈과 입, 몸의 구조를 확인하기 쉽습니다.

또한 오징어를 해부해보면 패각이라는 껍데기의 흔적도 찾아볼 수 있습니다. **과거, 오징어에는 껍데기가 있었다고 생각**됩니다. 몸의 형태가 흥미로울 뿐 아니라 생물의 진화도 체감할 수도 있기 때문에, 오징어는 해부에 알맞은 생물이라 할 수 있습니다.

조개류나 달팽이류도 연체동물 무리입니다. 연체동물은 몸이 부드럽기 때문에 껍데기로 자신의 몸을 지키는 동물이 많습니다.

달팽이와 무척 비슷한 생물로 민달팽이가 있습니다. 민달팽이 역시 달팽이와 마찬가지로 고둥류입니다. 달팽이에는 몸을 지키기 위한 껍데기가 달려 있지만 민달팽이에는 없죠. 민달팽이는 껍데기를 없애서 살아가는 데 필요한 에너지를 줄이는 데 성공했습니다.

참고로 달팽이의 껍질은 몸에 단단히 달라붙어 있어서 억지로 떼어내려 하면 죽고 맙니다. 달팽이의 껍질을 떼어낸다고 민달팽이가 되는 것이 아니니 주의합시다.

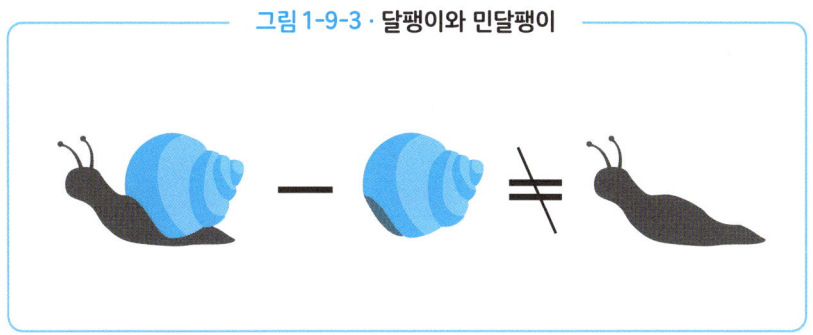

그림 1-9-3 · 달팽이와 민달팽이

이들이 바로 연체동물 무리입니다. 무척추동물에는 앞서 설명했던 절지동물과 이번에 설명한 연체동물 이외에도 성게나 해파리, 지렁이 무리 등 다양한 생물이 있습니다. 성게 중에는 200년 가까이 사는 종류도 있죠.

또한 지렁이는 수컷과 암컷 모두의 성질을 지닌 종류가 있습니다(자웅동체). 따라서 마주친 두 개체가 모두 알을 낳을 수 있으므로 자손을 효율적으로 불려나갈 수 있습니다. 무척추동물 중에는 무척이나 독특한 생물이 아주 많답니다.

이것으로 생물의 분류에 관한 이야기를 마치고자 합니다. 현재 지구상에 살아남은 생물은 모두 살아남기 위해 다양한 노력을 기울이고 있습니다. 뭔가 하나라도 관심이 가는 생물이 있었다면 꼭 자세히 조사해보기 바랍니다. 생물들의 살아남기 위한 노력에 감탄하게 될 테니까요.

다음부터는 생물의 몸 구조에 대해 설명해보겠습니다.

생물의 몸은 무엇으로 이루어져 있을까?

―― 식물과 동물의 세포 구조

2 학년

1665년, 영국의 로버트 훅은 직접 제작한 현미경을 이용해 코르크나무를 관찰해서 코르크나무가 작은 방처럼 생긴 물질로 이루어져 있다는 사실을 발견했습니다. 훅은 그 작은 방에 **세포**(cell)라는 이름을 붙였습니다.

그 후 많은 과학자의 연구를 통해 생물의 몸은 세포로 이루어져 있으며, **세포가 생물의 몸을 구성하는 최소 단위**라는 세포설을 확립해나갔습니다. 우리 사람의 몸 역시 약 37조~60조 개의 세포로 이루어져 있다고 합니다. 우리의 몸 안에 이토록 많은 세포가 활동하고 있다니, 신기한 느낌이 드네요.

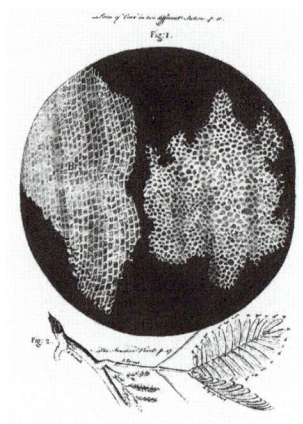

코르크

이번에는 세포, 특히 식물과 동물의 세포의 구조적 차이에 대해 살펴보겠습니다.

그림1-10-1은 **식물 세포와 동물 세포의 구조**입니다. 세포에는 동물과 식물이 모두 갖고 있는 구조와 식물에서만 볼 수 있는 구조가 있습니다.

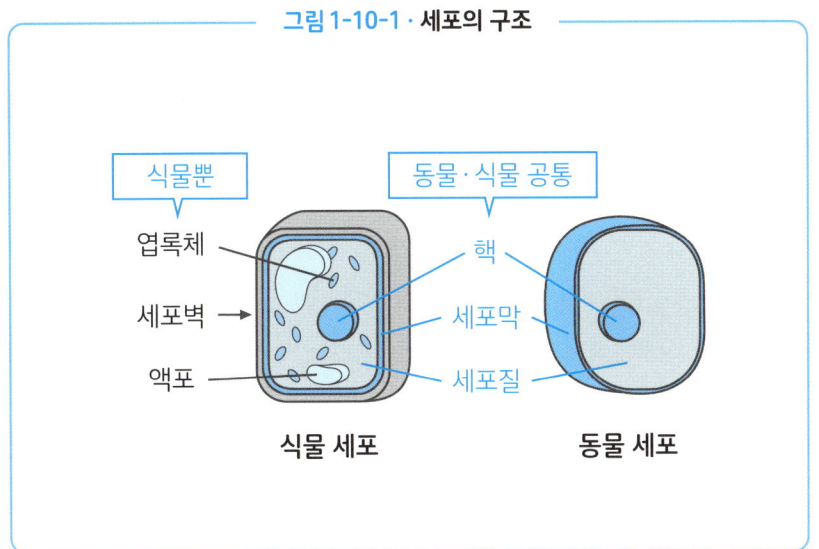

그림 1-10-1 · 세포의 구조

우선 식물에서만 볼 수 있는 구조를 설명하겠습니다. **엽록체**란 이름에서 알 수 있듯이 초록색을 띤 알갱이입니다. 엽록체는 주로 잎이나 줄기의 세포에 포함되어 있습니다. 식물은 엽록체로 **광합성**을 합니다. 광합성이란 이산화탄소·물·빛 에너지를 통해 영양분을 만들어내는 작용을 말합니다. 식물은 엽록체가 있기 때문에 음식물을 먹지 않고도 성장할 수 있는 것이죠.

이어서 **세포벽**입니다. 세포벽은 식물의 몸을 보호하고 몸의 형태를 유지하도록 도와줍니다. 식물은 동물과 다르게 **움직일 필요가 없습니다.** 그래서 골격이 아니라 세포벽을 이용해 몸을 단단하게 만드는 것입니다.

액포는 주로 수분이나 당류을 저장하는 작용을 합니다. 식물은 움직일 수 없으므로 언제 광합성이나 수분 흡수가 불가능해질지 알 수 없습니다. 그래서 액포에 이것들을 저장해두는 것입니다.

동시에 액포는 노폐물을 저장하는 기능도 있습니다. 식물은 배출 조직이 발달해 있지 않기 때문입니다. 액포는 움직일 수 없는 식물이 발달시킨 구조입니다(동물에도 액포는 있지만 발달해 있지 않습니다).

이어서 식물과 동물의 세포에서 공통적으로 찾아볼 수 있는 구조를 살펴보겠습니다. **핵**은 어느 세포에나 하나씩 있는 동그란 알갱이입니다. 핵 안에는 염색체라는 물질이 있는데, 여기에 유전정보가 포함되어 있습니다. 핵은 아세트산카민 용액(아세트산오르세인 용액)에 잘 물든다는 특징이 있습니다.

세포에서 핵을 제거한 부분을 **세포질**이라고 합니다. 호흡과 관련된 효소를 지닌 미토콘드리아 등이 포함되어 있습니다.

세포질의 바깥쪽 막을 **세포막**이라고 하는데, 세포 이외의 물질을 조절합니다. 생명활동에 필요한 물질을 흡수하고, 노폐물 등은 적극적으로 배출하는 작용을 합니다.

세포 안에서는 다양한 구조가 생명활동을 유지하기 위해 항상 일하고 있습니다. 사람 세포의 평균적인 크기는 약 0.02mm입니다. 생물의 정밀한 신체 구조는 정말이지 놀랍기만 하네요.

소화란? 사람의 소화기관의 구조

2 학년

—— 소화와 흡수

우리가 먹은 음식물은 몸 안에서 소화·흡수되고 나머지는 배설물로 배출됩니다. 이 과정에서 몸 안에서는 어떤 일이 벌어지고 있을까요. 이번에는 사람의 소화·흡수에 대해 알아보도록 하겠습니다.

소화기관은 크게 두 가지로 나뉩니다. 소화액을 분비하는 소화샘과 음식물이 직접 지나가는 **소화관**입니다. **소화관은 인간의 몸 안을 관통하는 하나의 관**으로, 입→식도→위→작은창자→큰창자 순으로 이어져 있습니다. 사람의 몸을 기다란 튜브라고 한다면 소화관은 튜브에 뚫린 구멍이나 마찬가지인 셈이죠. 사람의 소화관은 길이가 약 10m로, 높이로 바꾸어보면 아파트 4층 정도나 됩니다. 사람의 몸을 생각해보면 상당한 길이죠. 각각의 소화기관에서

그림 1-11-1 · 소화관

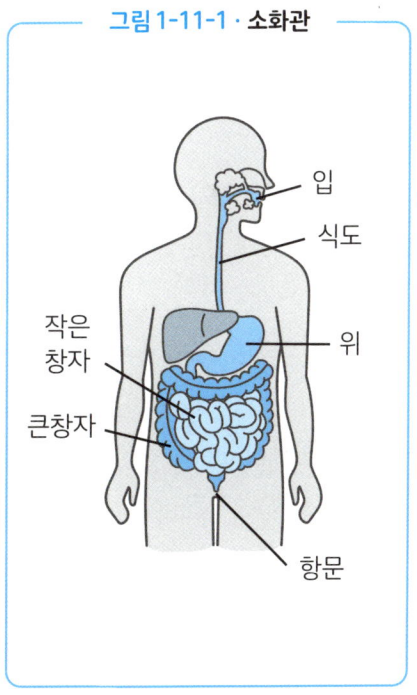

는 어떠한 작용이 벌어지고 있을까요. 자세히 살펴봅시다.

우선은 입입니다. 입에서는 음식물을 치아로 잘게 부숩니다. 그와 동시에 침샘에서 침을 분비해 전분을 분해합니다. 침에는 **아밀레이스**라는 소화효소가 함유되어 있는데, 이 효소가 전분을 분해하는 작용을 합니다.

식도는 연동운동을 통해 음식물을 위로 보내는 역할을 맡습니다. 연동운동이란 식도의 벽을 이루는 근육이 위에서 아래로 수축을 반복하며 위 안으로 음식물을 보내는 운동을 말합니다. 이 작용을 통해 사람은 누워서 밥을 먹어도, 물구나무를 선 채 밥을 먹어도 음식물을 위로 보낼 수 있습니다(위험하니 실제로는 하지 마세요).

음식물이 위로 보내지면 위 역시 연동운동을 시작해 음식물을 뒤섞습니다. 위는 어느 정도 늘어났다 줄어들었다 하는 기관이기에 잔뜩 밥을 먹더라도 늘어날 수 있답니다.

위액은 강한 산성으로, 음식물과 함께 들어온 세균을 살균합니다. 또한 위액에는 **펩신**이라는 소화효소가 포함되어 있어 단백질을 분해하는 작용을 합니다.

위에서 작은창자로 이어지는 부분에는 샘창자라 불리는 곳이 있습니다. 샘창자란 작은창자의 일부로, 30cm 정도의 길이지만 **간에서 만들어낸 쓸개즙, 췌장에서 만들어낸 이자액이 섞이는 중요한 부분**입니다. 이자액 안에는 라이페이스 등의 소화효소가 포함되어 있습니다.

소화된 음식물은 작은창자에서 흡수되지만 작은창자에서도 소화가 이루어집니다. 사람의 장 안에는 수많은 미생물이 살고 있습니다. 미생물도 음식물이 소화되지 않으면 영양분을 흡수할 수 없죠. 따라서 사람은 작은창자에서 마지막 소화를 실시하고, 그 후에 곧바로 흡수해서 흡수 효율을 높입니다.

작은창자에는 **융털**이라는 미세한 돌기가 돋아나 있습니다. 이 또한 흡수 효율을 높여주는 구조입니다.

융털은 **작은창자의 표면적을 늘려서 흡수 효율을 높여주는 작용**을 합니다. 사람의 작은창자는 6m 정도의 길이로, 넓히면 테니스장 하나 정도의 면적이 됩니다. 사람의 몸이 얼마나 영양분을 효율적으로 흡수하기 위한 구조를 이루고 있는지를 알 수 있죠(초식동물인 양은 훨씬 창자가 긴데, 약 30m나 됩니다).

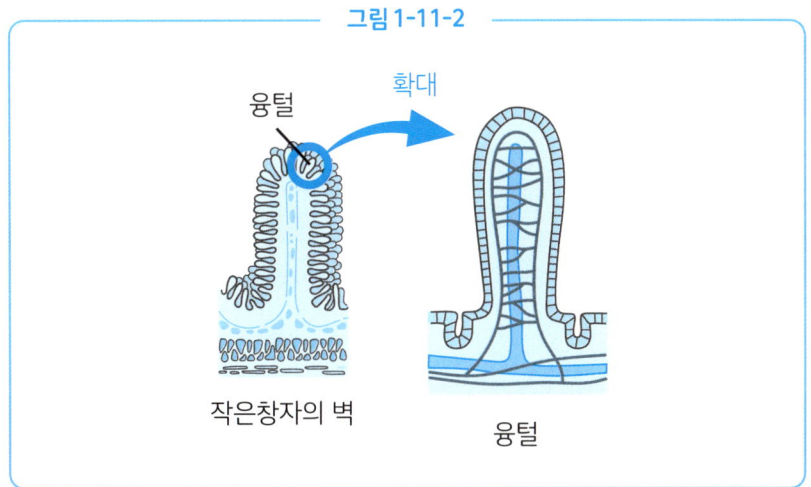

그림 1-11-2

큰창자는 1.5m 정도 되는 굵은 관입니다. 작은창자와는 다르게 융털이 없습니다. 소화나 영양분의 흡수는 거의 일어나지 않으며, 음식물에서 남은 수분을 흡수하는 작용을 합니다.

그림1-11-3은 사람의 몸에 포함된 소화효소와 영양분이 분해되는 과정입니다.

최종적으로 전분은 포도당, 단백질은 아미노산, 지방은 지방산과 모노글리세리드로 분해되어 흡수됩니다.

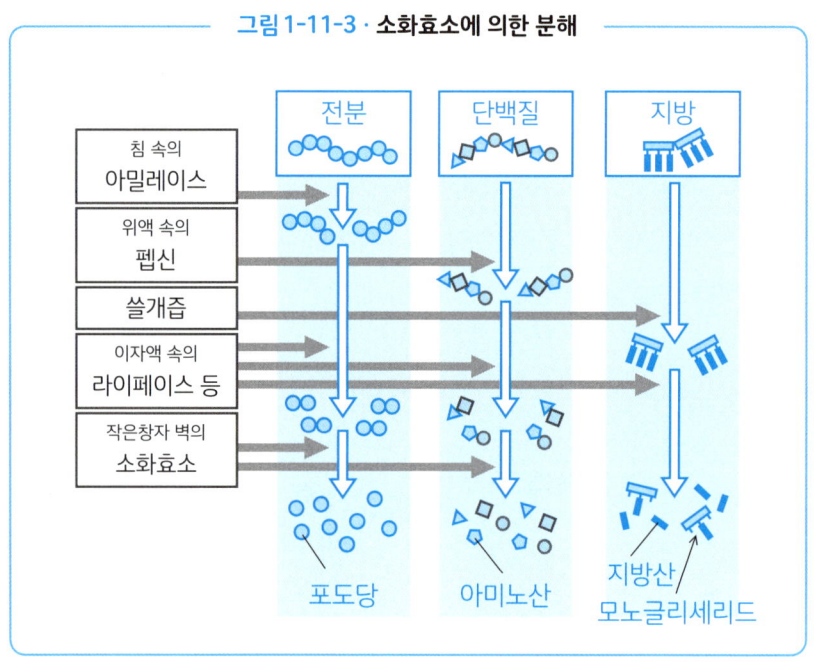

그림 1-11-3 · 소화효소에 의한 분해

이처럼 사람의 몸에서는 소화·흡수를 효율적으로 실시하기 위해 다양한 기관이 활약하고 있습니다. 우리가 먹은 음식물이 배설물로 배출되기까지 하나의 관 안에서 다양한 변화를 일으키고 있다니, 무척이나 흥미로운 일이죠.

1-12

허파에는 근육이 없는데도 호흡이 가능한 원리

2 학년

—— 허파의 구조와 하는 일

우리가 호흡하는 횟수는 하루에 약 20,000번입니다. 들이마시는 공기의 양 역시 무척이나 많은데, 하루에 500ml 페트병 약 30,000개 분량이죠. 질량(무게)으로 따지자면 약 18kg이나 됩니다. 이는 밥공기 약 100그릇 분의 질량입니다.

밥을 먹지 못하는 상황이라도 며칠이라면 어떻게든 살아남을 수 있을지 모릅니다. 하지만 공기가 없다면 몇 분도 버티지 못하겠죠. 이번에는 우리가 활동하기 위해 없어서는 안 될 **호흡**에 대해 살펴보겠습니다.

공기 중에는 질소가 약 78%, 산소가 약 21% 포함되어 있습니다. 참고로 이산화탄소는 약 0.04%로, 아주 적은 양이 포함되어 있죠.

사람은 호흡을 통해 산소를 몸 안으로 빨아들이고 이산화탄소를 내보냅니다. 그림1-12-1

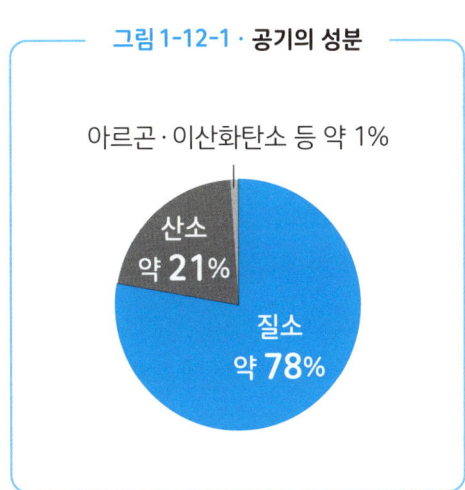

그림 1-12-1 · 공기의 성분

과 그림1-12-2를 비교해보면 내뱉는 숨에서는 산소가 줄어들고 이산화탄소가 늘어났음을 알 수 있습니다.

일반적으로 사람은 산소를 들이마시고 이산화탄소를 내뱉는다고 하지만, **내뱉는 숨에도 이산화탄소보다 산소가 더 많이 포함되어 있다**는 사실에 유의합시다.

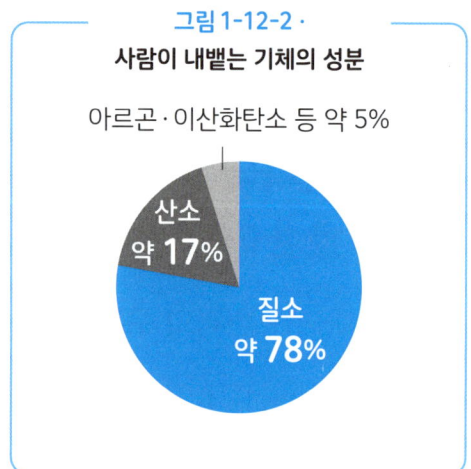

그림 1-12-2 ·
사람이 내뱉는 기체의 성분

이어서 사람이 호흡을 하는 구조에 대해 살펴보겠습니다. 사람의 호흡기관은 코(입)에서 시작되어 **기도**로 이어집니다. 음식물이 기도로 들어가지 않게끔 이루어져 있는데요, 삼킬 때 목 근육이나 혀에서 반사작용이 일어납니다(기도로 음식물이나 침이 들어가는 것이 바로 '사레'라는 현상입니다).

기도는 2개의 기관지로 나뉘어 한 쌍의 허파로 들어갑니다. 기관지는 허파 안에서 더욱 여러 갈래로 나뉩니다.

기관지의 끝부분에는 **허파꽈리**라는 작은 자루가 붙어 있습니다. 허파꽈리에는 모세혈관이 퍼져 있는데, 이곳에서 산소와 이산화탄소를 교환합니다.

허파꽈리가 달려 있기 때문에 **허파 전체의 표면적이 넓어져서 효율적으로 기체를 교환할 수 있는** 것입니다. 작은창자의 융털과 무척 비슷한 작용을 하는 셈이죠. 허파꽈리의 작용으로 인해 사람의 폐는 표면적이 50~100m^{2}나 된다고 합니다.

― 그림 1-12-3 ―

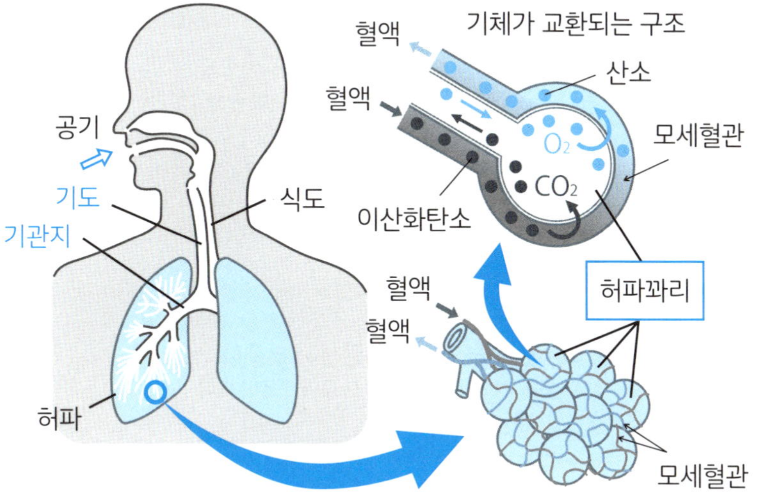

허파에는 심장 같은 근육이 없어서 스스로 운동하지 못합니다. 호흡운동은 **횡격막**(가로막)이라는 근육의 막과 갈비뼈 주변의 근육으로 이루어집니다.

이 허파의 운동을 모형으로 대체한 것이 그림1-12-4입니다. 횡격막이 쪼그라들어서 아래로 내려가면 허파 안으로 공기가 들어가 숨을 쉴 수 있게 됩니다.

반대로 횡격막이 늘어나서 올라가면 허파 안의 공기가 나와 숨을 토해낼 수 있지요.

사람은 이런 식으로 호흡을 합니다. 오른쪽의 QR코드에서는 **허파 모형이 움직이는 모습**을 동영상으로 볼 수 있으므로 스마트폰 등을 활용해서 꼭 확인해보기 바랍니다.

그림 1-12-4 · 허파 모형

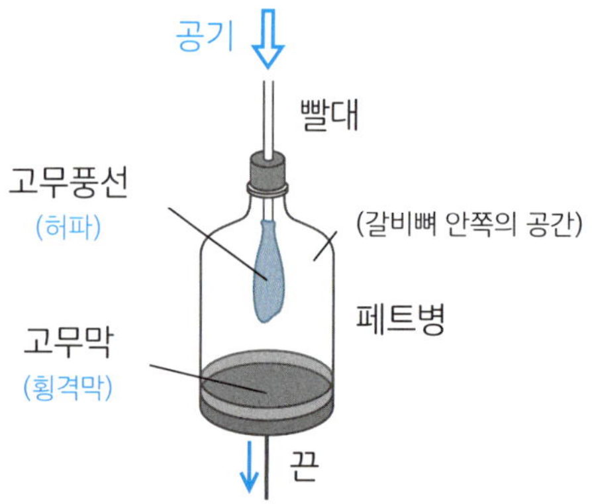

공기 ⇩
빨대
고무풍선
(허파)
(갈비뼈 안쪽의 공간)
페트병
고무막
(횡격막)
⇩ 끈

끈을 당기면 고무풍선이 부푼다
(횡격막이 내려가면 허파로 공기가 들어간다)

참고로 딸꾹질이 나오는 이유는 이 횡격막이 경련을 일으켰기 때문입니다. 딸꾹질은 특별한 이유가 없더라도 일어나는 현상으로, 건강한 사람에게서도 일어납니다.

이번에는 사람의 호흡의 원리에 대해 설명했습니다. 사람의 허파는 몹시 정교하게 만들어져 있습니다. 곤충 등은 허파가 없어서 산소를 온몸으로 보내기가 어렵기 때문에 몸을 커다랗게 진화하기 힘들다고 합니다. 우리는 몸이 큰데도 산소를 충분히 빨아들일 수 있는 것은 허파의 활약 덕분인 셈이죠.

2학년

사람의 혈액 속 네 가지 성분

―― 혈액이 하는 일

사람의 몸에는 4L나 되는 혈액이 끊임없이 흐르고 있습니다. 심장에서 보내진 혈액은 모세혈관을 지나 세포 하나하나에 산소나 양분을 보낸 후 심장으로 돌아옵니다. 이 혈관들을 한 줄로 이어보면 그 길이는 약 90,000km나 된다고 합니다(지구 한 바퀴가 약 40,000km).

이번에는 우리의 몸을 순환하는 혈액에는 어떤 성분이 있으며, 각각의 혈액 속 성분이 어떤 일을 하는지 살펴보도록 하겠습니다.

사람의 혈액에는 적혈구·백혈구·혈소판·혈장이라는 **네 가지 성분**이 있습니다. 적혈구·백혈구·혈소판의 세 가지는 고체 성분이며, 혈장은 투명한 노란색의 액체 성분입니다.

우선 **적혈구**가 하는 일을 살펴보겠습니다. 적혈구는 빨간색으

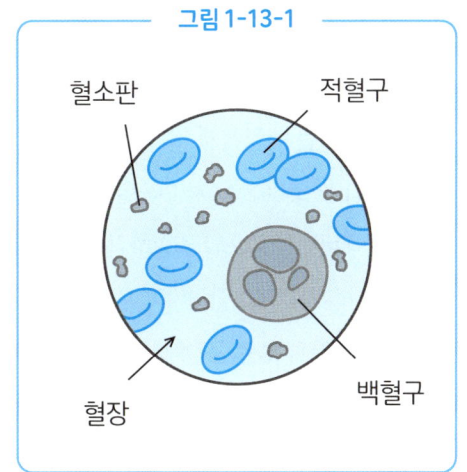

그림 1-13-1

로, 가운데가 움푹 팬 형태를 띠고 있습니다. 적혈구가 빨갛게 보이는 것은 **헤모글로빈**이라는 색소를 갖고 있기 때문입니다.

헤모글로빈을 가진 적혈구는 몸 안에 산소를 운반하는 일을 합니다.
 이는 헤모글로빈이 허파 등 산소가 많은 곳에서는 산소와 결합하고, 산소가 적은 곳에서는 산소를 떼어놓는 성질이 있기 때문이죠.

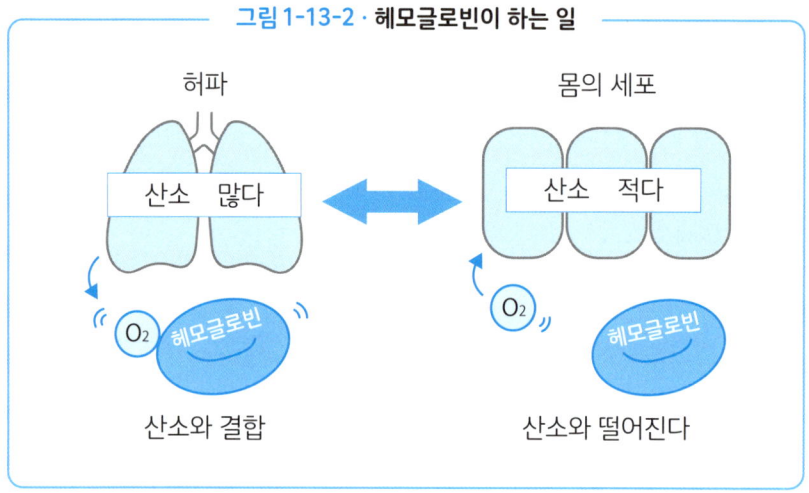

그림 1-13-2 · 헤모글로빈이 하는 일

적혈구와 관련해서 알아두었으면 하는 사실이 하나 있는데요, 바로 **헤모글로빈은 일산화탄소와 몹시 강하게 결합한다**는 것입니다. 그 결합의 세기는 산소보다 230배나 강하다고 합니다. 즉, 사람이 일산화탄소를 들이마시면 헤모글로빈은 일산화탄소와 결합해버려서 산소와 결합하기가 어려워진다는 뜻입니다. 그 결과, 사람의 몸은 산소 부족에 빠지고 만답니다. 이것이 바로 일산화탄소 중독입니다. 일산화탄소는 산소가 충분치 않은 공간에서 불완전연소가 일어나면 발생합니다. 뭔가를 태울 때는 환기에 충분히 주의를 기울이도록 합시다.

백혈구는 색소가 없는 혈구로, 몸 안으로 들어온 세균을 붙잡는 일을 합니다. 다쳤을 때 고름이 나오는 경우가 있는데, 이것은 세균과 세균을 무찌른 수많은 백혈구의 사체가 섞인 물질입니다.

그림 1-13-3

혈소판은 상처에서 피가 났을 때 혈액을 굳혀서 출혈을 막는 역할을 합니다. 딱지에는 적혈구 등과 함께 혈소판도 포함되어 있죠. 피가 멎지 않게 되었다간 그야말로 큰일이니 혈소판 역시 중요한 역할을 맡고 있는 셈입니다.

마지막으로 **혈장**입니다. 액체 성분인 혈장은 대부분이 물입니다. 음식물에서 흡수한 영양분이나 생명 활동을 통해서 발생한 불필요한 물질을 나르는 일을 합니다.

혈액은 무척이나 많은 역할을 합니다. 우리의 몸 대부분에서는 상처가 생기면 피가 나죠. 혈액이 우리의 몸 구석구석에 존재하면서 몸을 지켜주고 있다는 뜻입니다.

동맥·정맥·동맥혈·정맥혈의 차이

2 학년

―― 사람의 혈관과 혈액 순환

혈액에는 네 가지 성분이 포함되어 있으며, 전신을 순환해 우리의 생명활동을 유지하고 있다는 사실을 설명했습니다. 이번에는 혈관과 혈액에 관한 명칭을 정리해보려 합니다. 평소 접하는 단어의 의미를 제대로 짚어두면 몸의 구조를 한층 자세히 이해할 수 있을 것입니다.

이번에 설명할 용어는 동맥, 정맥, 동맥혈, 정맥혈, 이렇게 네 가지입니다. 우선 **동맥**과 **정맥**에 대해 살펴보도록 하겠습니다(그림1-14-1).

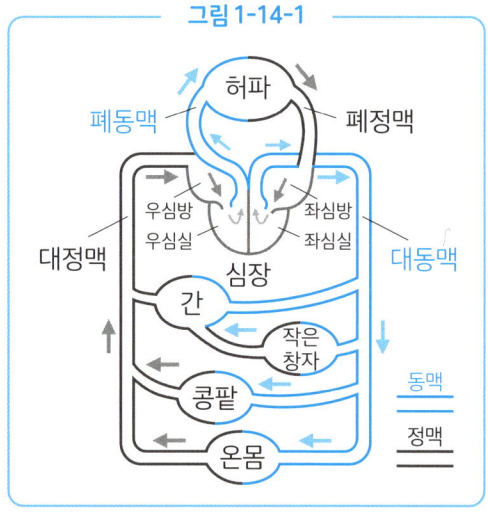

처음에 짚어두어야 할 부분은 **동맥과 정맥은 혈관**이라는 사실입니다. 동맥이란 심장에서 보내진 혈액이 흐르는 혈관을 말합니다. 혈액은 심장에서 보내져 온몸의 세포에 산소나 영양분을 전달한 뒤 다시 심장으로 돌아옵니다. 그중에서도 가는 길, **심장에서 보내진 혈액이 흐르는 혈관을 동맥**이라고 합니다. 우편배달에 비유하자면 우편물을 전달하러 갈 때 지나는 도로가 동맥인 셈이죠.

반대로 **정맥이란, 심장으로 돌아오는 혈액이 흐르는 혈관**을 말합니다. 심장으로 돌아오는, 다시 말해 오는 길의 혈액이 흐르는 혈관이 정맥이라는 뜻이죠. 우편배달로 말하자면 우편물을 전달하고 돌아오는 길의 도로가 바로 정맥입니다.

대표적인 동맥·정맥으로는 그림1-14-1처럼 대동맥·폐동맥·대정맥·폐정맥이 있습니다. **대동맥**은 허파 이외의 온몸으로 혈액을 보내는 동맥의 근본적인 줄기입니다. 지름이 약 2~3cm나 되는 인체에서 가장 큰 혈관이죠. **폐동맥**은 심장에서 허파로 향하는 혈액이 흐르는 혈관입니다.

또한 **대정맥**은 허파 이외의 온몸에서 혈액을 모아 심장으로 보내는 정맥의 근본적인 줄기입니다. **폐정맥**은 허파에서 심장으로 돌아오는 혈액이 흐르는 혈관입니다.

그림1-14-2는 동맥과 정맥의 구조입니다. 동맥의 특징은 혈관의 벽이 두껍다는 사실입니다. 동맥에서는 심장에서 보내진 혈액이 힘차게 흐릅니다. 따라서 혈관벽이 두껍고 탄력 있는 구조를 갖추고 있습니다.

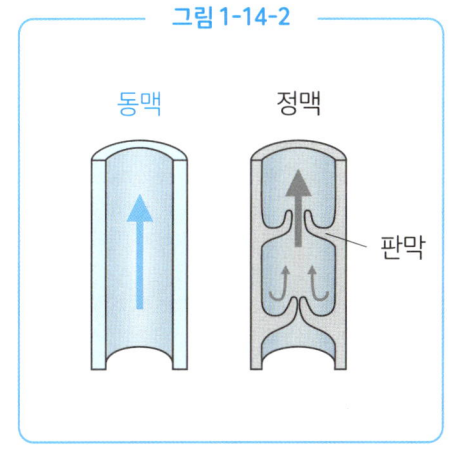

그림 1-14-2

한편 정맥은 동맥에 비해 흐름의 세기가 약하기 때문에 혈관 벽이 얇습니다. 더불어 판막이 붙어 있다는 점 역시 특징입니다. 판막은 혈액이 거꾸로 흐르려 하면 닫힙니다. 즉, 혈액의 역류를 막는 작용을 한다는 뜻이죠. 정맥에서는 심장으로 돌아오는 혈액이 흐르고 있습니다. 따라서 흐름의 기세가 약하기 때문에 판막이 없으면 혈액이 역류할 우려가 있습니다.

거듭 말하지만 **동맥과 정맥은 혈관**을 말하는 것이므로 정확히 짚어두도록 합시다. 그럼 이어서 동맥혈과 정맥혈에 대해서 알아보도록 하겠습니다.

동맥혈과 **정맥혈**은 **혈액**을 말합니다. 동맥혈이란 산소가 풍부하게 함유된 혈액을 뜻합니다. 정맥혈은 산소를 거의 포함하고 있지 않은 혈액을 뜻하죠. 동맥혈은 밝은 적색을 띠고 있지만 정맥혈은 어두운 적색을 띠고 있습니다.

그 이유는 헤모글로빈은 산소와 결합하면 밝은 색이 되고, 산소와 헤어지면 어두운 색이 되기 때문입니다. 여러분도 채혈 등을 할 때 자신의 혈액이 검붉은 색이라 걱정이 되었던 적이 있지 않나요?

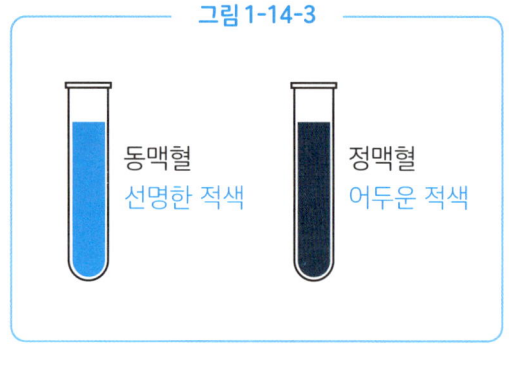

그림 1-14-3

동맥혈
선명한 적색

정맥혈
어두운 적색

채혈을 할 때는 정맥혈을 뽑기 때문에 어두운 적색 혈액이 뽑혀 나오는 것입니다. 물론 건강을 걱정할 필요는 없습니다.

혈액은 허파에서 산소를 공급받으면 동맥혈이 되고, 온몸의 세포에 산소를 건네주면 정맥혈이 됩니다.

마지막으로 중학생이 혼란을 겪기 쉬운 포인트에 대해 설명하겠습니다. 바로 '폐동맥에는 정맥혈이 흐르고, 폐정맥에는 동맥혈이 흐른다'는 사실입니다. 이 말만 들어서는 헷갈리기 쉬우므로 그림을 보면서 확인해봅시다.

그림1-14-4의 폐동맥을 봐주세요. 폐동맥은 심장에서 허파로 향하는 혈액이 흐르는 혈관이므로 동맥입니다(동맥이란 나가는 길의 혈액이 흐르는 혈관이었죠).
 하지만 그림을 보면 폐동맥에는 정맥혈이 흐르고 있음을 알 수 있습니다. 폐동맥에 흐르는 혈액은 이미 온몸에 산소를 건네준 뒤이기 때문입니다.
 즉, (폐)동맥에 정맥혈이 흐르는 현상이 일어나버린 것이죠.

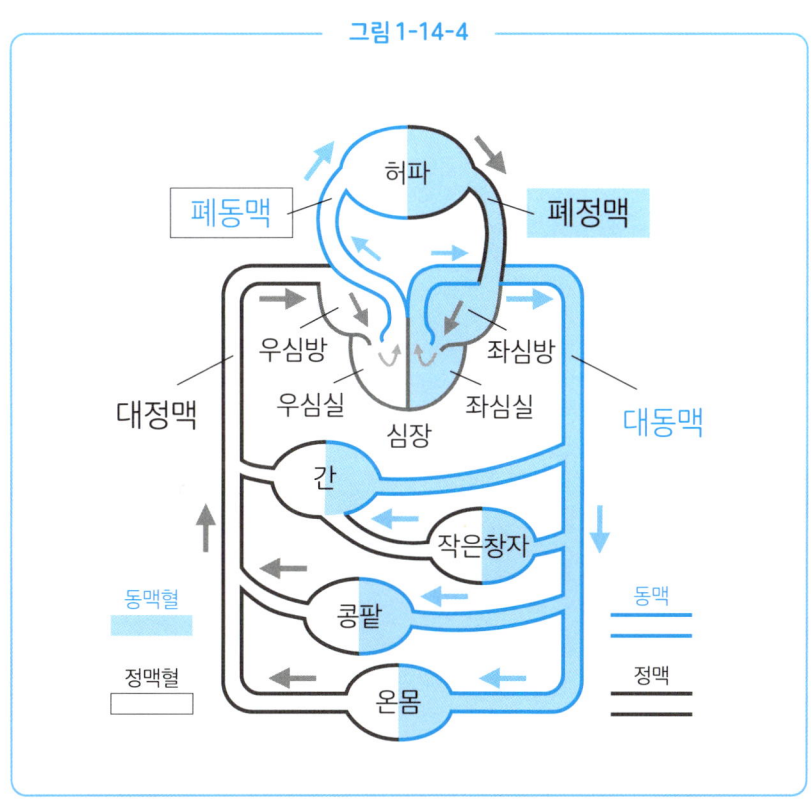

그림 1-14-4

이어서 폐정맥을 살펴보겠습니다. 폐정맥은 허파에서 심장으로 돌아오는 혈액이 흐르는 혈관이므로 정맥입니다(정맥이란 돌아오는 길의 혈액이 흐르는 혈관이었죠).

그런데 폐정맥에는 동맥혈이 흐르고 있습니다. 이는 허파에서 산소를 충분히 공급받은 혈액이 흐르기 때문입니다.

즉, 폐정맥에는 동맥혈이 흐른다는 말이 되겠죠.

이 사실을 정리해보면 '폐동맥에는 정맥혈이 흐르고, 폐정맥에는 동맥혈이 흐른다'가 됩니다.

조금 복잡하지만 말의 의미를 정리해가면서 확인한다면 이해할 수 있을 것입니다.

사람의 눈의 구조 – 눈에는 감지할 수 없는 장소가 있다?

—— 눈의 구조와 하는 일

이번에는 사람의 눈의 구조에 대해 설명해보겠습니다. '뭔가를 본다'라는 일상적인 행위의 이면에는 정교한 눈의 작용이 숨어 있습니다.

그림1-15-1은 사람의 눈의 구조를 나타낸 그림입니다.

각막이란 안구의 정면을 뒤덮은 투명한 막을 말하는 것으로, 눈을 보호하고 있습니다.

이어서 **눈동자**와 **홍채**를 살펴보겠습니다. 눈동자(동공)란 사람의 눈에서 검은자 부분을 말합니다. 이 부분은 구멍으로 되어 있어서 빛은 이 구멍을 통해 들어옵니다. 홍채는 눈동자의 크기를 조절하는 일을 합니다. 어두운 장소에서는 눈동자를 크게 키워서 빛을 많이 받아들입니다. 반대로 밝은 장소에서는 눈동자를 작게 줄여서 빛의 양을 줄이는 것이죠.

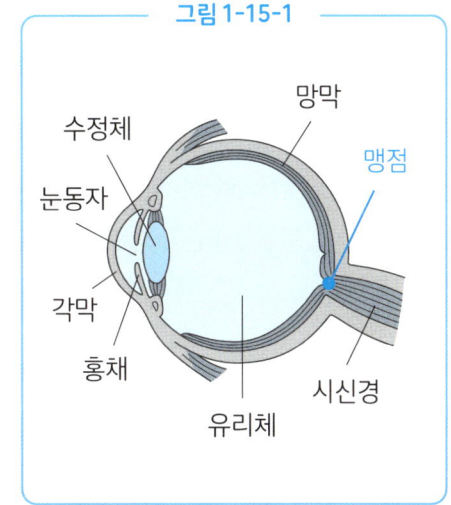

그림 1-15-1

갑자기 밝아지거나 어두워지면 한동안 눈이 익숙해지지 않는 이유는 눈동자의 크기를 조절하는 데 시간이 걸리기 때문입니다.

그림 1-15-2

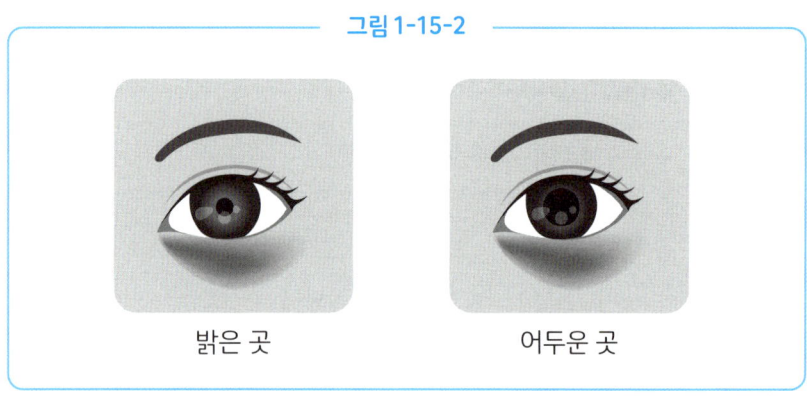

이어서 **망막**과 **수정체**가 하는 일입니다. 망막에 상이 맺히면 시신경에서 뇌로 신호가 전달되어 시각으로 받아들일 수 있게 됩니다.

수정체는 빛을 굴절시켜서 망막에 상이 맺히게 합니다. 먼 곳을 볼 때는 수정체가 얇아지고 가까운 곳을 볼 때는 수정체가 두꺼워집니다.

그림 1-15-3

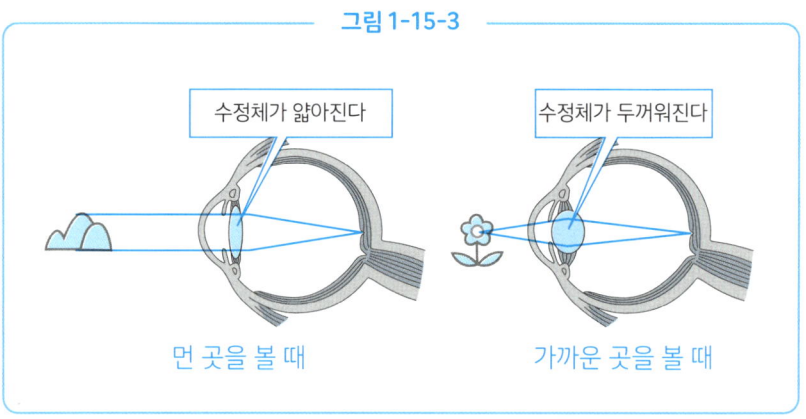

수정체의 조절 기능은 나이를 먹음에 따라 쇠퇴합니다. 수정체의 탄력이 떨어지는 현상이죠. 수정체의 노화는 15세 언저리부터 시작되어 40세를 넘으면 자각증상이 나타나는 경우가 많아집니다. 이를 노안이라고 합니다.

망막에 상이 맺히면 사람에게는 시각이라는 감각이 생겨납니다. 하지만 시신경이 망막 안으로 들어오는 부분에는 빛을 느끼는 세포가 없기 때문에 빛을 감지할 수 없습니다. 이 부분을 맹점이라고 합니다(그림1-15-1). 맹점을 느끼기 위한 간단한 실험을 해봅시다.

그림 1-15-4 · 맹점 실험

책과 얼굴을 평행으로 두고 위의 그림을 봐주세요. 왼쪽 눈을 손으로 가리고 오른쪽 눈으로 왼쪽의 ●를 바라봅니다. 그 상태에서 책과 얼굴의 거리를 변화시키면, 오른쪽의 ★이 완전히 보이지 않게 되는 지점이 있을 것입니다. 이것이 맹점입니다. 일상생활에서는 반대쪽 눈의 시야가 받쳐주기 때문에 큰 문제가 되는 일은 없습니다.

  우리는 눈의 다양한 기능이 하나로 합쳐진 덕분에 뭔가를 능숙하게 볼 수 있습니다. 사람이 오감에서 얻는 정보 중 80% 이상을 차지하는 것이 시각에서 비롯된 정보라고 합니다. 현대에는 눈을 혹사하는 일이 많죠. 가끔은 열심히 일하는 눈에게 휴식시간을 주도록 합시다.

사람의 귀의 구조 - 사람은 귀로 균형을 잡는다?

―― 귀의 구조와 하는 일

귀는 눈 다음으로 많은 정보를 접수하는 기관으로 통합니다. 게다가 귀는 소리를 듣는 것 외에도 다양한 역할을 맡고 있습니다. 이번에는 사람의 귀가 하는 일에 대해 설명하도록 하겠습니다.

그림1-16-1은 사람의 귀를 나타낸 모식도입니다. 사람은 공기의 진동을 소리로 인식할 수 있습니다. 사람의 귀는 좌우에 달려 있기 때문에 어느 쪽 귀에 소리가 먼저 도달했는지를 판단해 소리가 들린 방향을 판별합니다.

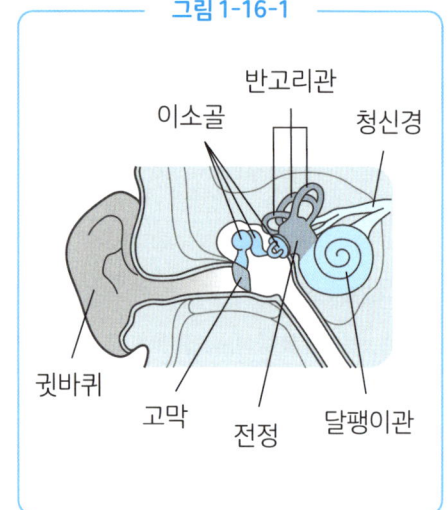

그림 1-16-1

우리의 귀는 이처럼 좌우로 달려 있기 때문에 좌우에서 들리는 소리를 판단하기가 비교적 수월합니다. 하지만 앞뒤·위아래 방향에서 나는 소리는 그 발생 지점을 알아내기가 쉽지 않죠. 참고로 올빼미의 귀는 이를 보완하기 위해 위아래로 살짝 틀어져 있습니다.

공기의 진동은 **고막**에서 포착합니다. 고막이라는 이름은 들어본 적이 있을 것입니다. 고막은 소리의 자극을 감지하는 데 매우 중요한 부분입니다. 귀에 강한 충격을 받거나 기압의 변화로 고막이 찢어지면 난청이 생기는 경우도 있습니다.

고막이 포착한 진동은 **이소골**로 전해집니다. 3개의 뼈로 이루어져 있는 이소골은 진동을 달팽이관으로 전달합니다.
 또한 이소골의 일부에는 근육이 붙어 있는데, 이 근육은 큰 소리를 감지했을 때 근육의 반사를 통해 공기 진동의 증가율을 낮추는 작용도 합니다. 사람의 귀에는 소리를 능숙하게 감지하기 위한 구조가 갖추어져 있는 셈입니다.

달팽이관에서는 공기의 진동이 신호로 변환되어 청신경을 통해 뇌로 전달됩니다. 이것이 사람이 소리를 감지하는 원리입니다.

게다가 귀는 소리를 듣는 일 외에도 중요한 일을 맡고 있습니다. 그중 하나가 바로 **기울기나 회전의 변화를 감지하는 일**이죠.

귀의 **전정** 안에 있는 감각세포의 털(섬모) 위에는 **이석**이 놓여 있습니다(그림1-16-2). 몸이 기울어지면 이 돌이 움직여서 기울기의 변화를 감지합니다. 따라서 이석이 어떠한 이유로 떨어져버렸다간 현기증 등의 증상이 일어나게 됩니다.

3개의 관이 서로 직각으로 얽힌 형태를 한 **반고리관**은 몸의 회전을 감지합니다. 관 내부에는 림프액이 채워져 있는데, 이 림프액의 흐름을 세포의 털이 감지해서 회전을 파악하는 구조입니다. 이처럼 귀는 듣기 외에도 중요한 역할을 맡고 있습니다.

마지막으로 귀의 **귓바퀴**가 하는 일입니다. 귓바퀴란 귀에서 튀어나와 있는 부분으

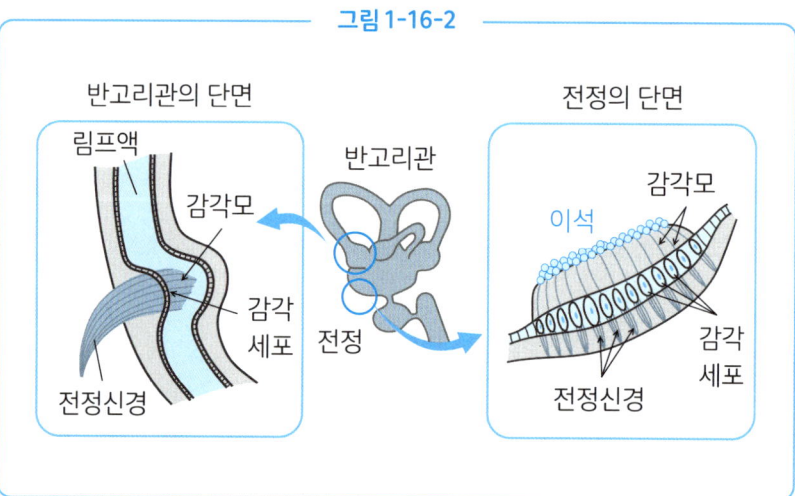

그림 1-16-2

로, 소리를 효율적으로 모으는 일을 합니다.

이처럼 사람의 귀는 다양한 기능을 갖고 있습니다. 또한 토끼처럼 귀가 큰 동물은 귀를 이용해 체온을 조절하기도 한답니다. 귀는 그저 소리만 듣는 단순한 기관이 아니라는 뜻이죠.

자극과 반응 - 신경의 신비

―― 사람이 반응을 보이는 원리

횡단보도를 건널 때, 우리는 시각이나 청각 등을 통해 자동차의 움직임을 감지한 뒤, 적절한 타이밍에 건너기 시작해 안전을 확보합니다.

우리가 외부의 자극을 받아서 행동하기까지는 어떠한 과정이 있을까요. 이번에는 사람의 신경과 반응에 대해 살펴보겠습니다.

사람의 신경계는 크게 **중추신경**과 **말초신경**으로 나눌 수 있습니다. **중추신경은 뇌와 척수**로 이루어져 있으며, 온몸으로 명령을 내리는 역할을 맡고 있습니다.

　말초신경은 중추신경과 감각기관(눈·귀·피부 등), 근육을 연결하는 신경입니다. 말초신경 중에서 피부 등의 감각기관에서 오는 자극 신호를

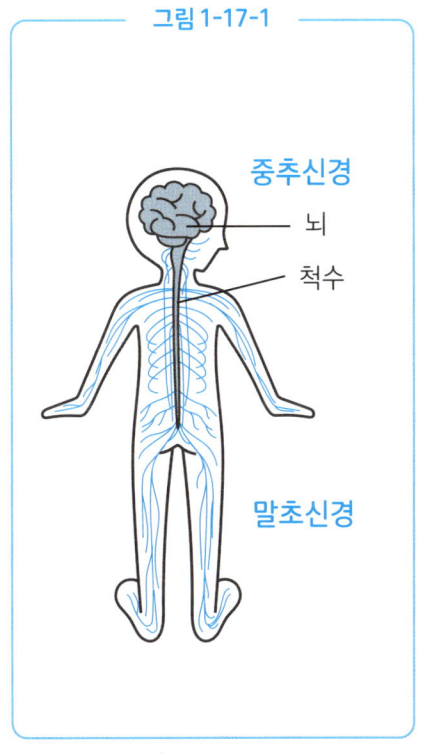

그림 1-17-1

— 그림 1-17-2 —

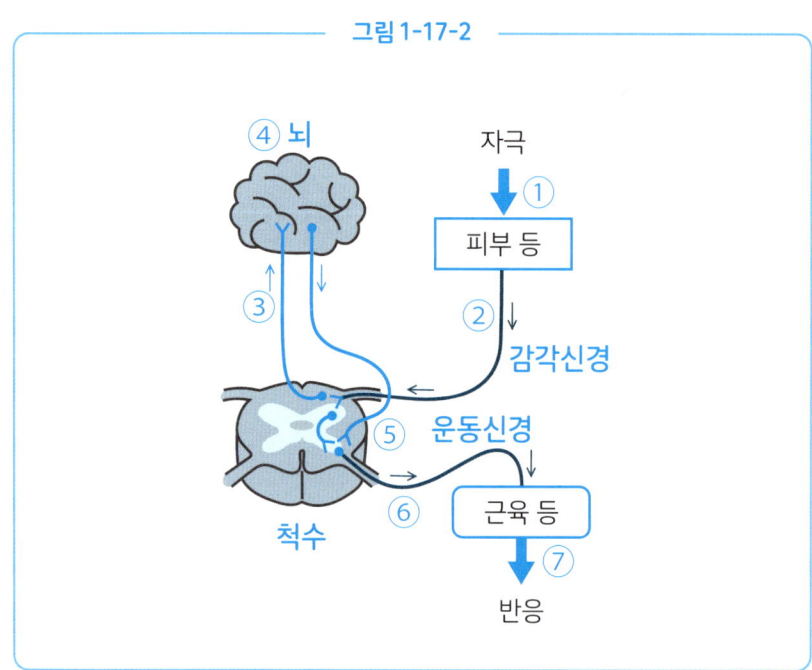

뇌나 척수로 보내는 신경을 **감각신경**, 뇌나 척수에서 오는 명령 신호를 근육으로 보내는 신경을 **운동신경**이라고 합니다.

따라서 사람이 일반적으로 반응을 보일 때 신호는 ①감각기관→②감각신경→③척수→④뇌→⑤척수→⑥운동신경→⑦근육이라는 경로를 따르게 됩니다.

이로써 사람이 자극을 받은 후 행동하기까지는 7개의 단계를 밟는다는 사실을 알 수 있습니다. 사람의 신경이 ①~⑦의 신호를 전달하는 데에는 시간이 어느 정도 걸릴까요.

이를 확인하기 위한 중학교 과학 실험으로는 그림1-17-3이 있습니다. 여러 사람이 원형을 그리듯이 서서 손을 잡은 뒤, '오른손을 쥐였다고 느꼈다면 왼손을 쥔다'라는 행동을 모두에게 전달하는 것이죠.

— 그림 1-17-3 —

스톱워치

'손을 쥐였다'라는 감각을 피부가 감지하는 것이 ①의 단계, '손을 쥔다'라는 근육의 움직임이 ⑦의 단계입니다. 첫 번째 사람은 오른손으로 스톱워치를 누름과 동시에 왼손을 쥔 후 스톱워치를 왼손으로 고쳐 듭니다.

두 번째 사람 이후로는 '오른손을 쥐였다고 느꼈다면 왼손을 쥔다'라는 행동을 반복합니다. 한 바퀴를 돌아서 첫 번째 사람이 오른손을 쥐였다고 느꼈다면 스톱워치를 멈춥니다.

이 시간을 사람 수로 나누면 감각을 감지한 뒤 근육을 움직이기까지 한 명당 얼마나 시간이 걸렸는지를 구할 수 있습니다. 이 실험을 해보면 한 명당 0.2초~0.3초 정도의 시간이 걸립니다. 사람이 자극을 감지한 뒤 행동으로 옮기기까지는 의외로 시간이 필요하다는 뜻이죠.

참고로 육상경기인 단거리달리기의 경우 신호총을 쏜 뒤 0.1초 안에 스타트하면 반칙입니다. 사람이 **0.1초 안에 반응하기란 거의 불가능**하다고 여겨지기 때문에, 0.1초 안에 움직였다면 '감으로 움직였다'라고 판단하는 것이죠(최근에는 0.099초에 스타트를 끊을 수 있는 선수도 있어서 이 규칙에는 찬반 여론이 있다고 합니다).

실험을 통해 알 수 있듯이 사람이 자극을 감지한 뒤 몸을 움직이기까지는 시간이 걸립니다. 하지만 상황에 따라서 한순간이라도 빠르게 몸을 움직여야 하는 경우가 있습니다. 뜨거운 난로에 손을 댔을 때 등이 전형적인 사례랍니다.

이럴 경우 사람은 화상을 막기 위해 한 시라도 빨리 손을 떼야 합니다. 이때, 자극에 대해 무의식적으로 벌어지는 타고난 반응을 **반사**라고 합니다.

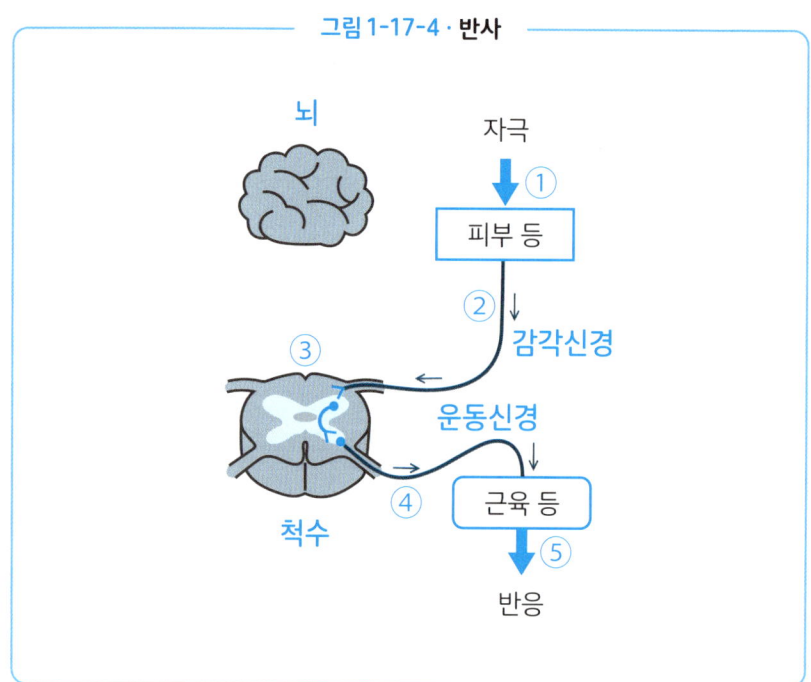

그림 1-17-4 · 반사

반사의 경우 감각기관이 감지한 자극 신호가 척수로 전달되면 뇌를 거치지 않고 척수에서 직접 명령 신호가 내려집니다. 따라서 의식적으로 일으키는 반응보다 반응 시간을 짧게 줄일 수 있는 것이죠.

그 외에도 빛의 세기 등에 따라 눈동자의 크기가 변하는 반응 역시 반사의 사례 중 하나입니다. 이처럼 사람의 몸에는 위험을 피하거나 몸의 작용을 조절하기 위해 반사를 일으키는 구조가 갖추어져 있습니다.

반사와 유사한 반응으로 **조건반사**가 있습니다. 조건반사의 예시로는 '매실같이 시큼한 음식을 보면 침이 나온다' 등이 있습니다. 조건반사는 **과거의 경험이 바탕이 되어 일어나는 반사**를 말합니다. 이는 기억과 연관되어 일어나는 반사로, 타고난 반사와는 구별됩니다(예를 들어, 매실을 모르는 외국인은 매실을 보더라도 침이 나오지 않겠죠). 스포츠 등에서는 이 조건반사의 형성이 능력 향상의 열쇠가 됩니다.

우리는 '자극을 받는다→근육을 움직인다'라는 행동을 항상 반복하며 매일같이 생활하고 있습니다. 사람의 몸속에서 벌어지는 일을 알게 되면 그 정교함에 놀라게 된답니다.

1-18

3학년

유성생식과 무성생식이란? 장점과 단점

―― 생물이 늘어나는 방식

이번에는 '**생식**'에 대해 설명하겠습니다. 생식이란 생물이 **자신과 같은 종류의 새로운 개체(자식)를 만드는 것**을 말합니다. 생물의 종류에 따라 다양한 생식 방법이 있습니다. 어떤 생식 방법이 있으며, 각자 어떤 장점과 단점이 있는지를 알아보도록 합시다.

생식에는 무성생식과 유성생식의 두 종류가 있습니다. **무성생식**이란 자웅(암컷과 수컷)의 두 부모 없이, 부모의 몸에서 떨어져 나온 일부가 그대로 자식이 되는 생식 방법을 말합니다. 한편 **유성생식**은 자웅의 두 부모가 짝짓기를 해서 자식을 만들어내는 생식 방법이죠.

무성생식은 **부모와 자식의 유전자가 완전히 똑같아지는** 반면, 유성생식의 경우는 **부모와 자식의 유전자가 다르다**는 점이 핵심입니다.

우선 무성생식에 대해 살펴보겠습니다.

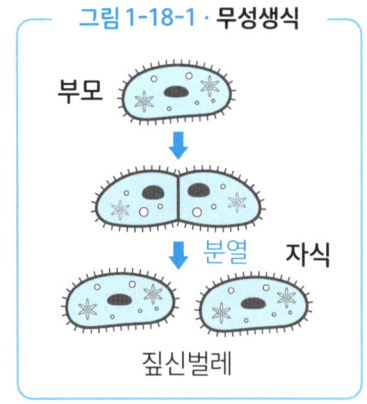

그림 1-18-1 · 무성생식

짚신벌레나 클로스테리움 등의 미생물은 자신의 몸을 분열시켜서 새로운 개체를 만드는 경우가 많습니다.

그림1-18-1은 짚신벌레가 무성생식을 하는 모습입니다. 이처럼 자신의 몸을 반으로 나누어서 자식을 만들어내는 방법을 무성생식 중에서도 **분열**이라고 합니다. 분열을 통해서 생겨난 자식은 부모와 완전히 똑같은 유전자를 갖게 됩니다.

짚신벌레는 분열을 반복해서 자식을 만들어낼 수 있지만 그 횟수는 약 350번으로 한계가 있습니다. 짚신벌레는 유성생식을 할 수도 있는데, 중간에 유성생식을 하면 분열할 수 있는 횟수가 초기화되는 것으로 보입니다.

감자

식물에서도 무성생식을 하는 경우를 많이 찾아볼 수 있습니다. 예를 들어, 고구마나 감자에서 싹이나 뿌리가 나온 모습을 본 적이 있을 것입니다. 이는 부모의 몸 일부에서 자식이 생겨나는 것이므로 무성생식에 해당합니다. 식물의 몸 일부에서 새로운 자식이 생겨나는 무리의 번식 방법을 무성생식 중에서도 **영양생식**이라고 합니다. 물론 부모의 유전자와 자식의 유전자는 같아집니다.

고구마나 감자는 꽃가루받이를 통해 씨앗을 만들 수도 있는데, 그럴 경우는 유성생식에 해당합니다. 꽃가루는 수술에서 만들어지고 이것이 암술 끝부분에 묻으면 꽃가루받이가 일어나 씨앗이 생겨납니다. 이는 동물로 말하자면 수컷과 암컷이 짝짓기를 해서 자식이 생겨나는 셈이죠.

무성생식으로 늘어나는 것으로 유명한 식물로는 왕벚나무도 있습니다. 왕벚나무는 같은 개체와 꽃가루받이를 해서 씨앗을 만들기(유성생식)가 불가능한 식물입니다. 따라서 사람이 꺾꽂이 등의 방법을 이용해서 늘려야만 합니다. 잘라낸 나뭇가지를 땅에 심어서 자식을 만들어내는 방식입니다. 일본에는 수백만 그루의 왕벚나무가 있다고 하는데, 이것들은 모두 완전히 같은 유전자를 지닌 복제 벚나무인 셈입니다.

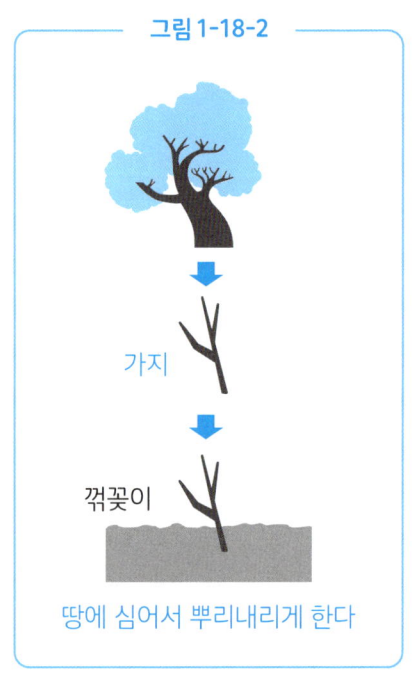

여기서 소개한 생물 외에도 실로 다양한 생물이 무성생식을 합니다. 무성생식의 장점은 누가 뭐래도 간편하게 자손을 만들어낼 수 있다는 점입니다. 암컷과 수컷이 짝짓기를 할 필요 없이 자손을 남길 수 있기 때문에, 많은 자손을 남기기에는 유리하다고 여겨진답니다.

　하지만 무성생식에는 단점도 있습니다. 부모와 자식의 유전자가 완전히 똑같다는 말은 특정한 질병이 널리 퍼지면 한 번에 멸종해버릴 위험도 높다는 뜻입니다.

　한편 유성생식은 자손을 남기는 데에는 시간이 걸리지만 다양한 유전자가 생겨납니다. 사람을 상상해보면 알

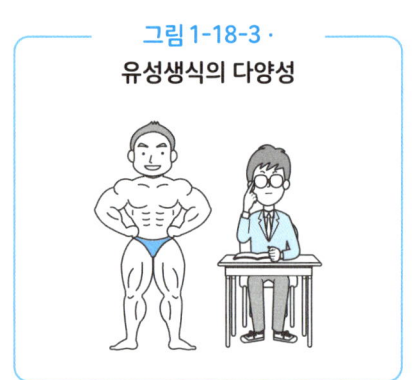

수 있듯이, 어떤 단점이 있는지, 어떤 질병에 잘 걸리는지는 사람마다 제각각이죠. 얼핏 멀리 돌아가는 것처럼 보이는 생식방법이지만, 이 풍부한 다양성과 환경의 변화에 강하다는 점은 멸종을 피하는 데 매우 유리한 점으로 작용합니다.

이어서 유성생식의 구조에 대해 설명하겠습니다. 우선 개구리를 예로 들어 동물의 유성생식을 살펴보겠습니다(그림1-18-4).

수컷의 정소에서 정자가, 암컷의 난소에서 난자가 만들어집니다. 정자의 핵과 난자의 핵이 합쳐지면 수정이 일어나 수정란이라는 세포가 생겨납니다. 이 수정란이 분열을 반복하며 성장해나갑니다.

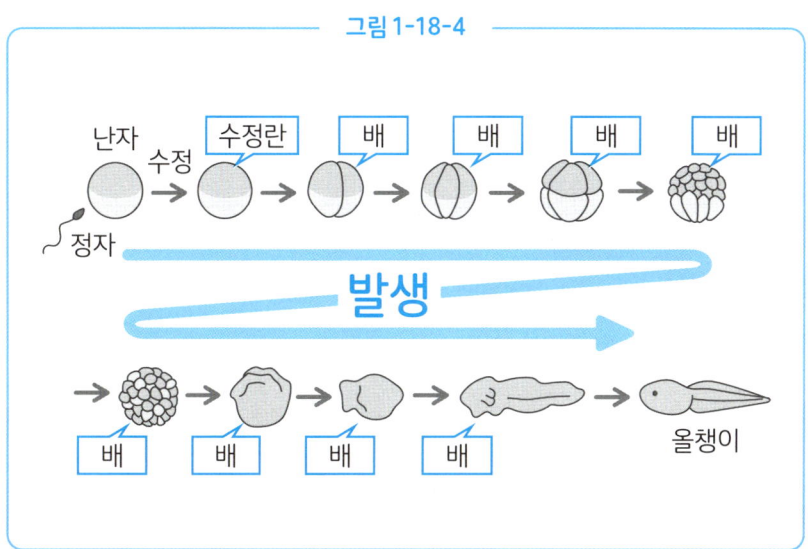

그림 1-18-4

또한 수정란의 세포분열 개시~스스로 먹이를 먹기까지의 새끼를 **배**(胚)라고 하며, 수정란에서 세포분열을 반복해 성장하는 과정을 **발생**이라고 한답니다. 개구리의 경우 올챙이로 변하기까지가 배에 해당합니다.

마지막으로 식물의 유성생식 구조를 살펴보겠습니다. 식물은 꽃 안에 있는 수술에서 꽃가루를 만들어냅니다. 꽃가루 안에는 '**정세포**'가 포함되어 있죠.

꽃가루가 암술 끝부분에 달라붙는 것을 꽃가루받이라고 합니다. 꽃가루받이가 진행되면 꽃가루에서 꽃가루관이라는 관이 뻗어 나오고, 그 안을 정세포가 지나갑니다.

정세포는 이윽고 밑씨 안에 있는 **난세포**까지 도달합니다. 정세포의 핵과 난세포의 핵이 합쳐지면 수정란이 생겨납니다. 이후 수정란은 세포분열을 반복하고, 새로운 싹이나 떡잎이 될 배로 성장해나갑니다(배는 씨앗 안에 있습니다).

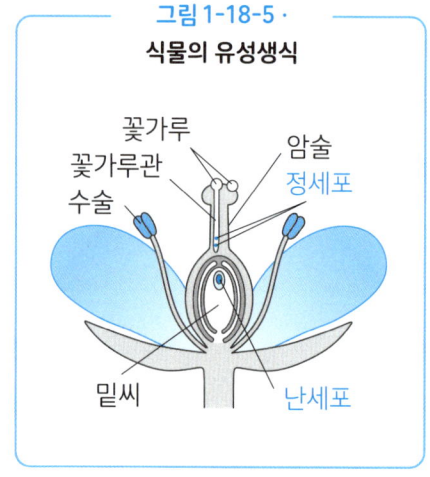

그림 1-18-5 ·
식물의 유성생식

이처럼 식물 역시 번거로운 유성생식을 하며 다양한 유전자를 가진 자식을 만들어서 생존 경쟁을 유리하게 이끌어가려 합니다.

이것이 생물의 생식입니다. 무성생식과 유성생식 모두 장점과 단점이 존재합니다. 이번에 소개한 사례 외에도 다양한 방법으로 자식을 만들어내는 생물이 많습니다. 생물의 번식 방법에 주목해보면 새로운 것을 발견하게 될 것입니다.

유전의 구조 - 아이의 혈액형은 예상할 수 있다

3 학년

—— 유전의 구조

이번에는 유성생식에서 **유전**의 구조에 대해 설명해보겠습니다. 유전이란 부모가 가진 생김새나 성질 등의 특징(이를 형질이라고 합니다)이 자식에게 전달되는 것을 말합니다.

채송화를 예로 들어 설명하겠습니다. 그림1-19-1은 빨간 꽃을 피우는 채송화와 하얀 꽃을 피우는 채송화입니다. 이때의 꽃 색깔처럼 자식에게 동시에 나타나지 않는 형질을 **대립형질**이라고 합니다. 자식의 꽃 색깔이 빨간색·하얀색 줄무늬로 나타나는 일은 있을 수 없겠죠(종에 따라서는 핑크색 꽃을 피우는 자식이 태어나는 경우도 있습니다).

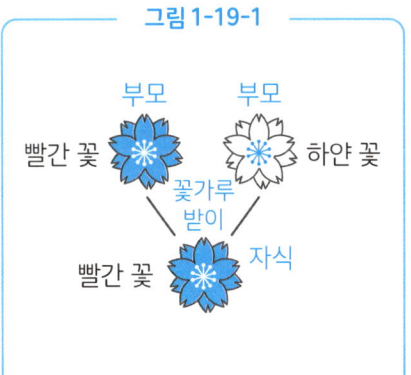

그림 1-19-1

사람으로 말하자면 외꺼풀과 쌍꺼풀, 곱슬머리와 생머리는 동시에 나타나지 않으므로 대립형질에 해당합니다.

대립형질의 유전자가 자식에게 전해졌을 때, **자식에게 나타나는 형질에는 규칙이 있습니다.** 채송화를 예로 들자면 대대로 빨간 꽃을 피우는 채송화와 대대로 하얀 꽃을 피우는 채송화의 자식은 모두 빨간 꽃을 피웁니다.

느낌상으로는 빨간 꽃을 피우는 자식이 절반, 하얀 꽃을 피우는 자식이 절반씩 생겨날 것 같죠. 그런데 자식이 모두 빨간 꽃을 피운다니 어쩐지 이상하네요. 어째서 이런 일이 벌어지는지, 그림1-19-2로 자세히 설명하겠습니다.

대대로 빨간 꽃을 피우는 채송화의 유전자를 AA, 대대로 하얀 꽃을 피우는 채송화의 유전자를 aa라고 하겠습니다(가)(중학교 과학에서는 유전자를 알파벳 2글자로 표현합니다).

자식에게 유전자를 전달할 때에는 세포분열을 해야 하는데, 이때 부모는 자신의 유전자를 절반으로 나눕니다.

A_1과 A_2가 세포분열한 빨간 꽃을 피우는 부모의 유전자, a_3, a_4가 세포분열한 하얀 꽃을 피우는 부모의 유전자입니다(나).

그러면 자식은 빨간 꽃의 부모에게서는 A_1이나 A_2 중 하나의 유전자를 받고, 하얀 꽃의 부모에게서는 a_3이나 a_4 중 하나의 유전자를 받게 됩니다. 부모에게 유전자를 반씩 받으면서 자식의 유전자가 정해지는 것입니다.

  즉, 자식에게로 유전자가 전해지는 방식은 1·3, 1·4, 2·3, 2·4의 **네 가지 조합 중 하나**가 됩니다(다)(빨간색과 하얀색의 자식이니 A_1A_2와 a_3a_4의 조합은 불가능하겠죠). 하지만 이 네 가지 중 무엇으로 정해지든 자식의 유전자는 Aa가 됩니다. 빨간 꽃의 유전자와 하얀 꽃의 유전자를 하나씩 물려받았기 때문이죠.

그림 1-19-2

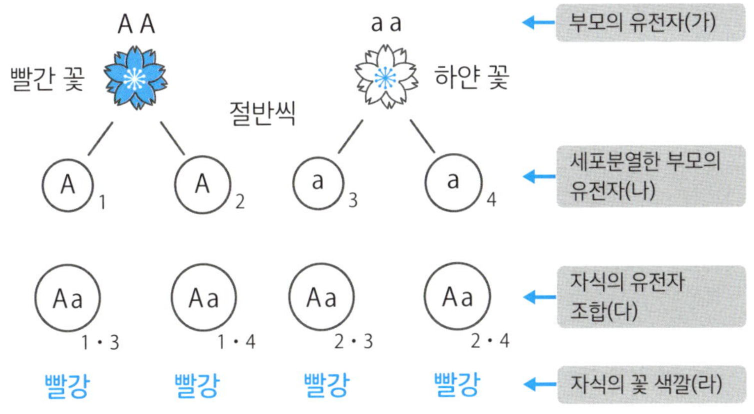

```
        AA              aa           ← 부모의 유전자(가)
      빨간 꽃            하얀 꽃
            절반씩
   (A)₁  (A)₂    (a)₃  (a)₄         ← 세포분열한 부모의
                                       유전자(나)

   (Aa)  (Aa)   (Aa)   (Aa)          ← 자식의 유전자
   1·3   1·4    2·3    2·4              조합(다)
   빨강   빨강    빨강   빨강            ← 자식의 꽃 색깔(라)
```

빨간 꽃의 유전자와 하얀 꽃의 유전자를 하나씩 받았을 경우, 채송화는 빨간 꽃의 형질을 나타낸다는 규칙이 있습니다(라). 이때, 자식에게 나타나는 형질을 **현성 형질**(이전에는 우성 형질이라는 말을 썼습니다)이라 하며, 자식에게 나타나지 않는 형질을 **잠성 형질**(이전에는 열성 형질이라는 말을 썼습니다)이라고 합니다.

채송화의 경우는 빨간 꽃이 현성 형질, 하얀 꽃이 잠성 형질인 셈입니다. 이때 하얀 꽃의 형질은 자식에게 나타나지 않을 뿐, 유전자 자체는 대물림된다는 사실에 주의하세요.

   이어서 그림1-19-2에서 생겨난 채송화의 **자식들을 교배시켜서 손자를 만들어봅시다**(그림1-19-3).

   자식의 유전자는 Aa였죠(가).

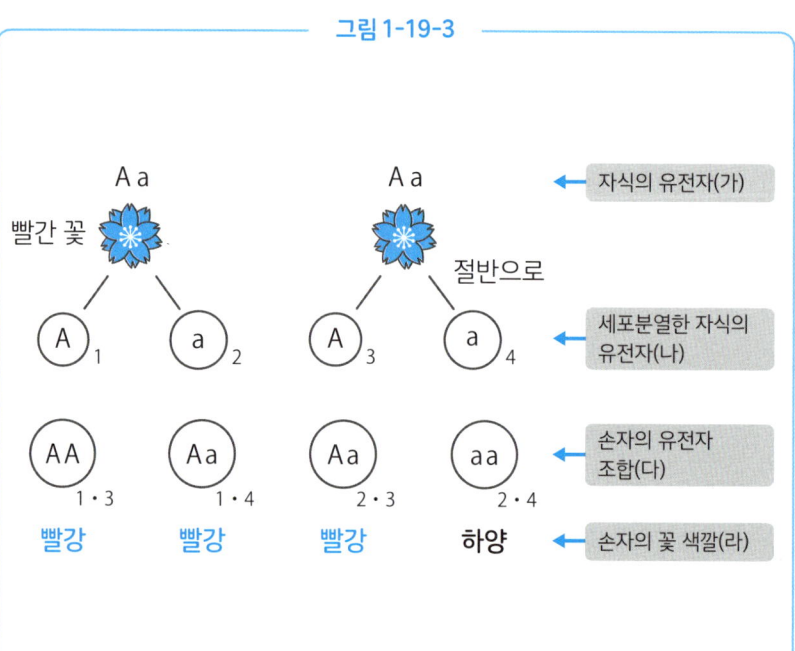

그림 1-19-3

손자는 한쪽 부모에게서 1과 2 중 하나의 유전자를 받게 되고, 나머지 한쪽 부모에게 3과 4중 하나의 유전자를 받게 됩니다(나).

그러면 손자의 유전자는 AA, Aa, Aa, aa의 네 가지 중 하나가 됩니다(다). 이때 AA는 빨간 꽃을 피우는 유전자, aa는 하얀 꽃을 피우는 유전자입니다. Aa의 경우는 빨간 꽃이 현성 형질이기 때문에 빨간 꽃이 됩니다(라).

즉, 손자 채송화에서는 빨간 꽃 : 하얀 꽃이 3 : 1로 나타나게 된다는 뜻입니다. 이러한 유전의 법칙성은 일반적으로 **멘델의 법칙**이라고 불립니다. 앞서 소개한 사람의 눈꺼풀 유전 등에서도 멘델의 법칙이 적용됩니다.

그럼 마지막으로 멘델의 법칙을 이용해서 사람의 혈액형이 어떻게 유전되는지에 대해 알아보도록 하겠습니다. 아시다시피 사람의 혈액형에는 A형·B형·AB형·O형의 네 종류가 있습니다.

그림 1-19-4 · 부모와 자식의 혈액형

아버지 \ 어머니	A형	B형	AB형	O형
A형	A 또는 O형	모두	O형 이외	A 또는 O형
B형	모두	B 또는 O형	O형 이외	B 또는 O형
AB형	O형 이외	O형 이외	O형 이외	A 또는 B형
O형	A 또는 O형	B 또는 O형	A 또는 B형	O형뿐

아버지와 어머니의 혈액형과 자식의 혈액형의 관계는 그림1-19-4와 같습니다(예외도 있으니 주의하기 바랍니다).

어째서 이런 일이 벌어지는 것일까요. 사람의 혈액형은 네 가지 형태지만 유전자형으로는 여섯 가지 종류가 있습니다. 각각 AA·AO·BB·BO·AB·OO의 여섯 종류죠. 이때 **A와 B는 현성 형질, O가 잠성 형질**이 됩니다. 즉, 각각의 유전자형과 혈액형은 그림1-19-5처럼 정해지게 됩니다.

그림 1-19-5

유전자형	AA	AO	BB	BO	AB	OO
혈액형	A형	A형	B형	B형	AB형	O형

여러분이 O형일 경우 유전자형은 OO로 정해지지만 A형일 경우에는 유전자형이 AA인지 AO인지 알 수 없는 상황이죠.

A형 아버지와 B형 어머니의 자식은 모든 혈액형이 될 가능성이 있습니다. 아버지의 유전자형이 AO, 어머니의 유전자형이 BO였을 경우, 자식은 부모에게서 유전자를 하나씩 물려받으므로 AB의 AB형, AO의 A형, BO의 B형, OO의 O형까지 총 네 종류의 혈액형이 될 수 있기 때문입니다.

하지만 아버지의 유전자형이 AA, 어머니의 유전자형이 BB일 경우 자식의 혈액형은 반드시 AB형이 됩니다. 부모에게서 하나씩 유전자를 받으면 AB의 조합밖에 나올 수 없기 때문이죠.

이상, 중학교에서 배우는 유전에 대해 소개해드렸습니다. 실제로는 더욱 복잡한 요소가 얽혀 있지만 기본만 알아두더라도 생명의 연결고리를 더 잘 이해할 수 있을 것입니다.

 **3학년**

먹이사슬과 생물의 균형

―― 먹고 먹히는 관계

지구상에는 백만 종 이상의 생물이 존재합니다. 이들 생물은 **먹고 먹히는 관계**로 묶을 수 있습니다. 생물들 사이의 먹고 먹히는 관계를 가리켜 '**먹이사슬**'이라고 합니다. 이번에는 먹이사슬과 자연 속 생물의 수적 균형에 대해 설명해보겠습니다.

먹이사슬은 식물에서 시작됩니다. 식물은 이산화탄소·물·빛에너지에서 전분 등의 영양분을 만들어낼 수 있습니다. 이처럼 스스로 영양분을 만들어낼 수 있는 생물을 **생산자**라고 부릅니다. 식물은 지구상의 생물을 떠받치는 존재라고도 볼 수 있답니다.

이어서 식물을 먹어서 영양분을 얻는 생물이 있습니다. 바로 초식동물이죠. 초식동물은 스스로 **영양분을 만들어낼 수 없기** 때문에 식물을 먹어서 영양분을 얻습니다. 또한 초식동물을 먹어서 영양분을 얻는 육식동물도 있습니다. 이처럼 먹고 먹히는 관계는 이어져 나갑니다.

초식동물과 육식동물은 다른 생물에서 영양분을 얻기 때문에 **소비자**라고 불립니다. 먹이사슬의 기본은 식물·초식동물·육식동물의 관계로 나타낼 수 있습니다.

이 먹이사슬 관계를 알기 쉽게 표로 나타낼 때 이용되는 것이 그림1-20-1과 같은 **생태 피라미드**입니다. 먹고 먹히는 관계나 개체의 숫자를 시각적으로 알기 쉽게 나타낸 것이죠.

생태 피라미드에 나타나 있듯이 생물의 개체 수는 보통 먹는 쪽보다 먹히는 쪽이 더 많습니다. 그렇다면 어떠한 환경의 변화가 일어나 생물의 개체 수가 한 쪽으로 치우쳤을 경우, 이 균형은 어떻게 바뀔까요. 생태 피라미드를 이용해서 생각해봅시다.

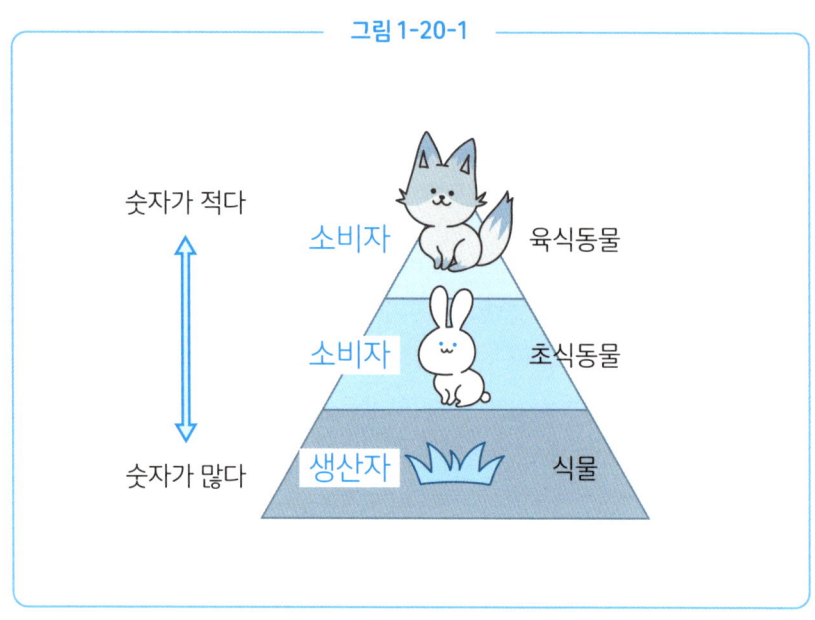

그림 1-20-1

예를 들어, 어떠한 원인 때문에 초식동물의 수가 불어났을 경우를 생각해보겠습니다(그림1-20-2).

초식동물의 숫자가 늘어나면 초식동물이 먹이로 삼는 식물의 숫자가 줄어들게 됩니다. 반대로 초식동물을 먹는 육식동물의 숫자는 늘어나게 되겠죠(그림1-20-3).

그림1-20-3처럼 식물이 줄어들고 육식동물의 숫자가 늘어나면 일시적으로 숫자가 늘어난 초식동물의 숫자는 감소하게 됩니다(그림1-20-4). 먹이가 줄어들고 천적이 늘어났기 때문입니다.

그림1-20-4처럼 초식동물이 감소하면 결국은 식물이 늘어나고 육식동물이 감소하면서 **본래의 균형이 유지**됩니다(그림 1-20-1). 이처럼 자연에는 생물의 개체 수의 균형을 어느 정도 유지하는 작용이 있습니다.

물론 환경에 극단적인 변화가 일어나면 이를 감당하지 못하고 멸종에 이르는 생물도 생깁니다. 특히 우리 인간의 활동이 환경에 미치는 영향은 막대합니다. 생태계를 지키기 위해서는 각자가 조금씩이라도 환경을 배려하는 자세를 마음에 새겨두는 것이 중요하겠죠.

그림 1-20-2

그림 1-20-3

그림 1-20-4

산이 사체로 뒤덮이지 않는 이유는 무엇일까?

3학년

—— 분해자와 탄소의 순환

먹이사슬과 생물의 균형에 대해 설명했습니다. 자연의 생물들은 절묘한 균형으로 생태계를 유지하고 있다는 사실을 이해하셨을 것입니다.

하지만 생산자와 소비자만으로 생태계를 오랫동안 유지하기란 불가능합니다. 그 이유는 무엇일까요.

생산자는 물과 이산화탄소·빛에너지로 광합성을 해서 영양분을 만들어냅니다. 즉, 생산자와 소비자만 있어서는 지구상에서 점차 물과 이산화탄소가 부족해진다는 뜻입니다.

그리고 또 한 가지 문제가 있습니다. 생산자가 만들어낸 영양분은 최종적으로 낙엽이나 썩은 잎, 소비자의 사체나 배설물로 변합니다. 이래서야 야산이 낙엽·사체·배설물로 뒤덮이고 말겠죠.

그런데 실제로는 이 두 가지 문제는 일어나지 않습니다. 왜냐하면 자연계에는 **분해자**라 불리는 생물들이 존재하기 때문입니다. 분해자란 어떤 생물일까요.

분해자란 낙엽이나 썩은 잎, 사체, 배설물 따위를 분해해 거기에서 영양분을 얻는 생물을 말합니다(자신 이외의 생물에서 영양분을 얻기 때문에 넓은 의미에서 보자면 소비자의 한 종류에 해당합니다).

그림 1-21-1 · 분해자

쥐며느리 ©글렌
송장벌레 ©슈프림
금풍뎅이 ©홀거 그레셀

낙엽을 먹는 쥐며느리, 동물의 사체를 먹는 송장벌레, 동물의 배설물을 먹는 금풍뎅이 등이 대표적인 분해자입니다. 기본적으로는 대형 분해자가 잘게 나눈 것을 소형 분해자가 한층 잘게 분해해나가죠.

그리고 최종적으로는 **균류·세균류** 등이 분해를 담당합니다. 균류는 버섯이나 곰팡이 등을 떠올리면 이해하기 쉬울 것입니다. 세균류에는 유산균이나 대장균 등의 종류가 있답니다.

균류·세균류는 최종적으로 생물의 사체 등을 물이나 이산화탄소·암모니아를 포함한 물질로 분해해줍니다. 분해된 이 물질들을 또다시 생산자가 이용하면서 새로운 생명을 위한 영양분이

그림 1-21-2 · 균류

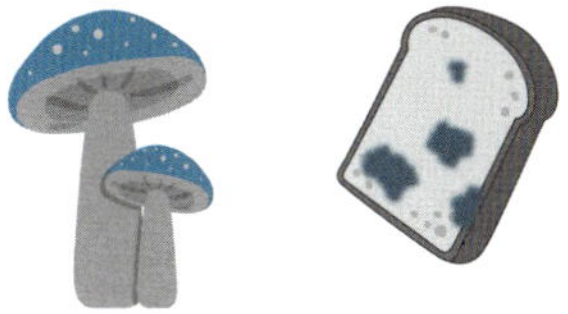

됩니다. 즉, 분해자가 있기에 비로소 자연계의 순환이 완성된다는 뜻입니다.

인간은 분해자의 힘을 이용해 농업이나 공장 등에서 발생한 폐수를 정화하거나 발효식품을 만들기도 합니다.

이처럼 분해자는 얼핏 수수해 보이지만, 생태계를 지키고 우리의 삶을 지탱하는 데 매우 중요한 역할을 맡고 있습니다.

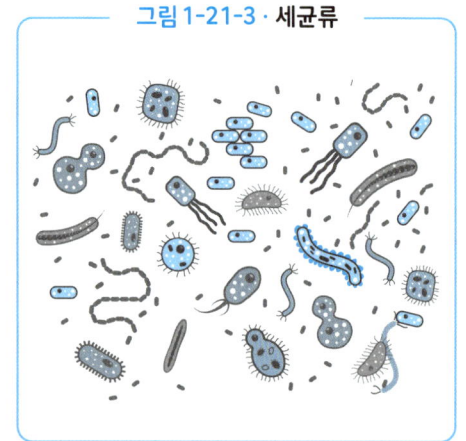

그림 1-21-3 · **세균류**

생산자 · 소비자 · 분해자. 다양한 생물이 관계를 맺으며 지구상의 생태계를 지키고 있다는 사실을 이해하셨나요. 우리의 삶은 생각지도 못한 생물들의 도움을 받아 유지되고 있다는 뜻입니다.

지금까지 신경 쓰지 않았던 생물들의 활약에 흥미를 가져주신다면 감사하겠습니다.

제 2 장

화학

2-1 금속은 자석에 붙는다는 것은 큰 착각?

1 학년

―― 금속의 공통된 성질

지금부터는 '화학 분야'에 대해 설명해보겠습니다. 중학교 화학 수업은 '다양한 물질의 종류'부터 시작하는 경우가 많습니다.

'**물질**'이란 어떠한 의미일까요. 비슷한 말로 '**물체**'가 있습니다. 중학교 과학에서는 이 두 가지 말을 구별해서 사용합니다. 물질이란 **재료에 주목**했을 때 사용하는 말이고, 물체란 **사용하는 목적이나 형태에 주목**했을 때 사용하는 말입니다.

예를 들어, 쇠못이나 쇠파이프는 모두 같은 물질입니다. 재료가 모두 똑같은 철이기 때문이죠. 하지만 이들 두 가지는 서로 다른 물체입니다. 사용 목적이나 형태가 다르기 때문입니다. 두 단어는 이렇게 나누어 사용할 수 있습니다.

그림 2-1-1

물질은 같지만 서로 다른 물체

이번에는 물질에 대한 공부의 일환으로 '**금속**'에 대해 설명하겠습니다. 우리 주변의 금속으로는 금·은·구리·철·알루미늄·아연 등이 있습니다. 반대로 금속이 아닌 것을 뭉뚱그려 '**비금속**'이라고 부르죠.

산소·이산화탄소와 같은 기체나 유리, 플라스틱 등이 대표적인 비금속에 해당합니다.

자, 물질을 '금속'이라는 그룹으로 정리할 수 있다면 금속에는 **공통적인 성질**이 있을 것입니다. 그렇다면 어떤 특징을 가진 물질을 금속이라 부를 수 있을까요. 한번 생각해보시죠. 학교 수업에서도 이러한 내용을 이야기해보면 무척이나 재미있답니다.

  금속의 공통적인 성질은 세 가지가 있습니다. ①금속광택이 난다, ②전기나 열이 잘 통한다, ③전성과 연성이 있다, 이렇게 세 가지입니다.

①**금속광택**이란 닦으면 빛을 받아서 반짝이는 성질을 말합니다. 이 성질이 있기 때문에 금속 중에는 장식품으로 이용되는 것이 많죠.

그림 2-1-2
금속광택

②금속에 공통된 성질 두 번째는 '**전기나 열이 잘 통하는 성질**이 있다'입니다. 전기는 은, 구리, 금 순서로 잘 통합니다. 은은 가장 전기가 잘 통하는 금속입니다. 하지만 은은 비싸기 때문에 일반적인 도선에는 구리가 자주 이용되고 있죠(전선 등에는 더욱 저렴하고 가벼운 알루미늄도 이용됩니다). 또한 금속은 전기뿐 아니라 열도 잘 통하는 성질을 갖고 있습니다. 이 성질을 이용해 조리기구 등에도 널리 금속이 이용되고 있습니다.

③세 번째는 '**전성·연성**이 있다'입니다.
  전성이란 때리면 얇게 펴지는 성질, 연성은 당기면 늘어나는 성질을 말합니다. 특히 금은 전성과 연성이 뛰어납니다. 1g의 금은 때리면 $1m^2$ 정도까지 넓게 펴지고,

가늘고 길게 늘이면 2.8km까지 늘어나죠. 유리나 돌은 때리면 깨져버리기 때문에 금속이 아님을 알 수 있습니다.

중학생이 흔히 하는 착각으로 '금속은 자석에 붙는다'가 있습니다. 사실 자석에 붙는 것은 철이나 니켈 등 일부의 금속뿐, 모든 금속이 자석에 붙지는 않습니다. 금속에 공통된 세 가지 성질을 이해하고 우리 주변의 물질을 관찰해보세요. 금속의 성질을 교묘하게 이용한 여러 도구가 눈에 들어올 테니까요.

2-2 유기물과 무기물이란? 단어의 유래를 알아보자

1학년

—— 유기물과 무기물

이번에는 유기물과 무기물에 대해 설명하겠습니다. 유기와 무기, 이 단어는 일상생활에서도 자주 쓰이는 말입니다. 고등학교에서는 유기화학, 무기화학 등을 배우므로 화학을 선택한 분이라면 금세 떠올릴 수 있는 단어일 것입니다.

하지만 화학과 접점이 적더라도 유기·무기라는 말을 대충 이해하고 있는 경우도 많겠죠. 실제로 이 단어들은 정의가 다소 복잡해서 이해하기가 쉽지 않습니다. 이번 기회에 정확하게 이해해봅시다.

우선은 각각의 예를 확인해볼까요. **유기물**의 예로는 '종이', '배설물', '생물의 사체', '밀가루' 등이 있습니다. 한편 **무기물**의 예로는 '철', '유리', '암석', '공기' 등이 있죠(그림2-2-1).

애당초 유기물·무기물이란 어디에서 유래한 단어일까요. '유기의'라는 의미인 영어인 'organic'에는 본래 '생체의·조직의'라는 의미가 있었습니다. 한편 '무기의'는 부정의 접두어인 in-을 사용한 'inorganic'으로, '생체와 관련이 없다'라는 의미를 갖고 있었답니다.

그림 2-2-1

즉, 예전에는 동식물이나 동식물에서 만들어진 물질을 **'생명에서 얻어지는 물질'**이라는 의미에서 유기물이라고 불렀습니다. 반대로 금속이나 유리, 암석 등, **'생명과 관계가 없는 물질'은 무기물**로 구별했죠.

이러한 표현의 흔적은 지금까지도 찾아볼 수 있습니다. 따라서 주로 생물의 몸이나 생물이 만들어내는 것이 유기물, 생물과는 관계가 없는 것이 무기물이라고 이해하더라도 기본적으로는 문제가 없습니다.

하지만 화학이 발전함에 따라 생물의 활동과 무관하게 유기물을 합성할 수 있게 되었습니다. 그 시작은 1828년에 사람의 소변에 함유된 요소(尿素)라는 유기물을 무기물에서 인공적으로 합성할 수 있게 된 일이었습니다. 여기서부터 유기물을 합성하는 일이 학문으로서 널리 퍼졌습니다.

이러한 과정에서 '유기물', '무기물'이라는 **단어의 의미도 조금씩 변해**나갔습니다. 현재 **유기물은 '탄소를 포함한 물질', 무기물은 '탄소를 포함하지 않는 물질'**로 정의되는 경우가 많습니다.

하지만 '탄소를 포함한 물질'은 중학생이 감각적으로 이해하기 어려운 데다, 일산화탄소나 이산화탄소를 비롯해 탄소를 포함하고 있지만 무기물로 분류되는 물질도 있기 때문에 헷갈리기도 합니다.

따라서 개인적으로는 '유기물은 탄소를 포함한 물질', '무기물은 탄소를 포함하지 않는 물질'이라는 기본적인 정의를 이해하는 한편으로, **유기물은 '생물의 몸', '불에 타는 것', '썩는 것' 이라는 이미지를 함께 가지기**를 추천합니다.

정의뿐 아니라 이미지도 함께 이해해놓으면 주위에 설명할 때 구체적으로 알아듣기 쉽게 전달할 수 있겠죠.

1 학년

밀도란 무엇일까?
위인을 통해 알아보자

―― 밀도의 크기

질문 하나 드리겠습니다. '솜과 철을 비교하면 어느 쪽의 질량이 더 클까요?' 이는 밀도에 관해 수업을 진행할 때 도입부에서 자주 사용되는 질문입니다('질량이 크다'란 '무겁다'라고 생각하셔도 됩니다. 질량과 무게의 엄밀한 차이는 p.273에서 설명하겠습니다).

이 질문에 많은 학생들은 '철'이라고 대답합니다. 여러분은 어떤가요?

그림2-3-1을 살펴보겠습니다. 이처럼 많은 양의 솜과 약간의 쇳덩어리, 이 두 질량을 비교하면 철보다도 솜의 질량이 더 큽니다.

즉, 첫머리의 질문에는 '같은 부피(크기)일 경우'라는 전제조건이 없으면 대답할 수가 없다는 뜻입니다. 그럼 '같은 부피에서의 질량의 차이'를 비교할 척도가 있으면 편리하겠다, 그런 생각이 들지 않나요? 이것이 바로 **밀도**입니다.

그림 2-3-1

밀도는 1cm³당 질량으로 나타낼 수 있습니다. 철 1cm³의 질량은 7.87g이므로 철의 밀도는 7.87g/cm³가 됩니다. 밀도를 구하는 법을 공식으로 나타내면, 밀도(g/cm³)=질량(g)÷부피(cm³)가 됩니다. 알루미늄을 예로 들어 생각해보겠습니다. 12cm³의

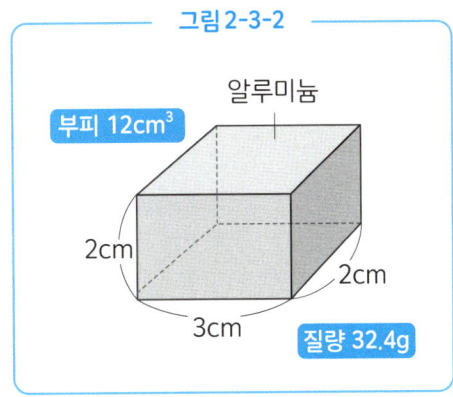

그림 2-3-2

알루미늄의 질량이 32.4g이었을 경우, 밀도는 2.7g/cm³가 됩니다(그림2-3-2).

우리 주변에 있는 물질의 밀도는 그림2-3-3의 표와 같습니다. 예를 들어, 금은 밀도가 굉장히 큰 물질로, 19.32g/cm³나 됩니다.

수은은 액체지만 밀도는 대단히 높아서 13.55g/cm³나 됩니다. 이 성질을 이용하면 밀도에 관한 흥미로운 실험을 해볼 수 있습니다.

수은 안에 납이나 구리, 철을 집어넣으면 이 물질들은 떠오릅니다. **물질이 액체에 뜰지 가라앉을지는 물질의 밀도가 액체보다 작은지 큰지에 따라 정해지기 때문**입니

그림 2-3-3 · 물질의 밀도

물질	밀도(g/cm³)
금	19.32
수은	13.55
납	11.34
구리	8.96
철	7.87
알루미늄	2.70
물(4℃)	1.00
얼음(0℃)	0.92

다. 납이나 철이 떠오른다니, 정말 의외죠.

마지막으로, 밀도라는 발상을 응용해서 어려운 문제를 해결한 아르키메데스라는 인물의 일화를 소개해보겠습니다.

어느 날 아르키메데스는 왕에게 다음과 같은 상담을 받았습니다. "금 세공인에게 금괴를 건네주고 순금 왕관을 만들어달라고 했다. 하지만 좋지 않은 소문이 나돈다. 세공인이 금괴에 다른 값싼 금속을 섞어서 왕관을 만든 후 금괴를 일부 빼돌렸다는 것이다. 완성된 왕관을 망가뜨리지 않고 다른 금속이 섞였는지를 조사해 달라"는 이야기였죠.

여기에는 아르키메데스 역시 어떡하면 좋을지 머리를 싸맸던 모양입니다. 그런데 어느 날 목욕탕에 들어가 욕조에서 흘러넘친 물을 보고는 조사할 방법이 떠올랐죠. 이때 너무 기뻤던 나머지 "알아냈다(유레카)!"라고 외치며 온 거리를 알몸으로 뛰어다녔다고 합니다.

아르키메데스는 이후 왕관, 그리고 왕관과 같은 무게의 금괴를 각각 물이 가득 찬 용기에 가라앉혔습니다.
　만약 세공인이 금괴만으로 왕관을 만들었다면 동일한 양의 물이 넘치겠죠.
　반대로 다른 금속이 섞였을 경우에는 넘친 물의 양은 달라집니다. 밀도가 다른 물질을 섞었으니 질량은 같다 하더라도 부피가 다를 테니까요.

이 실험을 실시한 결과, 왕관을 가라앉혔을 때에는 금괴보다도 많은 물이 흘러넘쳤고, 세공인이 부정을 저질렀다는 사실을 밝혀낼 수 있었습니다.

그림 2-3-4

실제로 이 방법으로는 넘치는 물의 양이 적어서 판별하기 어려우므로 금괴와 왕관을 저울처럼 매단 뒤, 이것을 물에 가라앉혀서 알아냈을 것이라고 말하기도 합니다.

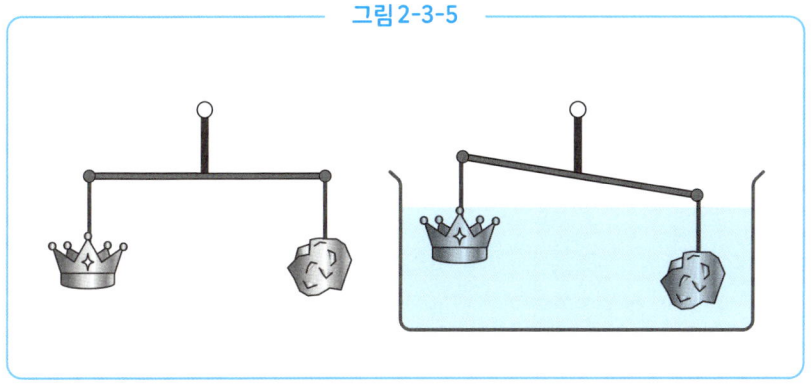

그림 2-3-5

자세한 내용이야 어찌되었든 물질의 밀도를 이해하고 부정을 발견해낸 아르키메데스의 발상에는 그저 감탄할 수밖에 없네요.

이처럼 밀도에 관한 지식을 활용하면 물질을 판별할 수 있습니다. 밀도는 계산이 많아서 꺼려지기 쉬운 단원이지만, 예전부터 생활 속에서 활용되고 있답니다.

2-4 상태변화란? 부피와 질량의 변화

1학년

―― 상태변화와 부피·질량 ――

이번에는 상태변화에 대해 설명해보겠습니다. 상태변화라는 단어를 들어본 적은 있지만, 정확하게 알지는 못하는 경우도 많지 않을까요. 일상생활과도 밀접하게 관련이 있는 현상이므로 이번에 정확히 짚어보도록 합시다.

상태변화란 물질의 상태가 고체 ⇌ 액체 ⇌ 기체로 변하는 현상을 말합니다. 기본적

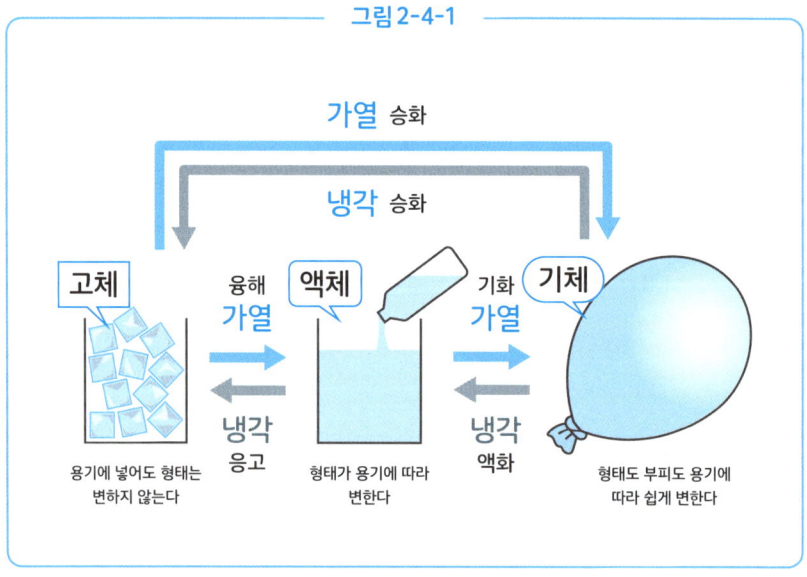

그림 2-4-1

으로는 물질을 가열하면 고체→액체→기체로 변하고, 물질을 냉각하면 기체→액체→고체로 변합니다.

고체란 물질을 구성하는 입자가 거의 일정한 위치에 고정되어 있는 상태입니다. 입자는 고정된 위치를 중심으로 진동하지만, 기본적으로는 결정 상태를 이루고 있습니다. 따라서 용기를 바꾸더라도 **형태가 변하는 일은 없습니다**.

액체는 입자의 모임이 불규칙해진 상태입니다. 따라서 입자는 유동성이 생겨서 서로 위치를 바꿀 수 있습니다. 액체는 용기에 따라 형태가 바뀌죠.

기체는 입자의 운동이 액체일 때보다 한층 더 격렬해진 상태입니다. 입자는 공간을 이리저리 돌아다니고 있으며, 입자 사이의 거리는 고체나 액체일 때에 비해 매우 커집니다. 형태가 용기에 따라 쉽게 변할 뿐 아니라, **부피 역시 용기의 크기에 따라서 변한다**는 사실이 특징입니다. 예를 들어, 공기는 쉽게 압축시킬 수 있지만 물은 거의 압축시

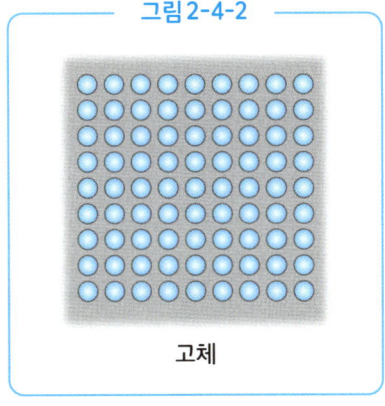
그림 2-4-2
고체

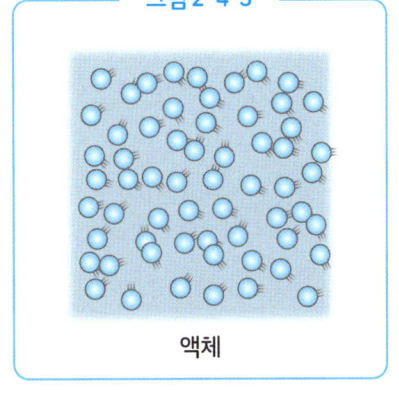
그림 2-4-3
액체

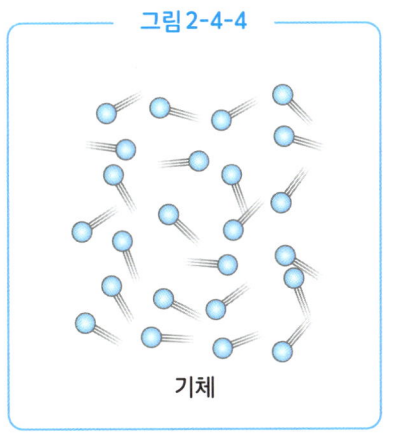
그림 2-4-4
기체

킬 수 없죠.

이것들이 고체·액체·기체의 대표적인 차이점입니다. 이어서 상태변화와 부피·질량의 변화를 알아보도록 하겠습니다.

우선은 **부피**에 대해서입니다. 부피란 물체의 크기를 말하는 표현이죠. 일반적으로 기체→액체→고체의 순으로 변하면 부피는 작아집니다. 학교에서는 왁스를 사용한 상태변화 실험이 일반적입니다. 액체 상태의 왁스를 식혀서 **고체로 만들면 부피가 작아지는** 모습을 확인할 수 있죠.

여기서 주의할 점이 있습니다. 액체 상태의 물은 예외라는 사실입니다. 액체→고체로 변할 때는 부피가 작아지는 경우가 많지만, 우리 주변에 있는 물질인 물은 액체→고체로 상태변화하면 부피가 늘어납니다.

예를 들어, 컵에 차가운 물을 넣어서 얼리면 표면이 살짝 부풀어 있는 경우를 확인할 수 있습니다. 또한 페트병에 든 음료수는 얼지 못하게 되어 있는 경우가 있죠. 이는 부피가 늘어나서 용기가 파열되는 사고를 막기 위함입니다. 가장 친숙한 액체인 물의 상태변화와 부피의 관계에는 주의하도록 합시다.

이어서 상태변화와 **질량**의 관계에 대해 알아보겠습니다. **고체 ⇌ 액체 ⇌ 기체로 변하더라도 질량은 변하지 않습니다.** 상태변화란 입자의 결합의 세기가 변하는 것이지 입자의 개수가 변하는 것은 아니기 때문입니다.

특히 액체→기체의 변화는 질량이 줄어든다고 착각하기 쉬우므로 주의합시다. 물론 입자가 기체로 변해 어디론가 날아가 버린다면 질량은 감소합니다. 하지만 밀폐된

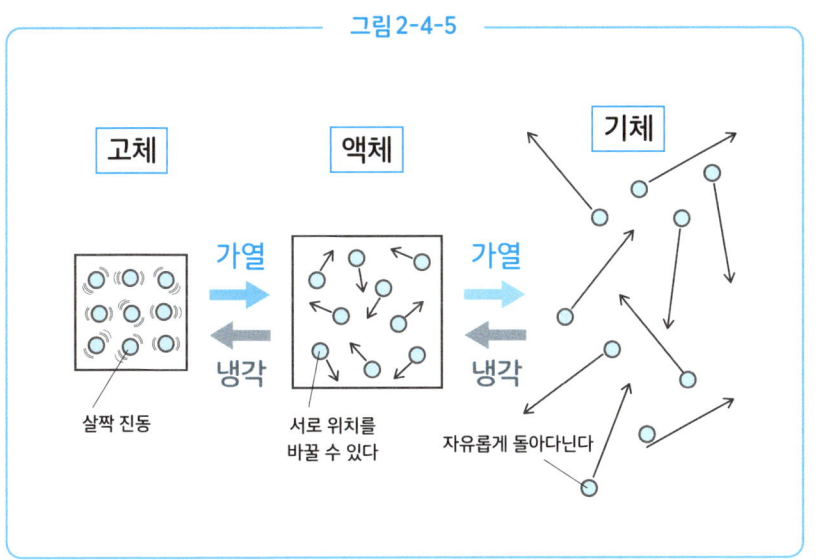

용기에 액체를 넣고 증발시킬 경우 질량은 감소하지 않습니다.

마지막으로 **상태변화와 밀도의 관계**를 알아보겠습니다. 물과 얼음을 예로 들어 살펴볼까요. 물이 얼음이 되면 부피는 커지지만 질량은 변하지 않습니다. 즉, 밀도는 얼음이 더 작아지는 셈이죠. 따라서 얼음은 물에 뜹니다.

얼음은 물에 뜬다.

마찬가지로 왁스를 예로 들어 생각해 보면, 왁스는 액체보다 고체일 때 부피가 더 작습니다. 질량은 모두 동일하기 때문에 밀도는 고체 쪽이 더 크답니다. 따라서 고체 상태인 왁스가 액체 상태인 왁스에 가라앉게 되는 것입니다.

이것이 상태변화와 부피·질량의 관계입니다. 다음에는 상태변화와 온도의 관계에 대해 자세히 알아보도록 하겠습니다. 상태변화가 어떤 느낌인지 더욱 구체적으로 파악할 수 있게 될 것입니다.

그림 2-4-7

고체 상태인 왁스는
액체 상태인 왁스에 가라앉는다

2-5 온도란 무엇일까? 상태변화와의 관계성

1학년

—— 상태변화와 온도

앞서는 상태변화와 부피·질량의 관계에 대해 알아보았습니다. 이번에는 상태변화와 온도의 관계에 대해 자세히 살펴보겠습니다. 애당초 '**온도**'란 무엇일까요. 10℃의 물과 30℃의 물은 무엇이 다를까요. 여러분은 생각해본 적이 있나요? 물을 예로 들어 온도에 대해 알아봅시다.

온도의 정체는 입자의 운동(움직임)의 차이입니다. 입자의 운동이 격렬할수록 온도가 높다는 말이 됩니다. 즉, 30℃의 물은 10℃의 물보다도 입자의 운동이 격렬하다는 뜻이죠.

그림 2-5-1

입자의 움직임이 **완만**(느리다)

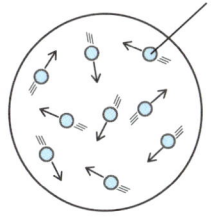

물의 온도가 낮은 상태

입자의 움직임이 **격렬**(빠르다)

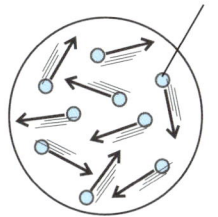

물의 온도가 높은 상태

물의 경우는 일반적으로 온도를 낮추어서 0℃가 되면 액체 상태인 물에서 고체 상태인 얼음으로 변합니다. 이는 온도가 낮아져서 입자의 운동이 완만해지면 입자 간의 위치가 고정되기 때문입니다.

얼음이 되었을 경우 역시 입자는 진동하고 있습니다. 얼음의 온도가 낮아질수록 이 진동은 완만해집니다. 얼음에도 -10℃인 얼음과 -30℃인 얼음이 있는 것이죠.

여기서 한층 온도를 낮추면 -273℃에서 입자의 진동은 멎게 됩니다. **'멎는다'란 입자의 움직임이 가장 느리다는 뜻**입니다. 따라서 물이 아니더라도 -273℃보다 낮은 온도는 있을 수 없습니다. 이 온도를 절대영도라고 합니다.

그렇다면 물을 따뜻하게 데웠을 경우는 어떨까요. 물을 데우면 일반적으로는 100℃에서 액체 상태인 물에서 기체인 수증기로 변합니다. 이는 온도가 높아짐에 따라 입자의 운동이 격렬해지고, 100℃가 되면 입자의 결합이 끊어지면서 공기 중으로 날아가기 때문입니다. 기체가 된 수증기는 한층 가열하면 100℃ 이상으로 만들 수도 있습니다.

그림 2-5-2 · 물질의 녹는점·끓는점

물질	녹는점(℃)	끓는점(℃)
물	0	100
에탄올	-115	78
산소	-218	-183
질소	-210	-196
철	1535	2750
구리	1083	2567
수은	-39	357

이처럼 **온도는 상태변화와 밀접한 관계가 있습니다**. 다만 0℃에서 고체가 되거나

100℃에서 기체가 되는 것은 어디까지나 물의 경우입니다. 물질에 따라 고체에서 액체로 변하는 온도(이것을 녹는점이라고 합니다)와 액체에서 기체로 변하는 온도(이것을 끓는점이라고 합니다)는 다르므로 주의합시다(그림2-5-2).

마지막으로 일상생활에서 쓰이는 '증발'과 '끓음'이라는 말의 차이를 알아보겠습니다.

증발과 끓음은 모두 액체가 기체로 변하는 현상을 의미하는 단어입니다. **액체의 표면에서만 기화가 일어날** 경우, 이를 가리켜 증발이라고 합니다. 증발은 끓는점에 도달하지 않더라도 일어나는 현상입니다. 물웅덩이는 100℃가 되지 않더라도 증발하죠. 한편 끓음은 **액체의 내부에서도 기화가 일어나는** 현상으로, 끓는점에 도달하면 벌어집니다. 비슷한 의미의 말이지만 정확하게 구별해서 사용하도록 합시다.

이것이 상태변화와 온도의 관계입니다. 중학교 과학에서는 상태변화뿐 아니라 화학변화에 대해서도 배웁니다. 화학변화를 배우면 입자의 변화를 한층 더 자세히 알 수 있게 됩니다. 화학변화에 대해서는 이후에 설명하도록 하겠습니다.

2-6

친숙한 기체의 성질 - 산소와 이산화탄소를 중심으로

1학년

—— 기체의 성질

이번에는 물질 중에서도 **기체**에 초점을 맞추어서 설명해보겠습니다. 기체는 **눈으로 보기 어려운** 물질이기 때문에 고체나 액체에 비해 어떤 느낌인지를 파악하기가 어렵습니다. 중학교에서 배우는 친숙한 기체의 종류와 그 성질을 확인해보도록 하겠습니다.

우선 '**공기**'에 대해 설명하겠습니다. 공기란 우리 주변에 있는 기체의 모임을 말합니다. '공기'라는 기체가 있는 것이 아니라, 다양한 기체가 모여서 공기를 이루는 것이죠.

공기의 성분은 부피비로 나타내면 그림 2-6-1과 같습니다. 공기의 **약 80%는 질소**로 구성되어 있습니다. 그리고 **약 20%가 산소**, 나머지가 아르곤이나 이산화탄소 등으로 이루어져 있습니다.

짚어두어야 할 점은 '공기 중에서 가장 많은 기체는 **산소가 아니라 질소**'라는 사실

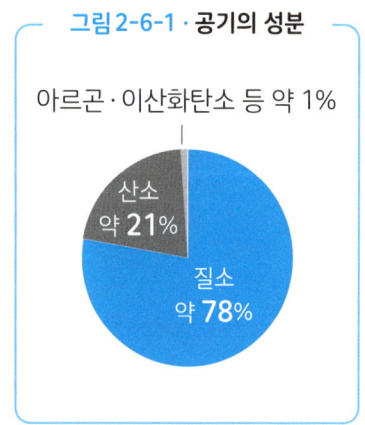

그림 2-6-1 · 공기의 성분

아르곤·이산화탄소 등 약 1%
산소 약 21%
질소 약 78%

과 '공기 중에서 **이산화탄소가 차지하는 비율은 약 0.04%로 매우 적다**'는 두 가지 사실입니다.

공기에 함유된 기체의 대부분은 무색무취이기 때문에 어떤 느낌인지 파악하기 어렵겠지만 중요한 부분이므로 기억해두도록 합시다.

그림 2-6-2

성분	부피비(%)
질소	78.08
산소	20.95
아르곤	0.93
이산화탄소	0.04

그럼 기체 각각의 성질에 대해 확인해보겠습니다. 우선은 산소입니다.
　산소는 사람이 호흡하는 데 필요한 기체로, 그런 의미에서 보자면 가장 중요한 기체라고 볼 수 있습니다. 호흡에 필요하다는 점 외에도 '물질이 타는 것을 돕는다'라는 중요한 성질이 있습니다.

주의할 점은, 산소는 물질이 타는 것을 도울 뿐, **산소 자체가 타지는 않는다**는 사실입니다. 애당초 물질이 '탄다'라는 말은 물질이 산소와 결합한다는 것을 의미합니다. 따라서 산소 없이 물질은 탈 수 없습니다.

학생들에게 '우주에는 산소가 없는데 어째서 태양은 불타고 있는 건가요?'라는 질문을 받는 경우가 있습니다. 이는 대단히 좋은 착안점입니다. 태양은 산소와 결합해서 타는 것이 아니라 수소가 일으키는 핵융합반응으로 폭발하는 것입니다. 그래서 우주공간에서도 계속 빛을 낼 수 있는 것이죠.

이어서 이산화탄소에 대해 알아보겠습니다. 이산화탄소는 탄소 원자 1개와 산소 원자 2개가 결합해 생겨난 기체입니다. 중학교 과학에서는 '석회수를 뿌옇게 만드는 기체'로 자주 등장합니다.

이산화탄소와 관련된 우리 주변의 물질로는 드라이아이스를 꼽을 수 있습니다. 드라이아이스는 **이산화탄소를 차게 식혀서 고체로 만든 것**입니다. 이산화탄소는 -79°C에서 고체가 됩니다. 드라이아이스는 고체에서 액체를 거치지 않고 기체로 직접 상태가 변하기 때문에 식품 보존 등 다양한 용도에 사용되고 있습니다.

드라이아이스는 실험에서도 자주 사용되고 있지만, '①저온이기 때문에 직접 손으로 만지지 말 것', '②기체가 되었을 때 부피가 늘어나 용기가 터질 수 있으므로 밀폐된 용기에 넣지 말 것' 등의 주의점이 있습니다. 또한 장소에 따라서는 산소 결핍이 발생할 위험성도 있습니다. 사용하기 편리한 데다 재미있는 실험도 할 수 있지만 사용할 때는 충분히 주의하도록 합시다.

또한 주스 등에 포함되어 있는 **탄산**은 이산화탄소가 물에 녹은 것이라는 사실을 알고 있나요? 즉, 원리적으로는 드라이아이스를 물에 넣으면 탄산수를 만들어낼 수 있다는 뜻입니다. 하지만 가정에서 시판되는 주스처럼 강한 탄산을 만들기란 위험한 일이므로 실제로는 만들지 않도록 합시다.

마지막으로 **수소**에 대해 소개하겠습니다. 수소는 한자로 '水素'라고 씁니다. 이 이름에서도 알 수 있듯이 수소가 타면 물(水)이 발생합니다. 수소가 타면서 물이 생겨난다니, 생각지도 못한 사실이라 재미있죠. 수소는 화학식으로 나타내면 H_2입니다. 이 수소가 타면(산소가 결합하면) H_2O, 즉 물이 되는 것입니다(화학식에 대해서는 나중에 설명하겠습니다).

수소는 무척이나 타기 쉬운 기체입니다. 산소와 화학반응을 일으키면 무척이나 잘

타오릅니다.

수소는 모든 기체 중에서 가장 가볍지만 불타기 쉽다는 성질 때문에 풍선 따위에는 사용할 수 없습니다. 그래서 풍선에는 두 번째로 가벼운 헬륨을 사용합니다.

이처럼 기체는 다양한 성질을 갖고 있으며 다양한 용도로 사용되고 있습니다. 육안으로 보기 어려운 기체이기에 흥미를 갖고 살펴보면 재미있는 사실이 잔뜩 숨어 있을 것입니다.

 # 원자와 분자는 무엇이 다를까

—— 원자와 분자의 차이

이번에는 '원자'와 '분자'에 대해 설명해보겠습니다(이 책은 지금까지 원자나 분자를 입자라는 단어로 표현했습니다).

원자, 분자라는 말은 일상에서도 접할 수 있는 단어라고 생각하지만 한편으로는 구별하기가 힘들 수도 있을 것입니다. 꼭 이번 기회에 정리해봅시다.

원자란 물질을 구성하는 근원이 되는 가장 작은 입자를 말합니다. 설탕 알갱이나 물, 콘크리트, 공기 등, 우리 주변의 **수많은 물질은 원자로 이루어져 있습니다.**

원자의 크기는 무척 작아서, 10원짜리 동전 1개에는 무려 220해(22,000,000,000,000,000,000,000)개의 알루미늄 원자가 함유되어 있죠.

또한 은 원자를 약 2억 배의 크기로 키우면 테니스공과 비슷한 크기가 됩니다.
이는 테니스공과 지구의 크기와 거의 동일한 비율입니다. 원자가 얼마나 작은지를 알 수 있겠죠.

원자는 기본적으로 다음의 세 가지 성질이 있습니다. ①화학변화에 의해 더 이상 나눌 수가 없다, ②없어지거나 새로이 생겨나거나, 다른 종류의 원자로 변하지 않는다,

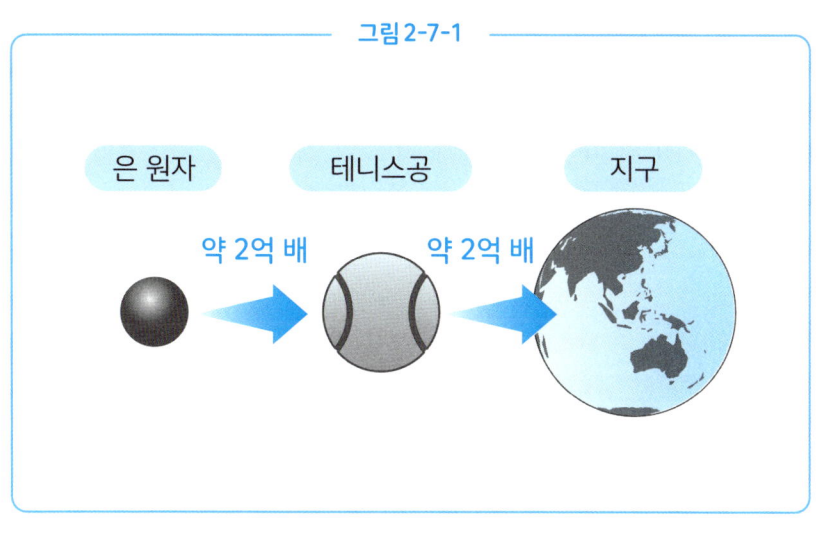

그림 2-7-1

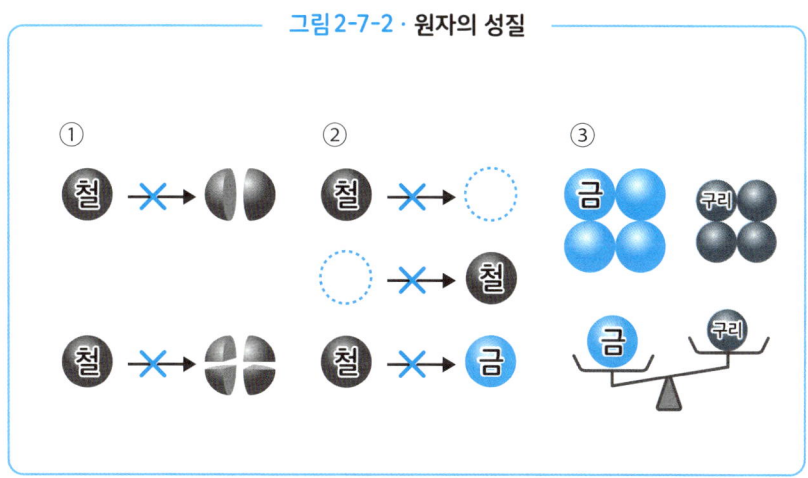

그림 2-7-2 · 원자의 성질

③ 종류에 따라 질량이나 크기가 정해져 있다.

이처럼 원자는 모든 물질을 구성하는 근간이라 할 수 있습니다.

 원자의 종류를 가리켜 '**원소**'라고 합니다. 원자가 몇 개가 있든 그 원자가 같은 이상 원소의 종류는 한 종류라는 뜻이죠. 원자와 원소는 무척이나 헷갈리기 쉬운 말이므로 사용법에 주의하도록 합시다.

원소는 현재 118종류가 알려져 있습니다. 아래의 그림과 같은 주기율표를 본 적이 있을 것입니다.

그림 2-7-3 · 주기율표

	1	2	3	4	5	6	7	8	9	10	11	12	13	14	15	16	17	18
1	H																	He
2	Li	Be											B	C	N	O	F	Ne
3	Na	Mg											Al	Si	P	S	Cl	Ar
4	K	Ca	Sc	Ti	V	Cr	Mn	Fe	Co	Ni	Cu	Zn	Ga	Ge	As	Se	Br	Kr
5	Rb	Sr	Y	Zr	Nb	Mo	Tc	Ru	Rh	Pd	Ag	Cd	In	Sn	Sb	Te	I	Xe
6	Cs	Ba	란타넘족	Hf	Ta	W	Re	Os	Ir	Pt	Au	Hg	Tl	Pb	Bi	Po	At	Rn
7	Fr	Ra	악티늄족	Rf	Db	Sg	Bh	Hs	Mt	Ds	Rg	Cn	Nh	Fl	Mc	Lv	Ts	Og

란타넘족	La	Ce	Pr	Nd	Pm	Sm	Eu	Gd	Tb	Dy	Ho	Er	Tm	Yb	Lu
악티늄족	Ac	Th	Pa	U	Np	Pu	Am	Cm	Bk	Cf	Es	Fm	Md	No	Lr

원소의 종류는 원소기호로 나타낼 수 있습니다. 기호의 첫 번째 글자는 대문자로, 두 번째 글자는 소문자로 쓰는 것이 규칙입니다.

이어서 원자와 무척 비슷한 단어인 **분자**에 대해 알아보겠습니다. 분자란 **몇 개의 원자가 결합한 입자**를 가리킵니다. 예를 들자면, 그림2-7-4처럼 수소 분자, 산소 분자, 물 분자, 이산화탄소 분자, 오존 분자 등을 꼽을 수 있습니다.

— 그림 2-7-4 —

수소 분자 　산소 분자 　물 분자 　이산화탄소 분자 　오존 분자

기체 부분에서 배웠던 '수소'나 '산소', '질소' 등은 모두 분자를 말합니다. '산소는 물질이 타는 것을 돕는 성질이 있다'라는 말에서 언급된 '산소'란 산소 원자가 아닌 산소 분자를 뜻합니다.

기본적으로 물질의 성질은 원자의 종류가 아니라 분자의 종류에 따라 크게 달라집니다. 예를 들어, 산소 원자가 2개 결합한 산소 분자는 호흡이 필요한 인간에게는 매우 중요한 물질입니다.

하지만 산소 원자가 3개 결합한 오존 분자는 인간에게 유독하죠(지구의 상공에 있는 오존층은 자외선을 막아 생물을 지켜주는 유익한 작용을 하지만요).

이처럼 **분자가 다르면 그 물질의 성질도 달라지게** 됩니다. 반대로 말하자면 분자는 그 물질의 성질을 나타내는 가장 작은 단위라고 볼 수도 있습니다. 산소 분자의 산소 원자 2개를 떼어놓으면 산소 분자의 성질을 유지할 수 없어지기 때문이죠.

원자(원소)에는 118종류가 있지만, 원자가 결합한 분자의 종류는 수백만 개가 넘습니다. 지금도 해마다 수십만 종류의 분자가 새롭게 합성되거나 분리되고 있습니다. 고작 118종류의 원자를 조합해 이렇게나 많은 분자가 만들어지고 새롭게 합성된다니, 무척이나 흥미로운 사실이죠.

마지막으로 원자와 분자의 '안정'에 대해 설명하겠습니다. 앞서 소개했듯이 기체 상태의 '수소'나 '산소'란 분자를 말하는 것이었습니다. 그림으로 나타내자면 그림2-7-5와 같은 이미지입니다.

그림 2-7-5

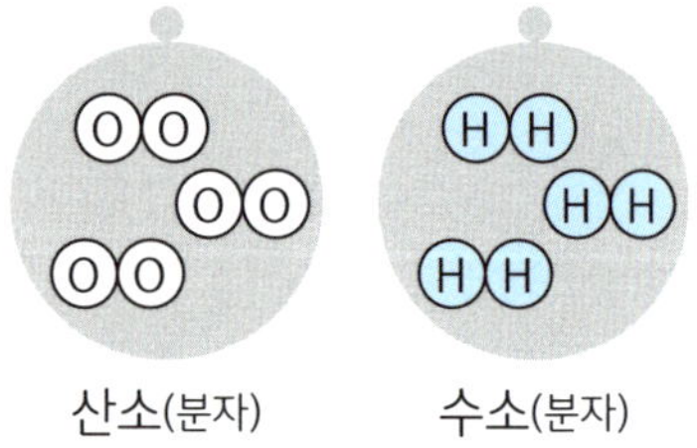

산소(분자)　　수소(분자)

그렇다면 어째서 수소나 산소는 원자 상태가 아닌 분자 상태로 존재하는 것일까요. 이것은 수소나 산소는 **원자의 상태보다도 분자의 상태가 더 안정적이기 때문**입니다.

이렇게 말하면 이해하기가 쉽지 않을 테니, 연필을 예로 들어 설명하겠습니다. 책상 위에 연필을 떨어뜨렸을 경우, 오른쪽 그림의 ①과 ② 중 어느 상태가 되어야 더 자연스러울까요?

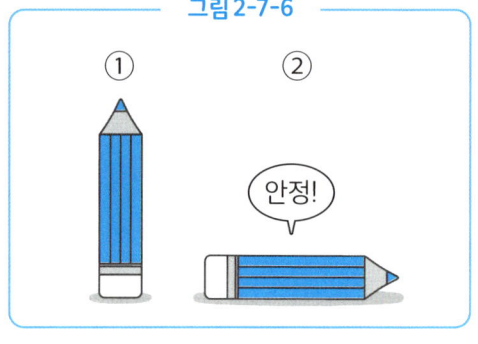

그림 2-7-6

물론 ②처럼 될 것입니다. 이는 연필에게는 ② 쪽이 더 안정적이기 때문입니다.

이와 마찬가지로 수소와 산소에게는 분자 상태 쪽이 더 안정적이기 때문에 대부분 분자 상태로 존재하는 것이죠.

이로써 원자와 분자의 차이에 대한 설명은 끝났습니다. 더 이상 나눌 수 없는 원자와, 원자가 결합한 분자, 이 둘을 차이를 알게 된다면 화학에 대해 더 잘 이해할 수 있을 것입니다.

2-8 화학식을 보면 물질을 이해할 수 있다

2학년

물질의 화학식

앞서 원자와 분자에 대해 확인했습니다. 이번에는 이어서 **화학식**에 대해 배워보도록 하겠습니다.

화학식이란 원자가 어떤 비율로 결합되어 있는지, **원소기호와 숫자**를 써서 나타낸 것입니다. 그림2-8-1이 그 예시입니다.

그림 2-8-1

	화학식	이미지 그림
수소(분자)	H_2	
산소(분자)	O_2	
질소(분자)	N_2	
이산화탄소(분자)	CO_2	
물(분자)	H_2O	

	화학식	이미지 그림
철	Fe	
금	Au	
염화소듐	NaCl	

화학식을 볼 때는 알파벳의 **대문자와 소문자의 구별**에 유의해야 합니다.

화학식은 반드시 대문자 앞에서 **원자가 구별됩니다.** 예를 들어보자면, 이산화탄소는 C │ O₂ │, 염화소듐은 Na │ Cl │ 이라는 식으로 말이죠. 이 점을 짚어두지 않으면 NaCl에 'C'가 들어 있는 것을 보니 탄소가 포함되어 있는 건가? 라는 착각에 빠지기 쉽습니다(물론 NaCl의 C는 Cl이라는 염소 원자의 일부입니다).

또한 원소기호의 오른쪽 아래에 쓰인 작은 숫자는 **왼쪽 원자의 개수**를 나타냅니다. 따라서 H₂O의 경우는 수소 원자가 2개, CO₂의 경우는 산소 원자가 2개인 셈이죠.

자, 여기서 의문이 떠오른 분도 있을 것입니다. 철·금·염화소듐의 화학식에 대해서입니다(그림2-8-1). 이 덩어리들은 대단히 많은 원자가 결합해 이루어져 있는데도 화학식의 오른쪽 아래에는 숫자가 붙지 않네요. 그 이유는 무엇일까요?

그것은 이 물질들은 **분자를 이루지 않는 물질**이기 때문입니다. 수소 분자나 이산화탄소 분자 등, 분자를 이루는 물질은 정해진 개수가 결합된 상태로 존재합니다.

그림 2-8-2

하지만 철이나 금 등은 각각의 원자가 빈틈없이 빼곡하게 늘어선 구조를 이루고 있습니다. 따라서 원소기호의 오른쪽 아래에 숫자는 쓰지 않아도 되는 것입니다. 개수를 정확히 헤아릴 수가 없기 때문이죠.

염화소듐 역시 마찬가지입니다. 염화소듐은 염소 원자와 소듐 원자가 교대로 끊임

없이 늘어서 있습니다. 따라서 화학식으로는 숫자를 붙이지 않고 NaCl이라고 나타내는 것입니다.

마지막으로 화학식을 읽는 법에 대해 설명하겠습니다. 화학식은 일반적으로 뒤에 쓰여 있는 물질명부터 순서대로 읽습니다. 염소(Cl)의 경우 '염화~', 산소(O)일 경우는 '산화~', '황(S)'이라면 '황화~'라는 식입니다.

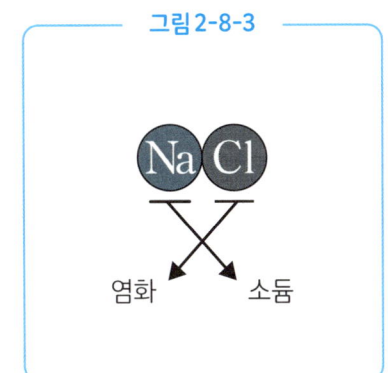
그림 2-8-3

지금까지 화학식의 기본이었습니다. 기본적인 사항을 알아두면 화학식을 보기만 해도 많은 사실을 머릿속에 그릴 수 있게 되고, 다음에 배워볼 화학반응식도 더 잘 이해할 수 있습니다.

화학반응식 쓰는 법의 중요 포인트

── 화학반응식 쓰는 순서 ──

앞서 소개한 화학식에 이어서 이번에는 화학반응식에 대해 설명하겠습니다. 그 전에, 중학교 과학시간에 배우는 **물질의 두 가지 변화**의 차이에 대해 정리해보겠습니다.

중학교 과학에서는 '상태변화'와 '화학변화'의 두 종류의 변화에 대해 배웁니다. **이 둘의 차이**는 어디에 있을까요?

상태변화란 p.106에서 배웠듯이 물질이 고체 ⇌ 액체 ⇌ 기체로 변하는 현상입니다. 물을 가열하면 수증기가 되는데, 이때는 모여 있던 물 분자가 뿔뿔이 흩어질 뿐 **물 분자 그 자체에는 변화가 없습니다.**

이는 물에서 얼음으로 변할 때에도 마찬가지입니다. 이러한 변화를 상태변화라고 합니다. 상태변화의 모습을 화학식으로 살펴보면 얼음(H_2O) ⇌ 물(H_2O) ⇌ 수증기(H_2O)가 되는 것이죠. 물질 그 자체는 변하지 않습니다.

한편, **화학변화**의 예로는 **물의 전기분해**를 꼽을 수 있습니다. 물에 전류를 흘려 넣으면 수소와 산소로 분해되는 반응이 일어납니다. 이때는 **물 분자 그 자체가 변해 수**

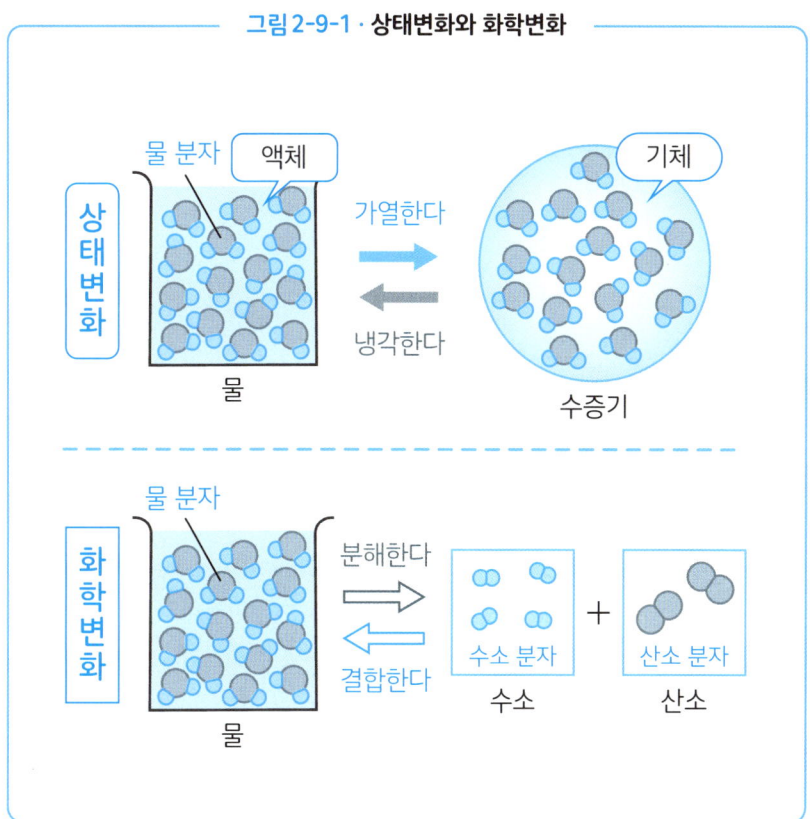

그림 2-9-1 · 상태변화와 화학변화

소 분자와 산소 분자로 나뉩니다.

　화학변화의 모습을 화학식으로 살펴보면, 물(H_2O)→수소(H_2)+산소(O_2)가 됩니다. 이것이 **상태변화와 화학변화의 차이**입니다.

화학변화는 화학식을 사용해 **화학반응식**으로 나타낼 수 있습니다. 앞서 이야기한 물의 전기분해를 화학반응식으로 나타내면 그림2-9-2처럼 됩니다.

화학반응식을 이해하는 데에는 두 종류의 숫자를 이해하는 것이 중요합니다. 화학반응식에는 그림2-9-2와 같이 ○로 감싼 작은 숫자와 □로 감싼 큰 숫자가 있습니니

─── 그림 2-9-2 ───

$$2\,H_2O \rightarrow 2\,H_2 + O_2$$

다. 이 숫자의 차이는 어디에 있을까요.

○로 감싼 작은 숫자는 결합해 있는 원자의 개수를 나타냅니다. 화학식 단원에서도 설명했죠.

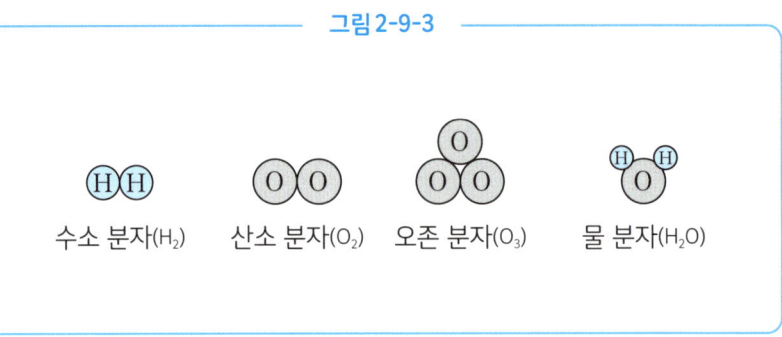

─── 그림 2-9-3 ───

수소 분자(H_2)   산소 분자(O_2)   오존 분자(O_3)   물 분자(H_2O)

그림2-9-3의 예와 같이 오른쪽 아래의 작은 숫자의 수만큼 원자가 결합해 있다는 뜻입니다. 이때, **결합한 원자의 종류나 개수가 다르면 전혀 다른 물질이 되어버린 다**는 사실을 알아두기 바랍니다. 예를 들어, 산소(O_2)와 오존(O_3)은 전혀 다른 물질입니다.

그렇다면 그림2-9-2의 □로 감싼 큰 숫자는 무엇을 의미하는 것일까요. 이 숫자는 '**계수**'라 해서, 그 **물질이 몇 개 있는지**를 나타낸 숫자입니다. 물질의 수에 따라 그림 2-9-4와 같이 나타냅니다.

그림 2-9-4

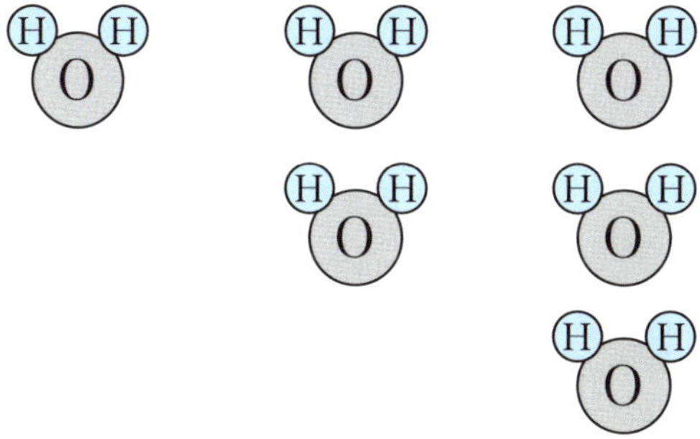

H_2O $2H_2O$ $3H_2O$

거듭 이야기하지만 화학반응식을 쓸 때에는 이 **큰 숫자와 작은 숫자를 구별하는 것**이 매우 중요하므로 차이를 확실히 확인해두길 바랍니다. 그럼 실제로 화학반응식을 쓰는 순서를 설명해보겠습니다.

예시로 앞서 이야기했던 물을 전기분해할 때의 화학반응식을 써보겠습니다. 순서는 다음의 세 가지입니다. ①화학반응식을 말로 쓴다, ②말을 화학식으로 바꾼다, ③화학변화를 전후한 원자의 개수를 맞춘다. 그럼 순서대로 진행해볼까요.

우선은 ①화학반응식을 말로 써보겠습니다. 어렵게 생각할 필요는 없습니다. '물이 수소와 산소로 분해된다'라는 말을 식으로 쓰면 '물→산소+수소'가 되겠죠. 화학반응식에서는 **=가 아니라 →를 사용**하므로 주의하기 바랍니다.

이어서 ②'말을 화학식으로 바꾼다'입니다. 이 또한 어렵게 생각할 필요가 없습니다. '물', '수소', '산소'라는 말을 화학식으로 **바꾸어보겠습니다.**

이때 앞서 배운 화학식(원소기호가 아니므로 주의)을 **작은 숫자까지 포함해 바꾸어 씁니다.** 즉, 화학반응식은 화학식을 꼼꼼하게 외우지 않고서는 쓸 수가 없다는 말이죠.

자, 말을 화학식으로 바꾸어 써보면 '$H_2O \rightarrow H_2+O_2$'가 됩니다. 여기까지 왔다면 앞으로 한 걸음 남았습니다.

마지막은 ③'화학변화를 전후로 원자의 개수를 맞춘다'입니다. ②에서 만들어진 화학반응식과 그 원자의 개수를 살펴보겠습니다.

그림 2-9-5

$$H_2O \rightarrow H_2 + O_2$$

그러면 반응 전(화살표 왼쪽)은 '수소 원자 2개, 산소 원자 1개'지만, 반응 후(화살표 오른쪽)는 '수소 원자 2개, 산소 원자 2개'가 되어 있습니다. 반응 전과 후의 원자의 개수가 서로 다르죠. 따라서 반응 전후로 원자의 개수를 맞추는 작업이 필요합니다.

여기서 **자주 발생하는 실수**가 $H_2O_2 \rightarrow H_2+O_2$로 나타내버리는 경우입니다. '$H_2O_2$'는 과산화수소라 하며, 물과는 전혀 다른 물질입니다. **화학식의 숫자를 바꾸면 전혀 다른 물질로 바뀌어버린다**는 사실을 떠올려보세요.

그럼 어떻게 원자의 숫자를 맞추면 좋을까요. 여기서 등장하는 것이 **계수**입니다. 계수란, 화학식 앞에 붙는 큰 숫자를 말하는 것이죠. 계수를 사용하면 **물질은 그대로 둔 상태에서 원자의 수를 조정할 수 있습니다.** 그림2-9-5의 경우는 반응 전의 산소의 숫자가 부족했으므로 반응 전의 물 앞에 계수인 2를 붙여보겠습니다.

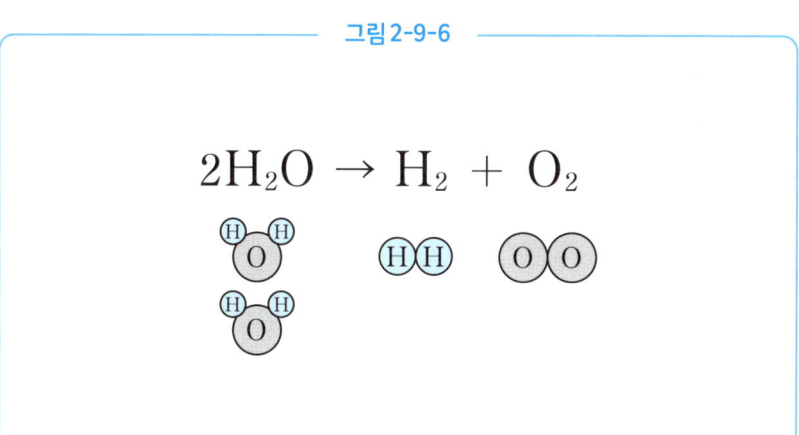

그림 2-9-6

그러면 그림2-9-6처럼 됩니다. 그림2-9-6을 보면 반응 전은 '수소 원자 4개, 산소 원자 2개', 반응 후는 '수소 원자 2개, 산소 원자 2개'가 되었습니다. 반응 전과 후의 **산소 원자의 숫자를 맞추는 데 성공**했네요.

하지만 이번에는 수소의 숫자가 맞지 않게 되어버렸습니다. 그럼 이번에는 반응 후의 수소의 숫자를 맞추어보겠습니다. 그림2-9-7처럼 해서 반응 후의 수소의 숫자를 늘립니다.

이번에는 반응 전 '수소 원자 4개, 수소 원자 2개', 반응 후 '수소 원자 4개, 산소 원자 2개'가 되어 반응 전후로 원자의 개수가 맞추어졌습니다.
  이로써 화학반응식이 완성되었습니다. '물이 수소와 산소로 나뉘는 화학반응식'은

그림 2-9-7

$$2H_2O \rightarrow 2H_2 + O_2$$

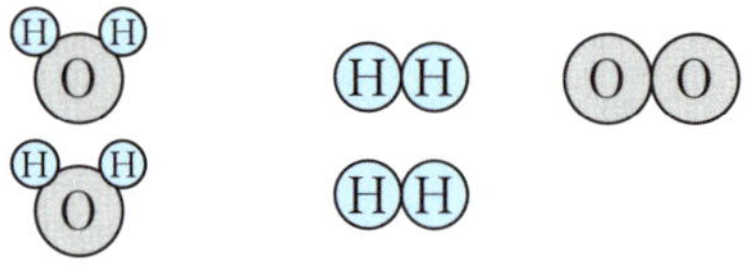

'$2H_2O \rightarrow 2H_2+O_2$'가 되는 것입니다.

이것이 화학반응식을 쓰는 방법입니다. 화학반응식은 중학생에게는 커다란 벽 중 하나지만, 화학식을 외우고 화학반응식의 순서를 이해한다면 누구나 간단하게 쓸 수 있답니다.

화학반응식을 이해하면 물질의 변화를 한층 구체적으로 이해할 수 있게 됩니다. 기회가 된다면 주변에 있는 화학변화의 화학반응식을 꼭 알아보기 바랍니다.

2학년

산소가 결합하는 변화와 제거되는 변화

―― 산화와 환원

화학변화는 일상생활 속 다양한 상황에서 발견할 수 있습니다. 이번에는 우리 주변의 화학변화 중 하나인 산화·환원에 대해 설명해보겠습니다.

산화란 물질과 산소가 결합하는 화학변화를 말합니다. 산화는 크게 다량의 열이나 빛을 일으키며 격렬하게 산화하는 **연소**와, 천천히 산화하는 **녹**으로 나눌 수 있습니다.

우선은 연소에 대해 살펴보겠습니다. 대표적인 사례가 마그네슘의 연소입니다. 마그네슘은 은백색을 띤 금속입니다.

마그네슘은 불을 붙이면 공기 중의 산소와 결합해 격렬하게 연소합니다.
　연소 후에는 흰색의 산화마그네슘(MgO)이라는 물질로 변합니다. 반응할 때는 무척 온도가 높아지므로 주의가 필요합니다(오른쪽 QR 동영상 참조).

　마그네슘 연소의 화학반응식은 $2Mg+O_2 \rightarrow 2MgO$입니다. 마그네슘이 공기 중 산소와 결합한 것이므로 산화가 일어난 셈이죠. 또한 산화할 때 열과 빛을 내기 때문에 연소라고 할 수 있습니다.

산화에는 연소뿐 아니라 **녹**도 있습니다. 녹은 연소와 다르게 느리게 일어나는 산화입니다. 녹이 슬 때도 열은 발생하지만 무척이나 오랜 시간에 걸쳐서 열이 발생하므로 체감하기란 어려운 일이죠.

녹의 대표적인 사례는 옛날 10원짜리 동전이 파랗게 변하는 현상 등을 꼽을 수 있습니다. 10원짜리 동전이 파랗게 변하는 현상은 녹청이라 불리는 녹이 원인입니다.

또한 손난로는 철을 급격히 녹슬게 해서 열을 발생시키는 도구입니다(연소와 녹의 중간이라고도 볼 수 있습니다). 이처럼 산화는 우리 주변에서 무척 쉽게 찾아볼 수 있는 화학변화입니다.

산화와는 반대로 물질에서 산소를 빼앗는 화학변화를 **환원**이라고 합니다. 대표적인 환원의 화학변화는 산화구리(CuO)와 탄소(C)를 섞은 것을 가열하는 실험입니다.

이 화학변화는 $2CuO+C \rightarrow 2Cu+CO_2$로 나타낼 수 있습니다. **산화구리가 환원되어 구리로 변합니다.** 또한 탄소는 산화구리에서 산소를 빼앗아 이산화탄소가 됩니다(탄소는 산화됩니다. 환원이 일어날

때에는 산화도 동시에 일어난다는 뜻이죠). 이산화탄소가 발생했는지 여부는 석회수를 사용해서 확인할 수 있습니다. 이산화탄소가 발생하면 석회수는 하얗게 탁해집니다. 위의 QR 동영상을 보면 석회수가 하얗게 탁해지는 모습을 확인할 수 있습니다. 이러한 화학변화를 환원이라고 합니다.

어째서 이러한 변화가 일어나는 것일까요. 바로 **탄소는 구리보다도 산소와 결합하기 쉽기** 때문입니다. 따라서 산화구리와 탄소를 섞어서 가열하면 산소는 탄소와 결합해 이산화탄소가 되고 마는 것이죠.

사람으로 비유하자면 산소에게 구리는 '못 생긴 데다 성격도 나쁘고 돈도 없는 사람', 탄소는 '잘 생긴 데다 성격도 좋고 돈도 많은 사람'이라는 느낌이라고나 할까요. 처음에는 마지못해 구리와 붙어 있던 산소도 탄소가 나타나면 그쪽으로 달라붙어버리는 것이죠(느낌상 그렇다는 것이죠).

원자들도 우리 이상으로 엄격한 세상에서 살아가고 있는지도 모르겠네요.

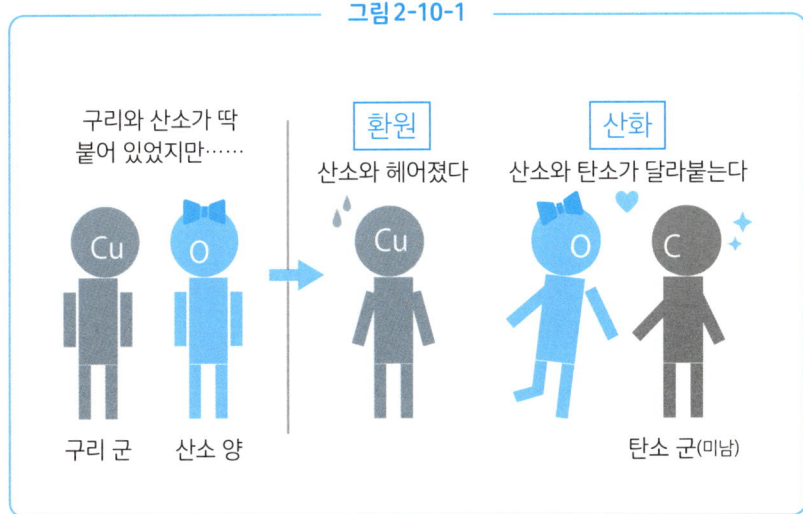

그림 2-10-1

2-11 화학변화 전후의 질량과 질량보존의 법칙

2 학년

—— 화학변화와 질량

화학변화가 일어났을 때, 물질의 질량(무게)에는 어떤 변화가 있을까요. 화학변화를 전후로 물질의 질량을 비교해보면 화학반응의 양상을 한층 더 쉽게 머릿속에 그릴 수 있습니다. 이번에는 화학변화와 질량에 대해 알아보겠습니다.

그림2-11-1을 봐주세요. 이건 저울에 철솜을 내달아서 균형을 맞춘 것입니다(철솜이란 철을 털처럼 가늘게 만든 것입니다).

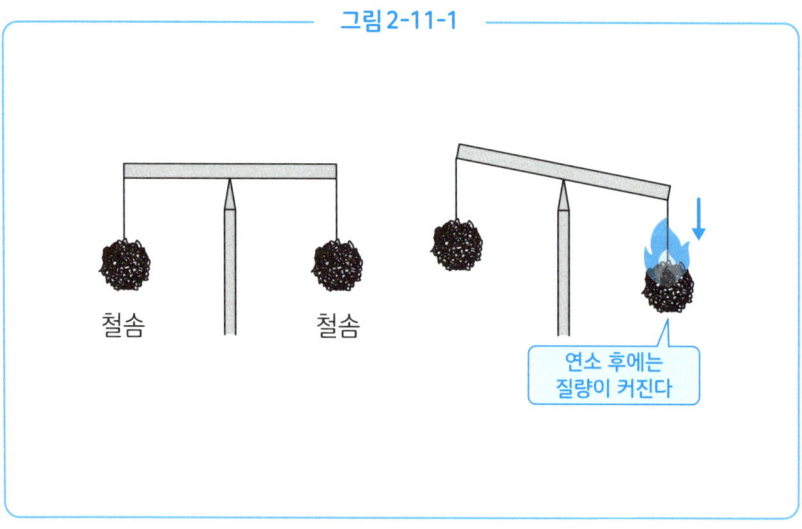

그림 2-11-1

한쪽 철솜에 불을 붙이면 저울은 불이 붙은 철솜 쪽으로 크게 기울어집니다. 즉, **불을 붙인 쪽이 질량이 커졌다**는 말이 되겠네요.

이번에는 양초를 이용해서 비슷한 실험을 해보겠습니다. 그러자 이번에는 불을 붙이지 않은 양초 쪽으로 기울었습니다. 즉, 양초의 경우는 **불을 붙이면 질량이 작아진다**는 말이겠군요. 어째서 이런 차이가 발생하는 것일까요.

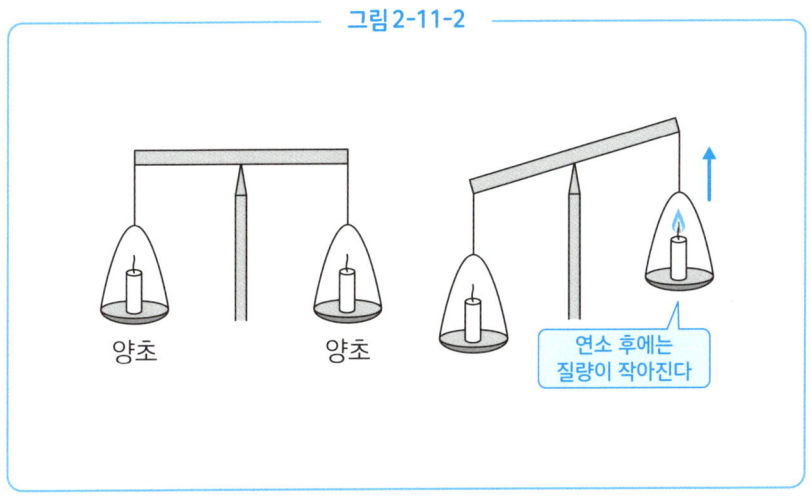

그림 2-11-2

철(Fe)이 연소되면 산소(O_2)와 결합해 산화철(Fe_3O_4)이 만들어집니다. 즉, 철의 경우는 불에 타면 산소가 결합한 만큼 질량이 커지는 셈이죠.

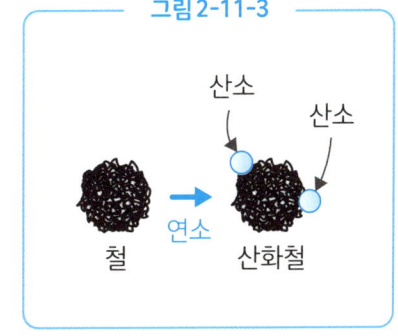

그림 2-11-3

한편 양초는 파라핀이라 해서 탄소와 수소 등으로 구성된 성분으로 이루어져 있습니다. 양초가 연소되면 탄소(C)는 산소(O_2)와 결합해 이산화탄소(CO_2)가, 수소(H_2)

는 산소(O_2)와 결합해 물(수증기)(H_2O)이 되어 **공기 중으로 달아나버립니다.** 그래서 양초는 연소되면 질량이 작아지는 것입니다.

같은 연소라도 질량이 커지는 경우와 작아지는 경우가 있다

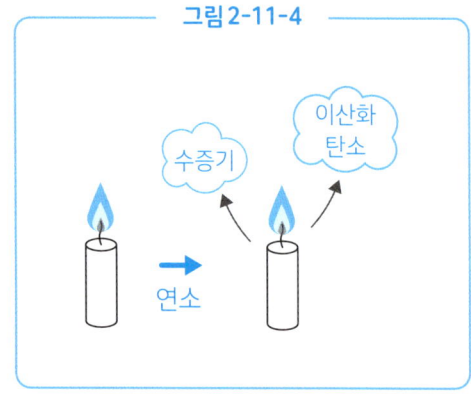

는 뜻이죠. 이 내용은 산소가 결합하는 느낌과 병행해서 이해한다면 지식을 머릿속에 넣기도 쉬워집니다.

철이나 양초의 연소라는 사례에서도 알 수 있듯이, 물질은 화학변화를 통해 질량이 변한 것처럼 보이는 경우가 있습니다. 하지만 한편으로 '질량보존의 법칙'이라는 말을 들어본 적이 있을 것입니다.

질량보존의 법칙이란 '화학변화를 전후로, 변화와 관련된 물질의 질량의 합은 변하지 않는다'라는 법칙입니다. 철솜의 연소 실험을 밀폐된 용기 안에서 실시해보겠습니다.

저울로 실험했을 때는 공기 중 산소가 철에 달라붙었기 때문에, 연소되면 질량이 커졌습니다. 하지만 밀폐된 용기 안에서 연소시켰을 경우에는 본래 용기 안에 있던 산소가 철에 달라붙은 것뿐이므로 질량이 변하지 않습니다. 이것이 질량보존의 법칙입니다.

다만 연소 후, 용기 안의 산소는 철에 달라붙어버렸기 때문에 용기 안은 산소가 적어서 기체가 부족한(기압이 낮은) 상태가 되었습니다. 따라서 뚜껑을 열면 공기가 플라

스크 안으로 빨려 들어가, 질량은 반응 전보다도 커져버리고 맙니다. 공기에도 질량이 있기 때문이죠.

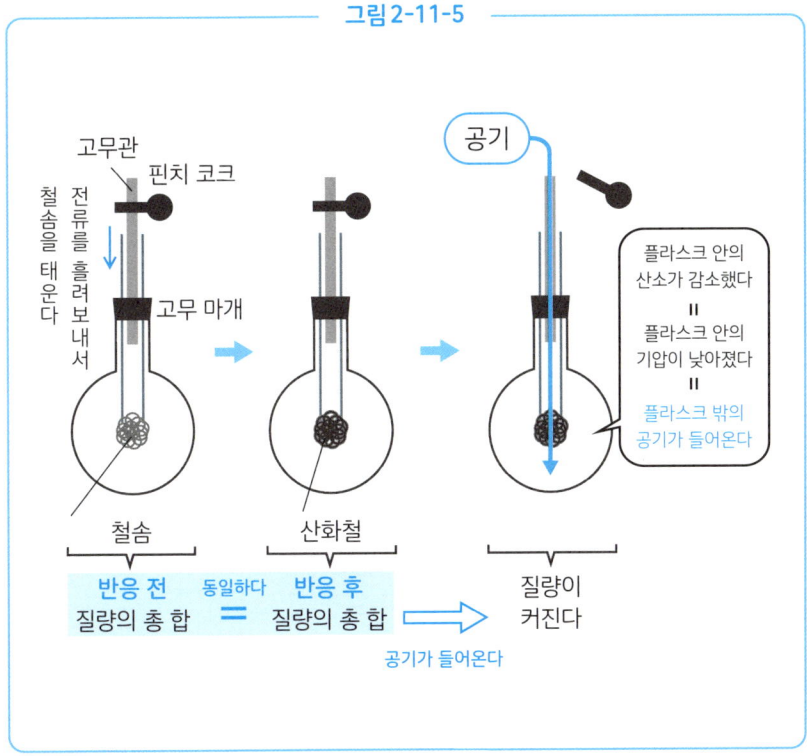

그림 2-11-5

질량보존의 법칙은 양초의 사례에서도 성립됩니다. 밀폐된 용기 안에서 양초에 불을 붙이면 용기 안에 이산화탄소와 수증기가 발생합니다. 용기 안은 기체로 가득 채워지지만 뚜껑이 닫혀 있기 때문에, 이산화탄소와 수증기는 밖으로 달아나지 못해 질량에는 변화가 발생하지 않습니다. 하지만 뚜껑을 열면 발생했던 이산화탄소와 수증기가 달아나버리기 때문에, 전체적인 질량은 줄어들고 마는 것입니다.

이것이 질량보존의 법칙입니다. 화학변화는 원자 간의 결합이 변할 뿐, 밀폐된 용기

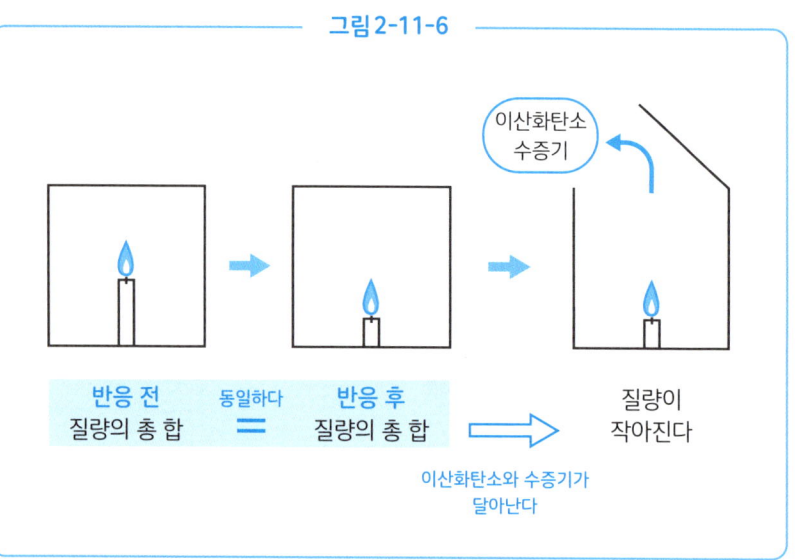

속 원자의 개수의 총량은 변하지 않습니다. 따라서 질량이 변하지 않는 것이죠. 또한 사람의 눈에는 보이지 않는 기체라 하더라도 원자는 변함없이 존재하고 있다는 사실을 이해해두도록 합시다.

2-12

3학년

이온이란?
원자의 구조와 이온이 생겨나는 원리

—— 이온이 생겨나는 원리

일상생활에서 이온이라는 말을 접할 기회가 제법 늘어난 느낌입니다. 하지만 이온이 결국 무엇인지 정확하게 대답할 수 있는 분은 별로 없지 않을까요. 이번에는 중학교에서 배우는 이온의 기본에 대해 설명해보겠습니다.

이온이란 **원자가 전기를 띤 것**을 말합니다('띤다'는 '갖는다'라고 이해하셔도 상관없습니다). 원자가 양의 전기를 띤 것을 **양이온**, 음의 전기를 띤 것을 **음이온**이라고 합니다.

원자는 어째서 양이나 음의 전기를 띠는 것일까요. 그 이유를 알려면 **원자의 구조**를 자세히 알아야 합니다.

그림2-12-1을 봐주세요. 이건 헬륨 원자의 구조를 그림으로 나타낸 것입니다. 그림과 같이 원자는 보통 '양성자', '중성자', '전자'의 세 가지 요소로 이루어져 있습니다.

양성자는 **양의 전기를 띤 입자**입니다. 원자의 종류는 양성자의 개수에 따라 정해집니다. 그림2-12-2 주기율표를 봐주세요.

원자번호 1번인 수소(H)는 양성자의 개수가 1개입니다. 마찬가지로 2번인 헬륨(He)

─ 그림 2-12-1 ─

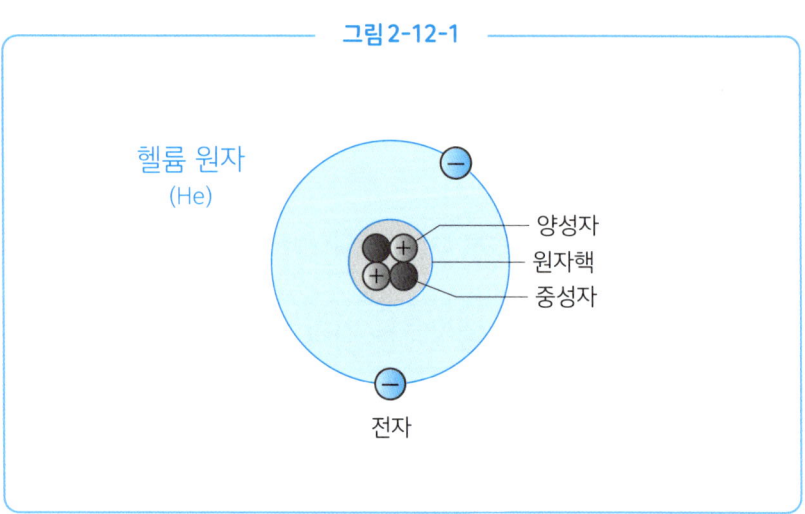

── 그림 2-12-2 · **주기율표** ──

	1	2	3	4	5	6	7	8	9	10	11	12	13	14	15	16	17	18
1	H																	He
2	Li	Be											B	C	N	O	F	Ne
3	Na	Mg											Al	Si	P	S	Cl	Ar
4	K	Ca	Sc	Ti	V	Cr	Mn	Fe	Co	Ni	Cu	Zn	Ga	Ge	As	Se	Br	Kr
5	Rb	Sr	Y	Zr	Nb	Mo	Tc	Ru	Rh	Pd	Ag	Cd	In	Sn	Sb	Te	I	Xe
6	Cs	Ba	란타넘족	Hf	Ta	W	Re	Os	Ir	Pt	Au	Hg	Tl	Pb	Bi	Po	At	Rn
7	Fr	Ra	악티늄족	Rf	Db	Sg	Bh	Hs	Mt	Ds	Rg	Cn	Nh	Fl	Mc	Lv	Ts	Og

란타넘족	La	Ce	Pr	Nd	Pm	Sm	Eu	Gd	Tb	Dy	Ho	Er	Tm	Yb	Lu
악티늄족	Ac	Th	Pa	U	Np	Pu	Am	Cm	Bk	Cf	Es	Fm	Md	No	Lr

은 양성자의 개수가 2개죠. 3번인 리튬(Li)은 양성자의 개수가 3개라는 식으로 진행됩니다. 그림2-12-1은 헬륨 원자이므로 양성자의 수는 2개가 되겠네요.

원자를 구성하는 요소 중 두 번째는 **중성자**입니다. 중성자는 전기를 갖지 않는 입자입니다. 양성자와 함께 원자의 중심에 존재하죠. 양성자와 중성자를 합친 것을 **원자핵**이라고 부릅니다.

마지막으로 **전자**입니다. 전자는 **음의 전기를 띤 입자**입니다. 1개의 원자가 가진 전자의 개수는 양성자의 개수와 동일합니다.

즉, 원자 전체에서 전기는 ±0, 다시 말해 전기적으로 중성인 상태를 이루고 있습니다. 예를 들어, 헬륨 원자는 양성자의 개수와 전자의 개수가 모두 2개입니다. +2-2=0이므로 전기적으로 중성이죠.

원자가 양성자·중성자·전자의 세 가지로 이루어져 있다는 사실은 이해가 되었나요? 그럼 원자가 이온이 되는 구조에 대해 알아보겠습니다.
  원자 안에서 양성자와 중성자는 강한 힘으로 결합되어 원자핵을 이루고 있습니다. 한편 전자는 원자핵 주변에 존재하고 있죠. 따라서 원자는 전자를 잃어버리거나 건네받는 경우가 있습니다. 원자의 종류에 따라 전자를 잃기 쉬운 원자, 건네받기 쉬운 원자는 정해져 있습니다.

전자를 잃기 쉬운 대표적인 원자인 소듐 원자를 살펴보겠습니다(그림2-12-3).

소듐 원자는 원자번호 11번입니다. 따라서 양성자와 전자의 개수는 각각 11개입니다. 앞서 말했듯이 원자 단계에서는 ±0(+11-11=0)이므로 전기적으로 중성입니다.

하지만 소듐 원자가 전자 1개를 잃으면 양성자가 11개, 전자는 10개가 되어 **양전기 쪽이 1개 많아집니다**. 그 결과, 소듐 이온(Na^+)이 생겨납니다. 양이온은 원자가 전자

그림 2-12-3

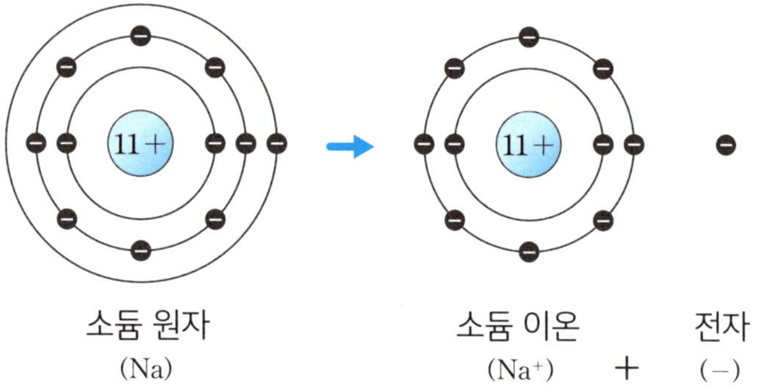

소듐 원자 → 소듐 이온 + 전자
(Na)   (Na⁺)   (−)

를 잃으면서 생겨나는 것이죠.

이어서 전자를 건네받는 대표적인 원자인 염소 원자를 살펴보겠습니다(그림2-12-4).

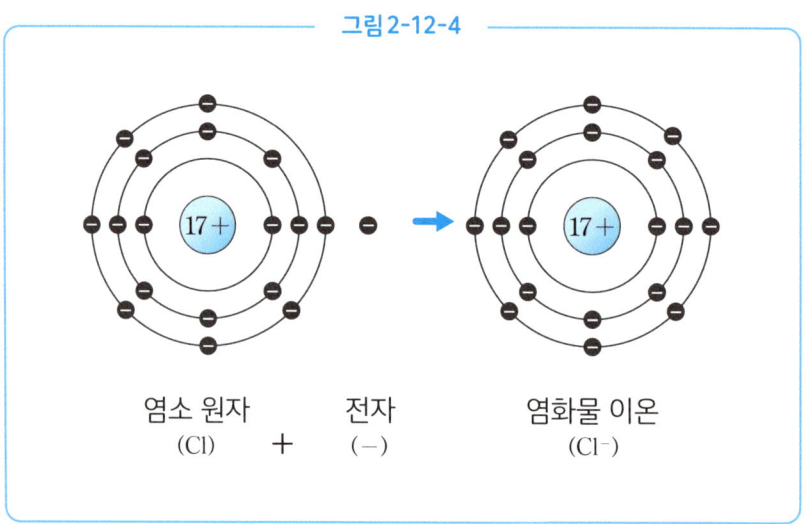

그림 2-12-4

염소 원자 + 전자 → 염화물 이온
(Cl)   (−)   (Cl⁻)

염소 원자의 원자번호는 17번. 따라서 양성자와 전자의 개수는 각각 17개입니다. 원자 단계에서는 ±0(+17-17=0)이므로 전기적으로는 중성입니다.

그런데 염소 원자가 전자를 건네받으면 양성자가 17개, 전자는 18개가 되어 **음전기가 1개 더 많아집니다.** 따라서 염화물 이온(Cl^-)이 되는 것이죠(염소의 이온을 염화물 이온이라고 합니다).

소듐 원자와 염소 원자의 사례에서 알 수 있듯이 전자를 잃은 원자는 양이온이, 전자를 건네받은 원자는 음이온이 됩니다. 중학교에서 배우는 대표적인 이온을 확인해봅시다.

그림 2-12-5

수소 이온	소듐 이온	구리 이온	은 이온	바륨 이온
H^+	Na^+	Cu^{2+}	Ag^+	Ba^{2+}
염화물 이온	수산화물 이온	황산 이온	황화물 이온	질산 이온
Cl^-	OH^-	SO_4^{2-}	S^{2-}	NO_3^-

그림2-12-5가 대표적인 이온입니다. 참고로 전자를 2개 잃으면 구리 이온이나 바륨

이온처럼 '2+'가 되고, 전자를 2개 건네받으면 황산 이온이나 황화물 이온처럼 '2-'가 됩니다.

이것이 이온이 생겨나는 방식입니다. 이온이라 하면 뭔가 어렵게 들릴지도 모르지만 실제로는 원자가 전기를 띤 것뿐이랍니다.

3 학년

 # 이온화 경향과 전지의 구조

—— 금속의 이온화 경향

이번에는 금속이 이온으로 변하기 쉬운 정도에 대해 알아보겠습니다. 일반적으로 **금속은 양이온으로 변하기 쉽지만**, 그 경향은 금속에 따라 다릅니다.

금속이 이온으로 변하기 쉬운 정도를 **이온화 경향**이라고 하며, 대표적인 금속을 이온화 경향이 큰 순서대로 나열한 것을 이온화 서열이라고 합니다. 그림2-13-1이 이온화 서열입니다.

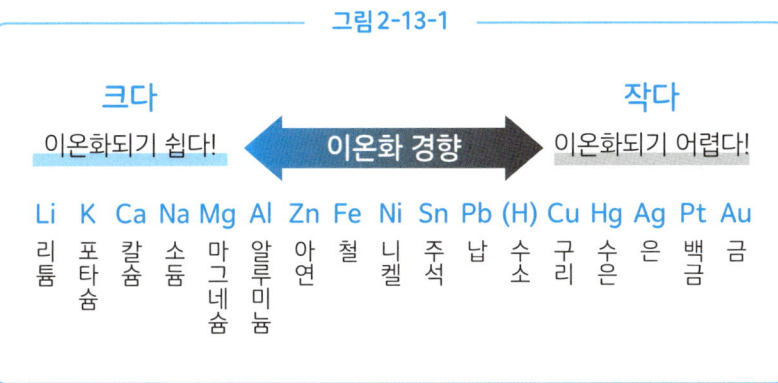

그림 2-13-1

이 이온화 서열에서 알 수 있는 사실은 무엇일까요. 염화구리 수용액에 알루미늄을 첨가하는 실험을 통해 알아봅시다.

염화구리 수용액 안에는 구리 이온(Cu^{2+})과 염화물 이온(Cl^-)이 들어 있습니다(이온은 미립자이기 때문에 육안으로 볼 수는 없습니다). 이 안에 알루미늄(Al)을 첨가해보겠습니다. 구리와 알루미늄의 경우, 이온화 경향은 알루미늄이 더 큽니다. 바꾸어 말하자면 구리보다도 알루미늄이 더 이온으로 변하려 한다는 뜻이죠.

따라서 구리 이온(Cu^{2+})이 있는 염화구리 수용액 안에 알루미늄(Al)을 넣으면 알루미늄은 알루미늄 이온(Al^{3+})으로 변하고, 구리 이온은 구리(Cu)로 변해 석출되는 현상이 벌어집니다.

즉, 알루미늄은 전자를 잃어 알루미늄 이온으로 변하고, 수용액 안의 구리 이온이 전자를 건네받으면서 구리로 석출된다는 뜻입니다(오른쪽 QR 동영상 참조).

동영상을 보면 알 수 있듯이 구리 이온은 파란색을 띠고 있습니다. 하지만 알루미늄을 넣고 시간이 지나면 구리 이온이 적어지기 때문에 파란색이 흐려집니다.

이 실험에서 알 수 있듯이, **금속은 이온으로 변하기 쉬운 정도가 정해져** 있습니다.

이 이온화 경향을 잘 이용한 도구가 바로 **전지**입니다. 여기서는 가장 기본적인 전지인 볼타전지를 소개하겠습니다(그림2-13-2).

볼타전지에 필요한 것은 전기가 통하는 수용액(여기서는 황산을 사용합니다)과 아연판, 구리판입니다. 단지 이것만으로 간단한 전지를 만들 수 있습니다.

황산 안에는 수소 이온(H^+)과 황산 이온(SO_4^{2-})이 포함되어 있습니다.

황산에 아연판과 구리판을 담그고 전구가 달린 도선을 연결해봅시다. 그러면 전구에 불이 켜집니다. 이것만으로 전지가 완성된 셈이죠. 어째서 이런 일이 일어난 것일까요.

아연판은 이온이 되기 쉬운 금속이기 때문에 아연(Zn)에서 아연 이온(Zn^{2+})이 됩니다.

이때 잃어버린 전자는 도선을 따라 구리판으로 이동합니다. p.296에서 자세히 설명하겠지만, 전류의 정체는 이 전자입니다. 즉, 전자가 이동함에 따라 전류가 흐르는 것이죠.

참고로 구리판으로 이동한 전자는 이온화 경향이 작은 황산 안의 수소 이온이 건네받습니다. 수소 이온은 전자를 건네받으면 수소 원자(H)가 되고, 또 다른 수소 원자와 결합해 수소 분자(H_2)가 됩니다. 따라서 구리판 주변에서는 수소가 발생하는 것이죠.

전지란 금속의 이온화 경향 차이를 교묘하게 이용한 도구인 셈입니다.

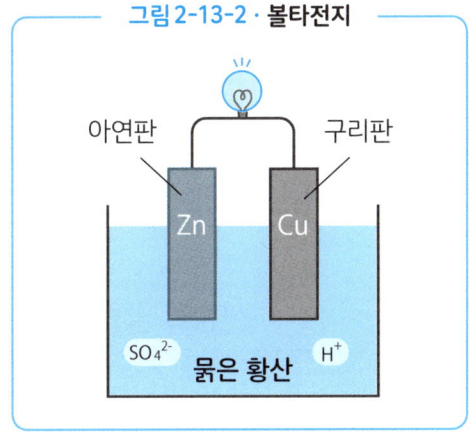

그림 2-13-2 · 볼타전지

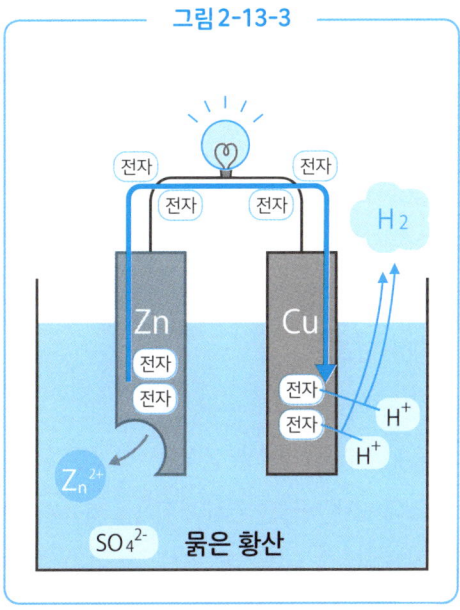

그림 2-13-3

산성·알칼리성의 성질과 정체

─── 산성과 알칼리성

산성·알칼리성이라는 용어는 과학 시간뿐 아니라 일상생활에서도 한 번은 들어본 적이 있을 것입니다. 일상에서 쓰이는 제품 중에서도 이 용어들은 자주 접할 수 있죠. 하지만 산성·알칼리성이란 어떠한 성질이며, 산성·알칼리성의 정체는 무엇인지 많이 헷갈리기도 할 것입니다. 이번에는 산성과 알칼리성에 대해 자세히 설명해보겠습니다.

산성의 대표적인 성질은 '핥으면 시큼하다'입니다. 이름과 같이 그야말로 '시큼한(酸) 성질(性)'이죠.

신 맛은 본래 덜 성숙한 음식물이나 썩은 음식물을 가려내는 미각이었습니다. 그러던 것이 오랜 세월을 거치며 식욕을 북돋워주거나 대사에 관여하는 맛으로서 사랑을 받게 된 것으로 생각됩니다.

또 다른 산성의 성질로는 '파란색 리트머스 종이를 빨간색으로 바꾼다', 'BTB 용액을 노란색으로 바꾼다', '철이나 아연 등의 금속을 넣으면 수소가 발생한다' 등이 있습니다. 중학교 과학을 대표하는 용어들이 즐비하네요.

산성·알칼리성을 나타내는 척도로 'pH'라는 것이 있습니다(pH는 예전에는 '페하'라고 읽는 방식이 주류였지만 현재는 대부분 '피에이치'라고 읽습니다. pH를 어떻게 읽느냐에 따라 나이를 가늠할 수도 있겠네요).

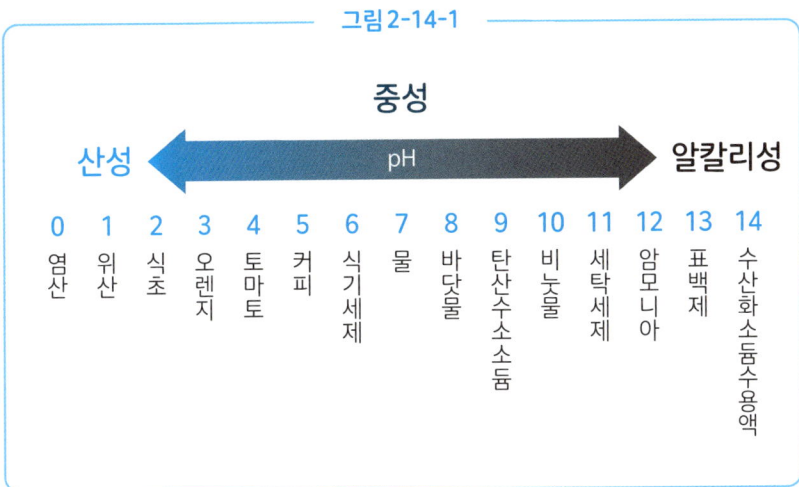

그림 2-14-1

pH7은 중성입니다. 수치가 작을수록 산성이 강하고, 클수록 알칼리성이 강해집니다. 즉, 'pH가 7보다 작다' 역시 산성의 특징이라고 할 수 있겠네요.

그럼, **알칼리성**의 성질로는 어떤 것이 있을까요. 아라비아어로 '재'를 뜻하는 말이 '알칼리'의 어원으로 여겨지고 있습니다. 식물의 재를 물에 녹이면 알칼리성을 띠는데, 이것이 세탁 등에 이용되어왔죠.

알칼리성의 성질은 '핥으면 쓰다', '빨간색 리트머스 종이를 파란색으로 바꾼다', 'BTB 용액을 파란색으로 바꾼다' 등이 있습니다.
　알칼리성은 산성에 비하면 안전하다는 이미지를 떠올리기도 하지만, 알칼리성은 **단백질을 녹이는 매우 위험한 용액**입니다.

예를 들어, 강한 알칼리성을 띠는 수산화소듐 수용액은 눈에 들어가면 실명할 위험성도 있습니다. 알칼리성을 취급하는 실험을 할 때에는 꼭 고글을 착용해야 합니다.

그렇다면 산성과 알칼리성의 정체는 과연 무엇일까요. 여기서 한 가지 실험을 해보겠습니다.

묽은 염산을 준비하겠습니다. 염산은 산성 수용액으로, 염산에는 수소 이온(H^+)과 염화물 이온(Cl^-)이 함유되어 있습니다. 즉, 이들 중 하나가 산성의 정체라고 생각해볼 수 있겠죠.

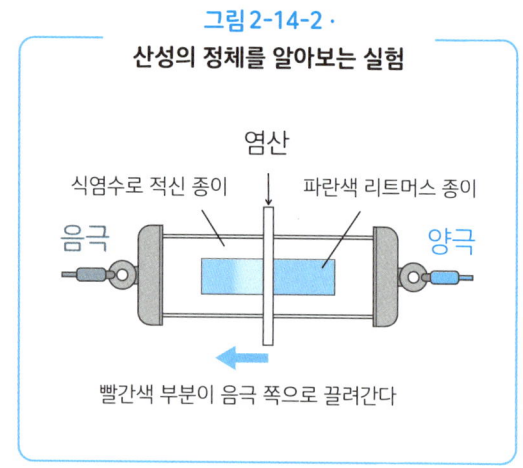

그림 2-14-2 · 산성의 정체를 알아보는 실험

파란색 리트머스 종이의 중앙에 염산을 묻혀보겠습니다. 파란색 리트머스 종이는 산성을 만나면 빨간색을 띠기 때문에 가운데가 붉게 변합니다.

이 리트머스 종이를 전기가 잘 통하는, 중성 수용액인 식염수에 적신 종이 위에 올려놓고 양쪽에 전압을 가하겠습니다.

그러면 산성을 띠는 빨간색 부분이 음극(-극)으로 끌려갑니다(그림2-14-2). 음극 쪽으로 끌려간다면 산성의 정체는 양의 전기를 띠고 있다는 뜻이겠죠. 즉, **산성의 정체는 양의 전기를 띤 수소 이온**(H^+)임을 알 수 있습니다.

똑같은 실험을 알칼리성 수용액인 수산화소듐 수용액으로도 진행해보겠습니다. 수산화소듐 수용액에는 소듐 이온(Na^+)과 수산화물 이온(OH^-)이 함유되어 있습니다. 즉, 이 둘 중 하나가 알칼리성의 정체라고 볼 수 있겠죠.

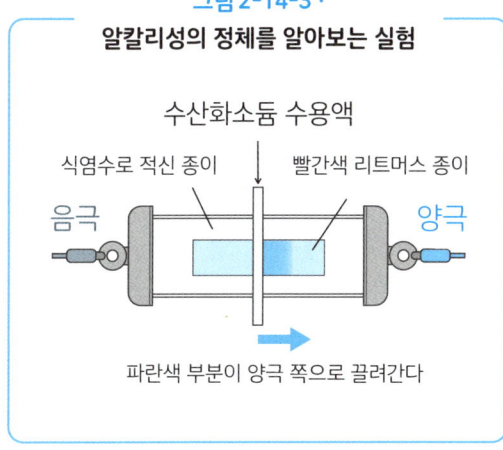

그림 2-14-3 · 알칼리성의 정체를 알아보는 실험

빨간색 리트머스 종이의 중앙에 수산화소듐 수용액을 떨어뜨려 파란색으로 만든 후, 식염수에 적신 종이 위에 놓고 전압을 가하겠습니다. 그러면 이번에는 파란색 부분이 양극(+극)으로 끌려가게 됩니다. 즉, **알칼리성의 정체는 음의 전기를 띤 수산화물 이온(OH^-)**이라 할 수 있습니다.

다음에는 산성의 정체인 수소 이온과 알칼리성의 정체인 수산화물 이온이 섞이면 무슨 일이 벌어지는지 알아보도록 하겠습니다.

2-15 중화와 염 - 이온으로 알 수 있는 중화의 원리

3학년

―― 중화와 염

산성의 정체는 수소 이온(H^+)이며, 알칼리성의 정체는 수산화물 이온(OH^-)이었습니다. 이 이온들이 섞이면 **중화**라고 불리는 현상이 벌어집니다.

중화는 요리나 청소 등 일상생활에서도 자주 이용되는 반응입니다. 중화란 어떤 현상인지, 자세히 설명해보도록 하겠습니다.

중화란 **수소 이온과 수산화물 이온이 합쳐져서 물(H_2O)이 생겨나는 현상**을 말합니다. 식으로 나타내자면 $H^+ + OH^- \rightarrow H_2O$가 되겠죠. 이것을 그림으로 나타내면 그림 2-15-1과 같습니다.

그림 2-15-1

수소 이온　　+　　수산화물 이온　→ 중화 →　물

즉, 중화가 일어나면 산성과 알칼리성은 서로의 성질이 상쇄된다는 뜻입니다.

또한 중화가 일어날 때에는 물 이외에도 반드시 염이라고 불리는 물질이 생겨납니다(소금을 뜻하는 염과는 다른 물질이니 주의하시기 바랍니다). 염이란 어떠한 물질일까요. 염산(HCl)과 수산화소듐 수용액($NaOH$)의 중화를 예로 들어 알아보겠습니다.

염산 안에는 수소 이온(H^+)과 염화물 이온(Cl^-)이, 수산화소듐 수용액 안에는 소듐 이온(Na^+)과 수산화물 이온(OH^-)이 함유되어 있습니다. 이 두 가지 용액을 중화시키면 그림2-15-2와 같아집니다.

그림 2-15-2

$$HCl \rightarrow H^+ + Cl^-$$
$$NaOH \rightarrow Na^+ + OH^-$$
$$HCl + NaOH \rightarrow H_2O + NaCl$$
$$(산 + 알칼리 \rightarrow 물 + 염)$$

염산의 H^+와 수산화소듐 수용액의 OH^-가 합쳐져서 물이 생겨납니다. 한편으로 물을 증발시키면 염화소듐($NaCl$)이라는 물과 다른 물질도 발생한다는 사실을 확인할 수 있습니다.

이 염화소듐처럼 **중화반응에서는 반드시 물 이외의 물질이 발생**합니다. 이것을 염이라고 합니다.

이렇게 생겨난 염은 산성과 알칼리성의 어떤 용액을 섞느냐에 따라 달라집니다. 예를 들어, 그림2-15-3과 같은 황산(H_2SO_4)과 수산화바륨($Ba(OH)_2$)의 중화반응에서는 황산바륨($BaSO_4$)이 염에 해당합니다.

그림 2-15-3

$$H_2SO_4 \rightarrow 2H^+ + SO_4^{2-}$$
$$Ba(OH)_2 \rightarrow Ba^{2+} + 2OH^-$$
$$\overline{H_2SO_4 + Ba(OH)_2 \rightarrow 2H_2O + BaSO_4}$$
$$(\text{산} + \text{알칼리} \rightarrow \text{물} + \text{염})$$

이처럼 중화에서는 반드시 물이 생겨나지만, 생겨나는 염은 산성과 알칼리성의 **어떤 용액을 섞느냐에 따라 달라지게** 됩니다.

이것이 중화입니다. 앞서 언급했듯이 중화는 우리 주변에서도 널리 이용되고 있는 반응입니다. 예를 들어, 샐러드의 드레싱에는 산성인 식초가 들어 있죠. 이는 생 채소에 포함된 알칼리성의 쓴맛을 중화시켜주는 작용을 합니다.

그 외에도 쓴 위장약은 알칼리성으로 위산을 중화시켜서 자극을 완화시켜줍니다. 화장실의 고약한 냄새의 원인인 암모니아를 구연산으로 중화시켜서 냄새를 누그러뜨리는 것 역시 대표적인 사례랍니다.

규모가 큰 사례를 살펴보자면 산성인 온천수가 흘러들어 물고기가 살지 못하게 된 강을 알칼리성인 석회로 중화시킨 경우도 있습니다.

산성과 알칼리성이 서로의 성질을 없애는 반응인 중화는 우리 주변 곳곳에서 이용되고 있습니다. 여러분도 주변에 숨은 중화 작용을 한번 찾아보세요.

제 3 장

지구과학

3-1 암석은 어디서 생겨났을까? 화성암의 비밀

1학년

—— 화성암의 구조

이제부터는 중학교에서 배우는 암석에 대해 설명해보도록 하겠습니다. 여러분은 '암석이 어떻게 해서 생겨났는지' 생각해본 적이 있나요.

주변을 둘러보면 어디에나 있는 암석이지만 언제 어떻게 해서 생겨났는지는 잘 모르는 분도 많을 것입니다. 이번 기회에 암석에 대해 더 잘 이해할 수 있게 되어 암석의 매력을 알게 된다면 기쁘겠네요.

암석은 어떻게 생겨났느냐에 따라 세 종류로 나뉩니다. 바로 '화성암', '퇴적암', '변성암'입니다. 이 중 일본의 지표에 분포된 암석의 비율은 화성암이 약 38%, 퇴적암이 약 58%로, 이 두 종류가 약 96%를 차지하고 있습니다.*

이러한 이유로 일본 중학교 과학에서는 **화성암**과 **퇴적암**에 대해 상세히 배웁니다. 이번 장에서는 화성암에 대해 자세히 알아보도록 하겠습니다.

---

* 한반도의 지표를 구성하는 암석은 변성암, 화성암, 퇴적암 순이다. 변성암은 국토의 약 40% 이상을 차지하며, 전국에 널리 분포한다. 고생대 이후의 퇴적분지 밑에도 변성암이 깔려 있는 것으로 생각된다. 화성암의 분포면적은 국토의 약 30%에 이른다. 퇴적암의 분포면적은 국토의 약 20%이다. [출처: 지형(地形) - 한국민족문화대백과사전]-옮긴이

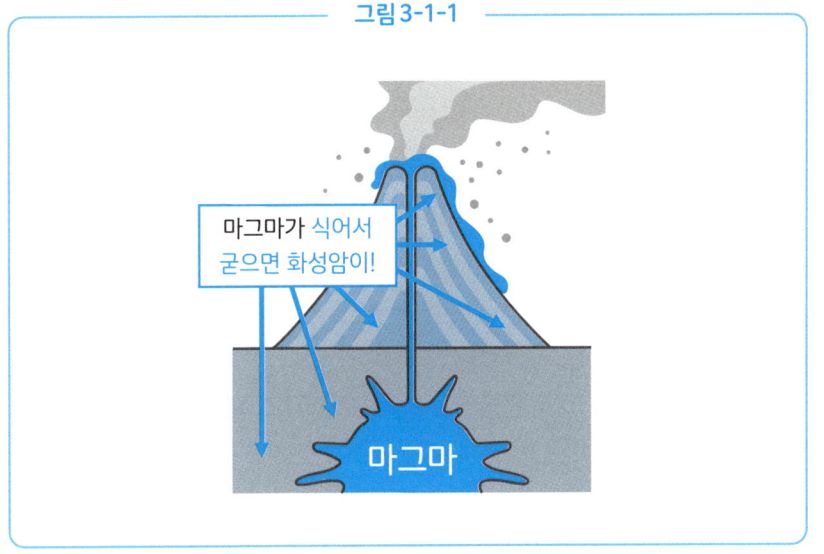

그림 3-1-1

화성암이란 마그마가 식어서 생겨난 암석입니다. 지구의 땅속은 온도와 압력이 높기 때문에 암석 따위가 녹은 마그마라는 물질이 존재하고 있습니다.

이 마그마가 식어서 굳으면 화성암이라는 암석으로 변하게 됩니다. 우리 주변에 있는 암석이 원래는 땅속 깊은 곳에서 마그마 상태를 이루고 있었다는 사실을 상상해 보면 살짝 감동적이지 않나요?

이렇게 마그마가 식어서 굳으면 화성암이 되는데, **식어서 굳은 장소나 속도에 따라 두 종류로 나눌 수 있습니다.**

마그마가 지표 근처까지 올라왔다고 가정하겠습니다. 지표 근처는 지하 깊은 곳에 비해 온도가 매우 낮으므로 마그마는 급속도로 식게 됩니다. 이처럼 지표나 지표 근처에서 갑자기 식어서 굳은 화성암을 **화산암**이라고 합니다.

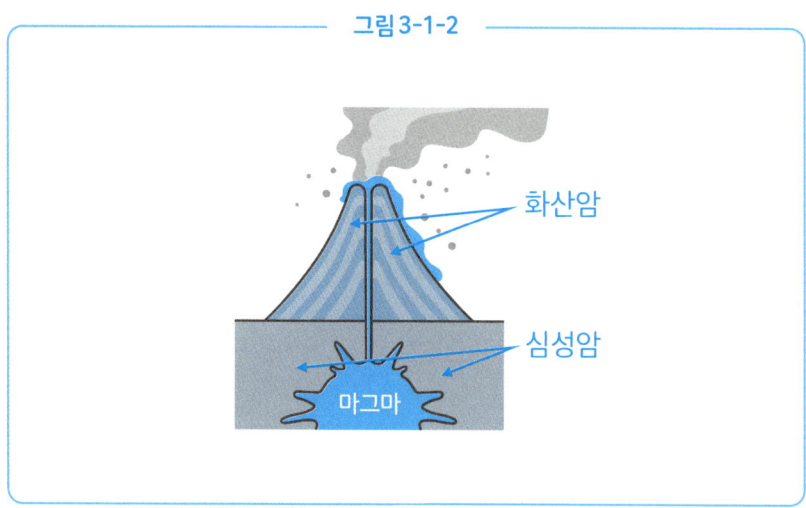

그림 3-1-2

한편, 마그마가 지하 깊은 곳에서 천천히 식어서 굳은 화성암을 **심성암**이라고 합니다. 여기서 말하는 '천천히'란 수십만~수백만 년이라는 매우 긴 시간을 뜻합니다.

화산암은 '갑자기' 식어서 굳는다는 표현을 썼지만 여기서는 몇 시간~수만 년이라는 시간을 가리킵니다. 수만 년이라 하더라도 '갑자기 식는다'라는 표현을 사용한다는 점이 우리 인류와 지구의 역사에는 얼마나 큰 차이가 있는지를 느끼게 하네요.

한번 정리하겠습니다. 마그마가 식어서 굳은 암석이 화성암입니다. 그리고 화성암 중에서도 지표나 지표 근처에서 갑자기 식어서 굳은 암석이 화산암, 지하 깊은 곳에서 천천히 식어서 굳은 암석이 심성암입니다. **화산암, 심성암 모두 화성암**이

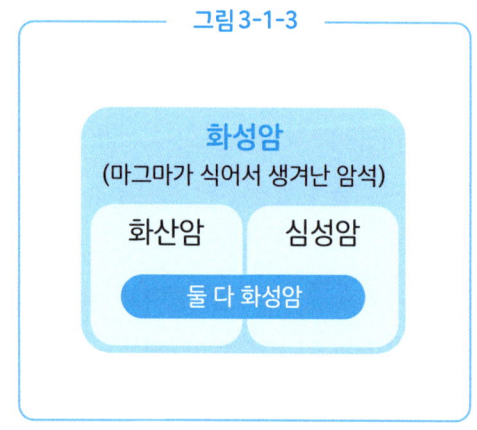

그림 3-1-3

라는 점이 포인트입니다. 서울에서 태어난 사람이나 부산에서 태어난 사람이나 모두 한국인이죠. 그와 같은 느낌입니다.

마지막으로 화산암과 심성암의 구조적 차이를 확인해보겠습니다. 화산암과 심성암은 확대해서 관찰해보면 구조가 다릅니다. 각각을 그림으로 나타낸 것이 그림 3-1-4입니다.

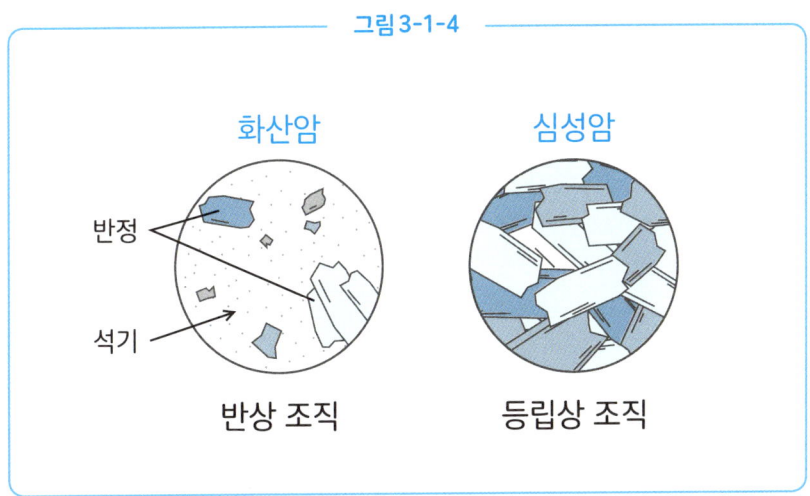

화산암을 확대해보면 커다란 결정과 관찰할 수 없을 정도로 작은 결정이 섞여 있습니다. 커다란 결정을 반정이라 하며, 작은 결정을 석기라고 합니다.

이러한 구조를 **반상 조직**이라고 합니다. 반상이란 얼룩이라는 의미로, 크고 작은 다양한 결정이 섞여 있음을 의미합니다. 화산암은 갑자기 식었기 때문에 크게 성장하지 못한 결정이 생겨나는 것이죠.

한편 심성암을 관찰해보면 모두가 커다란 결정을 이루고 있습니다. 이러한 구조를 **등립상 조직**이라고 합니다. 심성암은 지하 깊은 곳에서 천천히 식어서 굳었기 때문에 암석 내부의 모든 결정이 크게 성장합니다. 알갱이의 크기가 대개 비슷하기 때문에 '등립상'이라고 표현하는 것입니다.

다음은 화성암 안에 포함되는 결정에 대해 설명하겠습니다. 화성암 안의 결정은 어떠한 물질로 이루어져 있을까요.

1학년

이건 보석일까?
중학교 과학에서 배우는 광물

―― 다양한 광물

앞서 화성암에 대해서 알아보았습니다. 화성암이란 마그마가 식어서 굳으면서 생겨난 암석으로, 식은 장소에 따라 화산암과 심성암의 두 가지로 나눌 수 있죠.

이번에는 **광물**에 대해 설명해보겠습니다. 중학교에서 배우는 광물은 그림3-2-1과 같습니다.

그림 3-2-1

앞서 화성암에 대해 설명했을 때, 화성암 안에는 다양한 결정이 포함되어 있다는 이야기를 했습니다. 이 결정이 광물입니다. **화성암은 이 광물들이 모여서 이루어진** 암석입니다.

흰색이나 무색인 광물을 **무색광물**이라 하며, 색깔이 있는 광물을 **유색광물**이라고 합니다. 무색광물이 많이 포함된 암석은 희끄무레한 암석이 되고, 유색광물이 많이 포함된 암석은 거무스름한 암석이 됩니다.

이 광물들은 자잘한 결정의 형태로 암석 안에 포함되어 있는 경우가 많지만, 그림 3-2-1처럼 광물만으로 커다란 결정을 이루기도 합니다.

대표적인 광물로는 석영을 꼽을 수 있습니다. 석영이란 수정을 말합니다(엄밀하게는 구별되기도 합니다). 수정은 보석이나 전자기기 등 다양한 용도에 사용됩니다.

석영

석영은 섞이는 성분에 따라 색깔이 미묘하게 달라지는 것이 특징으로, 자수정(아메지스트) 등은 아름다운 색깔 때문에 보석으로서도 인기가 많습니다.

석영 외에 감람석 역시 보석으로 이용됩니다. 감람석은 초록색 광물로, 그중에서도 가장 아름다운 것은 페리도트라는 이름으로 불립니다. 어두운 장소에서도 밝은 초록색으로 빛나기 때문에 태양으로도 비유되는 보석이죠.

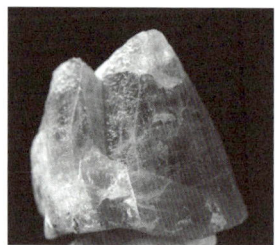

감람암

우리 주변의 암석 안에 보석으로 이용되는 광물이 포함되어 있다니, 정말이지 꿈만 같은 이야기네요.

광물의 특징을 설명할 때에는 **모스 경도**라는 용어도 자주 등장합니다. 모스 경도란 광물의 **굳기를 1~10까지의 수치**로 나타낸 것입니다(수치가 클수록 단단하다는 뜻입니다) (그림3-2-2).

그림 3-2-2

1	2	3	4	5	6	7	8	9	10
활석	석고	방해석	형석	인회석	정장석	석영	토파즈	커런덤	다이아몬드

이 수치는 **긁었을 때 얼마나 상처가 잘 나지 않는지**에 따라 정해집니다. 예를 들어, 석영(경도 7)과 토파즈(경도 8)로 서로 긁었을 경우는, 토파즈에는 상처가 나지 않고 석영에는 상처가 난다는 식입니다.

우리 주변의 물질을 예로 들어 말하자면 사람의 손톱은 경도 2.5, 유리가 5 정도라고 합니다.

'다이아몬드는 가장 단단한 물질'이라는 말도 들어보셨을 것입니다. 이는 모스 경도가 최대치이기 때문입니다. 보석으로서 가치가 높은 데에는 상처가 거의 나지 않는다는 사실도 한몫하겠죠.

다만 주의해야 할 점은 모스 경도는 '긁었을 때의 굳기'를 수치화한 것이지, '때렸을 때의 충격'에 대한 수치는 아닙니다. 다이아몬드는 망치 따위로 내리치면 간단히 쪼개지고 맙니다. 굳기라는 말에는 다양한 의미가 있으므로 잘못 이해하지 않도록 주의합시다.

그림 3-2-3

광물이라는 말을 들으면 어려울 듯한 느낌이 들지만, 실은 일상생활과도 깊은 관련이 있습니다.

광물의 파편이 암석 안에 잔뜩 박혀 있다고 생각하면 암석을 관찰하는 것도 조금은 즐거워지겠죠. 꼭 한번 우리 주변에 떨어져 있는 암석을 집어서 관찰해보시기 바랍니다.

3-3

1학년

퇴적암이란?
오랜 세월을 거치며 만들어진 암석

---- 퇴적암이 만들어지는 방식

일본 중학교에서는 암석 중에 화성암과 퇴적암, 두 종류를 배웁니다. 그중에 하나인 **화성암은 마그마가 식어서 굳으면서 생겨난 암석**이죠. 이번에는 나머지 하나인 **퇴적암**에 대해 알아보겠습니다.

퇴적암이란 지표나 해저에 물질이 쌓이고, 그것이 오랜 세월에 걸쳐 굳으면서 생겨난 암석입니다. 퇴적암은 **어떤 물질이 굳느냐에 따라 다양한 종류가 있는데**, 이암·

그림 3-3-1

퇴적암의 이름	퇴적물
이암	암석의 조각(0.06mm 이하)
사암	암석의 조각(0.06~2mm)
역암	암석의 조각(2mm 이상)
응회암	화산재 등
석회암	생물의 사체 등(묽은 염산을 떨어뜨리면 이산화탄소가 발생한다)
각암	생물의 사체 등(묽은 염산을 떨어뜨려도 이산화탄소는 발생하지 않는다)

사암·역암·응회암·석회암·각암 등으로 나뉩니다(그림3-3-1). 또한 쌓인 퇴적암의 층을 **지층**이라고 부릅니다.

이암·사암·역암은 암석 조각이 쌓이고 굳으면서 생겨난 암석입니다. 이 세 종류는 암석 안의 알갱이 크기에 따라 명칭이 나뉩니다.

이암은 알갱이의 크기가 0.06mm 이하인 암석 조각이 굳은 것입니다. 진흙은 입자가 매우 곱기 때문에 만지면 파슬파슬하고, 수분이 함유되어 있으면 번들번들해집니다. 따라서 진흙이 굳은 이암 역시 촉감이 부드럽습니다.

이암

사암은 알갱이의 크기가 0.06~2mm인 암석 조각이 굳은 것입니다. 모래 알갱이는 진흙보다 크기 때문에 만지면 까슬까슬한 느낌이 납니다. 모래가 굳은 사암 역시 이암보다 감촉이 단단합니다.

사암

2mm보다 큰 알갱이가 굳은 것이 **역암**입니다. '역'이란 자갈을 뜻합니다. 자갈이 굳은 것이 역암이죠.

진흙·모래·자갈이 퇴적되고 굳어서 암석이 되는 과정을 생각해봅시다. 진흙·모래·자갈이 퇴적암이 되려면 ①풍화→②침식→③운반→④퇴적이라는 흐름을 이루는 것이 일반적입니다.

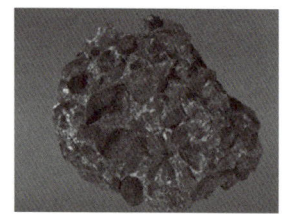

역암

산 같은 곳에서 찾아볼 수 있는 커다란 암석은 오랜 세월을 거치며 닳기 시작합니다. 이 현상을 **풍화**라고 합니다. 낮과 밤의 온도 변화가 반복되면 암석에 금이 생깁니다. 이 금에 빗물이 침투하고 물이 얼어붙으면 금은 더욱 커지게 되죠. **물은 얼면 부피가 커지기 때문**입니다. 이는 풍화의 일례입니다만, 이처럼 암석은 점차 풍화되어 약해지게 됩니다.

풍화된 암석은 흐르는 물이나 바람에 깎여 나갑니다. 이러한 현상을 **침식**이라고 합니다. 침식이 이어지면 골짜기가 만들어집니다.

풍화·침식으로 깎여 나간 암석은 흐르는 물을 따라 하류로 운반되어, 이윽고 바다나 호수 등에 퇴적되기 시작합니다.

  이때 진흙·모래·자갈은 알갱이가 고운 것일수록 해안에서 멀리 떨어진 바다로 운반되어 퇴적됩니다.

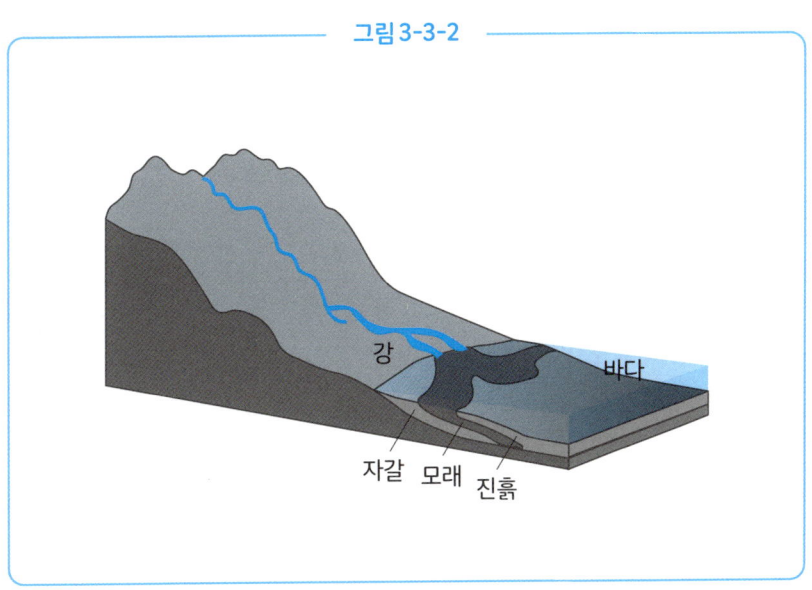

그림 3-3-2

이 퇴적된 진흙·모래·자갈이 바닷물의 무게나 퇴적물에 눌려서 굳으면 이암·사암·역암이 되는 것입니다.

이 세 종류의 암석이 오랜 세월을 거치며 지층의 형태로 나타나는 경우가 있습니다. 이를 통해 옛 지형이 어떻게 변했는지를 알 수 있죠.

응회암은 화산재 등, **화산에서 분출된 물질**이 굳어서 생겨난 암석입니다. 응회암 역시 과거의 모습을 알 수 있는 단서가 됩니다. 화산재의 성질은 분화한 화산마다 다르기 때문입니다.

멀리 떨어진 장소에서 성질이 같은 응회암 층이 발견된다면 이 층들은 같은 화산에서 분출되었다는 뜻이므로, 같은 연대에 쌓인 것일지도 모른다는 예측이 가능합니다. 이처럼 응회암의 층은 당시의 모습을 알 수 있는 열쇠가 됩니다.

석회암이나 **각암**은 생물의 사체가 쌓이고 굳으면서 생겨난 암석입니다. 석회암은 산호 등의 사체가 굳은 것입니다. 주성분은 탄산칼슘이기 때문에 **묽은 염산을 떨어뜨리면 이산화탄소가 발생**합니다.

석회암

각암은 이산화규소가 주성분인 생물의 사체가 굳어서 생겨난 암석입니다. 이산화규소란 광물 단원에서 배운 석영에도 포함된 성분입니다. 따라서 각암은 석회암보다도 단단하며 **묽은 염산을 떨어뜨려도 이산화탄소가 발생하지 않습니다.**

각암

이것들이 대표적인 퇴적암입니다. 보통 퇴적물이 굳어서 퇴적암이 되려면 수천만 년이라는 시간이 걸립니다. 우리에게 잘 알려진 석탄 역시 퇴적암 중 하나죠.

평소에는 암석 등을 그다지 신경 쓰지 않는 분도 많을 것입니다. 하지만 암석에는 우리 인류보다도 훨씬 기나긴 역사가 숨어 있습니다.

3-4 화석으로 알아보는 과거의 지구

1학년

—— 시상화석과 표준화석

화성암·퇴적암이라는 두 종류의 암석이 어떻게 생겨나는지에 대해 알아보았습니다. 특히 퇴적암은 지구의 옛 모습을 알아볼 수 있는 단서가 되는 암석이죠. 지구의 옛 모습을 알아보기 위한 단서로는 암석 이외에도 또 하나가 있습니다. 바로 **화석**입니다.

화석은 퇴적암 안에 포함되어 있는 경우가 있으며, 화성암 안에는 포함되어 있지 않습니다. 화성암은 마그마가 식어서 생겨난 암석이니 그 안에 생물의 화석이 없는 것은 당연한 일이겠죠.

화석이 생겨나기까지의 일반적인 흐름을 확인해봅시다.

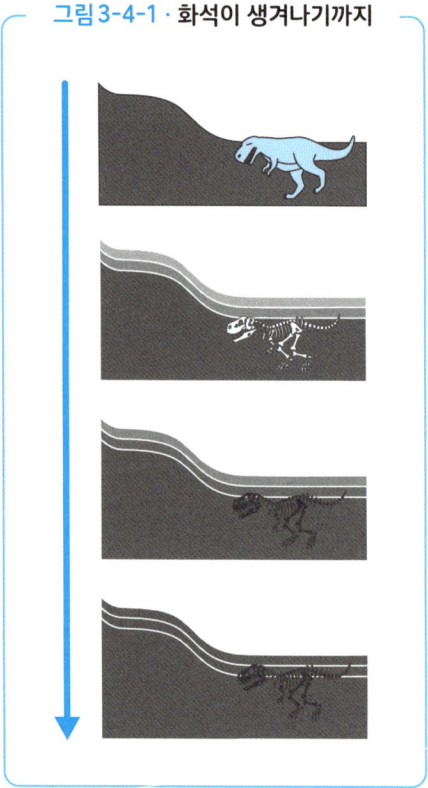

그림 3-4-1 · 화석이 생겨나기까지

생물의 사체가 바다나 강으로 운반되어 밑바닥에 가라앉습니다. 그 후, 몸의 부드러운 부분은 썩어서 사라지고, 뼈나 껍질 부분이 남게 됩니다.

그 위에 진흙이나 모래가 쌓여갑니다. 그리고 오랜 세월을 거치며 뼈나 껍질 등에 주변의 미네랄(광물)이 침투하면서 생물의 몸을 대체해나갑니다.

화석은 이렇게 해서 만들어집니다. 화석(化石)은 '돌(石)로 변했다(化)'라는 뜻입니다. **성분은 뼈가 아니라 돌로 대체되었다**는 사실에 주의합시다.

하지만 어째서 화석을 통해 지구의 과거를 추측할 수 있다는 것일까요. 중학교 과학에서는 과거를 알기 위한 단서가 되는 화석을 **시상화석**과 **표준화석**의 두 가지 그룹으로 나누어서 배웁니다.

시상화석이란 **당시의 환경**이 어땠는지를 알기 위한 단서가 되는 화석을 말합니다. 산호·바지락·너도밤나무 잎 등이 대표적인 시상화석입니다.

시상화석으로 적합한 생물은 기온이나 수온, 염분, 수심에 따라 분포가 한정되는 생물입니다.

예를 들어, 산호는 따뜻하고 얕은 바다에 서식하죠. 즉, 산호 화석이 발견된 지층은 당시 따뜻하고 얕은 바다였을 것이라 생각할 수 있습니다.

마찬가지로 바지락의 서식지는 호수나 하구, 너도밤나무 잎은 온대의 다소 추운 지역 등으로, 이는 당시의 환경을 알 수 있는 단서가 됩니다.

그림 3-4-2 · 시상화석

산호　　바지락　　너도밤나무 잎

다음으로 표준화석은 화석이 포함된 **지층이 퇴적된 연대**를 알 수 있는 단서가 되는 화석을 말합니다.

표준화석에 적합한 생물은 서식기간이 짧지만 특정 연대에 폭발적으로 늘어나 넓은 지역에 분포했던 생물입니다. 대표적인 생물과 그 생물이 번영을 누렸던 시대는 그림3-4-3과 같습니다.

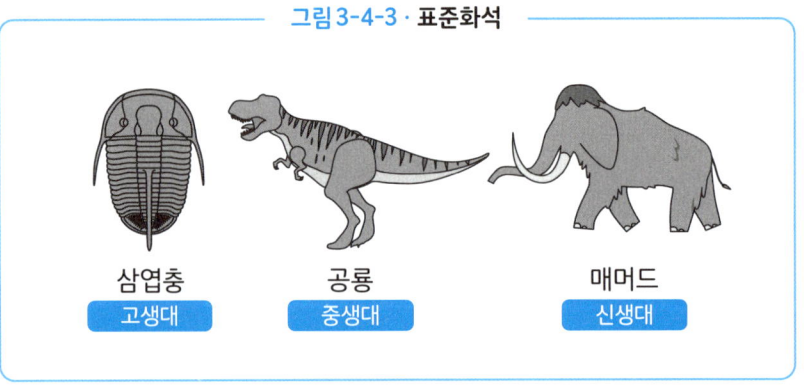

그림 3-4-3 · 표준화석

삼엽충 — 고생대　　공룡 — 중생대　　매머드 — 신생대

이처럼 화석에서는 당시 지구의 모습을 알기 위한 다양한 정보를 손에 넣을 수 있습니다. 수만 년, 수억 년이라는 오래전의 모습을 추측할 수 있다니, 정말 놀랍죠.

1학년

매그니튜드와 진도의 차이

―― 지진의 흔들림의 크기

이번에는 **매그니튜드와 진도의 차이**에 대해 설명해보겠습니다. 이 두 단어는 뉴스에서도 자주 사용되고 있죠. 하지만 단어의 의미나 차이가 헷갈리는 분도 많지 않을까요. 정보를 더욱 정확하게 손에 넣을 수 있도록 단어의 의미를 한번 짚어보겠습니다.

우선 **매그니튜드**에 대해 설명하겠습니다. 매그니튜드란 '지진의 규모'를 나타내는 수치입니다. 바꾸어 말하자면 '지진이 일어난 지점에서 어느 정도의 에너지가 발생했는가'를 나타내는 수치죠.

매그니튜드는 보통 **하나의 지진당 하나의 수치**만이 존재합니다. 에너지가 발생하는 지점은 진원 한 곳뿐이기 때문이죠.

M(매그니튜드) 1.0의 지진으로 발생하는 에너지는 약 200만 J(줄)입니다. 이는 자동차 125대를 1m 들어 올릴 수 있는 에너지에 필적합니다.

더욱 놀라운 사실은 매그니튜드의 수치가 1.0 높아지면 지진의 에너지는 약 31.6배, 수치가 2.0 높아지면 1000배가 된다는 사실입니다.

즉, 매그니튜드 8.0의 지진은 매그니튜드 6.0의 지진 1000번에 해당하는 에너지가 발생한다는 뜻입니다. 매그니튜드 수치는 1.0만 높아지더라도 지진의 피해는 막대해진다는 사실을 기억해두도록 합시다.

관측 역사상 최대 수치는 1960년에 일어난 칠레 지진으로, 매그니튜드 9.5입니다. 아직도 기억에 생생한 동일본 대지진은 M9.0이었죠. 관측 역사상 네 번째로 큰 지진으로 알려져 있습니다.

이어서 **진도**에 대해 알아보겠습니다. 진도의 특징은 '관측 지점'에서의 흔들림의 크기를 나타낸다는 점입니다. 즉, 진도는 한 번의 지진이라도 관측 지점만큼의 수치가 존재한다는 뜻입니다.

아래의 그림을 봐주세요. 매그니튜드(좌)는 하나의 지진에 하나뿐이지만 진도(우)는 관측 지점의 숫자만큼 존재합니다.

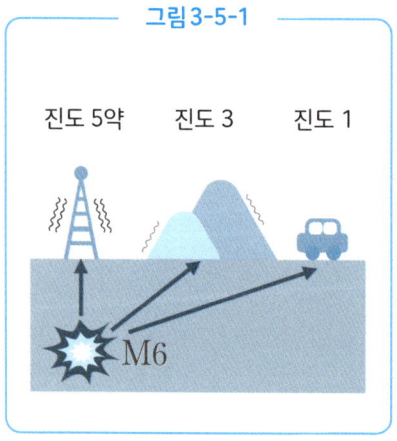

그림 3-5-1

그림 3-5-2

보통 같은 매그니튜드라도 진원에서 거리가 멀어질수록 진도는 작아집니다. 진원이 깊어지는 경우도 마찬가지죠.

한국에서는 2000년까지는 일본 기상청의 진도 계급을 사용하다 2001년부터는 수정 메르칼리 진도 계급이라 해서 총 12단계로 나누어진 진도 계급을 사용하고 있습니다.

매그니튜드와 진도 모두 수치가 클수록 큰 지진이라는 점에서는 공통적입니다. 하지만 그 수치가 갖는 의미에는 차이가 있죠. 단어의 뜻을 잘 이해해서 올바른 정보를 손에 넣도록 합시다.

3-6 대지가 움직인다? 판 구조론이란

1 학년

―― 판 구조론

"하와이가 해마다 일본에 가까워지고 있다." 아마 이런 이야기를 들어본 분도 있을 것입니다. 이 이야기는 사실입니다. 하와이는 해마다 약 6cm씩 일본과 가까워지고 있습니다. 어째서 이런 일이 일어나는 것일까요. 이번에는 대지가 움직이는 비밀과 대지의 이동이 밝혀지기까지의 과정을 소개하겠습니다.

근거를 바탕으로 '대지가 움직인다'는 생각을 주장한 사람은 지구물리학자인 **알프레트 베게너**입니다. 베게너는 세계지도를 보고 **'남아메리카와 아프리카의 해안선은 형태가 비슷하다'**라는 사실을 알아차렸죠.

그림 3-6-1

베게너는 이 해안선이 원래는 붙어 있었으며, 대륙이 이동하면서 현재의 모습을 이루게 되었다는 **대륙이동설**을 생각해냈고, 1912년의 지질학회에서 이 학설을 발표했습니다.

베게너는 지형뿐 아니라 생물의 화석이나 암석, 지층 등 대륙이동설의 근거가 되는 수많은 정보를 수집했습니다. 그리고 현재의 대륙이 원래는 커다란 하나의 대륙이었다고 설명하며, 이 대륙에 '**판게아**'라는 이름을 붙였습니다.

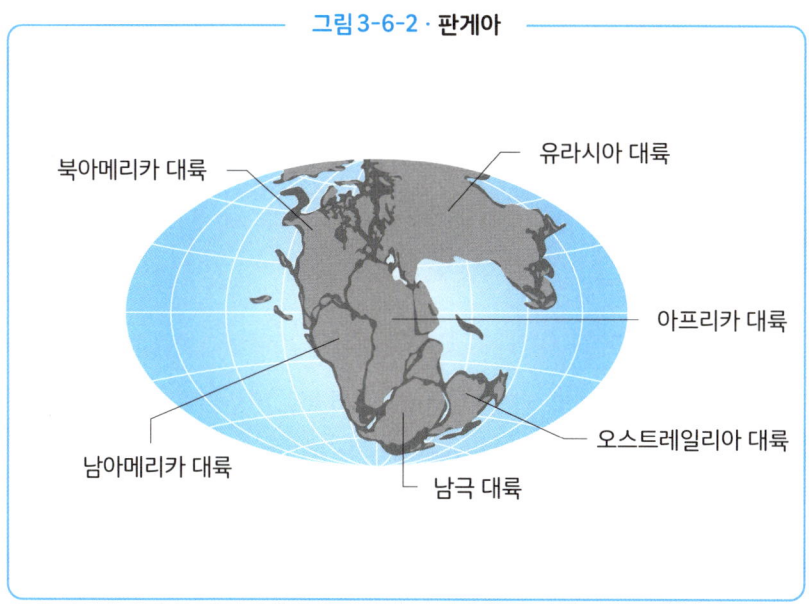

그림 3-6-2 · 판게아

하지만 베게너의 대륙이동설에는 반론이 끊이지 않았습니다. 당시는 '대륙은 움직이지 않는 존재'라는 것이 상식이었기 때문이죠. 게다가 베게너의 대륙이동설은 '대륙이 이동하는 힘은 어디에서 비롯된 것인가?'라는 의문을 설명하지 못했습니다.

그 후로도 대륙이동설은 널리 받아들여지지 않았습니다. 그러다 1930년, 베게너는 그린란드 탐사 중에 조난을 당해 사망하고 말았습니다. 대륙이동설의 증거를 조사하던 중이었죠.

베게너가 죽은 후 약 30년이 지났을 무렵, 대륙 이동의 원동력이 되는 가설이 떠올랐습니다. 이것이 바로 **판 구조론**입니다. '판'이란 지구의 표면을 뒤덮는 두께 100km 정도의 암반을 말합니다. 지각과 맨틀의 상부가 바로 판입니다.

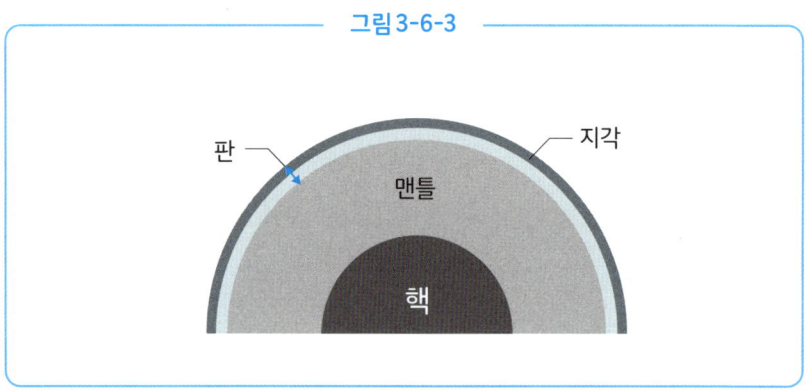

그림 3-6-3

맨틀은 암석이지만 맨틀의 성분은 지구 중심부의 열로 따뜻해지면 상승하고, 지표 근처에서 식으면 하강하기 때문에 오랜 시간으로 본다면 대류 운동을 하고 있는 셈입니다.

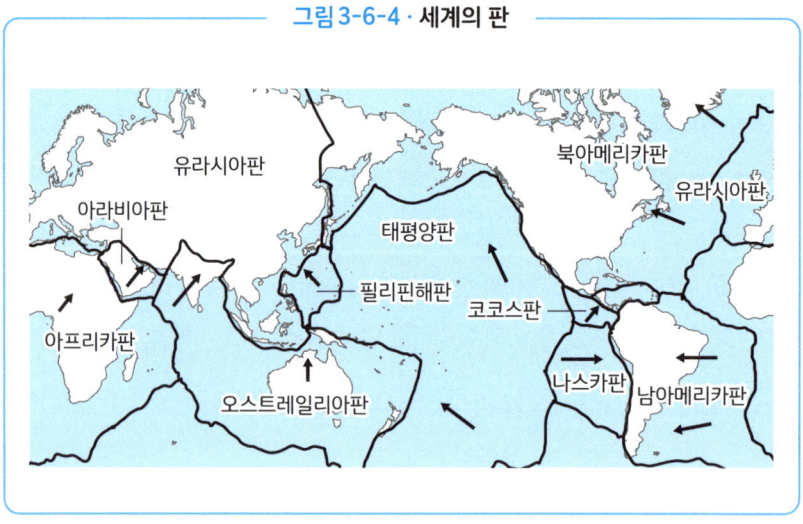

그림 3-6-4 · 세계의 판

이를 통해 판 역시 맨틀에 끌려가듯이 이동한다는 사실이 밝혀졌습니다. 즉, **판 위에 있는 대륙도 동시에 이동하고 있었다**는 뜻이죠.

비판을 받으면서도 대륙이 이동한다는 사실을 믿고 연구를 계속해온 베게너의 공적은 30년이 넘는 시간을 뛰어넘어 인정을 받게 되었습니다.

  오늘도 어딘가에서 세계의 상식을 뒤엎는 연구가 진행되고 있을 것입니다. 그 연구를 베게너도 천국에서 지켜보고 있겠죠.

3-7 맑음과 구름 많음, 싸라기눈과 우박의 차이

2학년

―― 날씨의 종류와 기상기호

중학교 과학 시간에 배우는 단원 중 일상과 밀접하게 관련된 것으로 **날씨**가 있습니다. 매일의 날씨나 기온의 변화는 대부분의 분들이 빼놓지 않고 체크하고 있지 않을까요. 이번에는 그런 날씨에 대해 깊게 파고들어 보겠습니다.

그림3-7-1은 주된 날씨와 기상기호입니다.

그림3-7-1

대부분 들어본 날씨가 아닐까요. 하지만 '맑음', '구름 많음'의 차이나 '눈', '싸라기눈', '우박' 등의 차이는 헷갈리는 경우도 많을 듯합니다. 여기서 자세히 확인해보도록 하겠습니다.

'맑음', '구름 많음'의 차이는 **하늘 전체를 10으로 보았을 때 구름이 하늘을 차지하는 비율**에 따라 정해집니다.

맑음: (0~5), 구름 많음: (6~8), 흐림: (9~10)이 됩니다.

그림 3-7-2

운량: 0 날씨: 맑음   운량: 3 날씨: 맑음   운량: 9 날씨: 흐림

즉, **구름의 비율이 50%라면 그날의 날씨는 '맑음'**이 되는 것이죠. 맑음의 범위가 의외로 넓다는 사실을 알 수 있습니다.

'눈', '싸라기눈', '우박'의 차이에 대해서도 설명하겠습니다. '눈'은 하늘에서 내리는 얼음 결정을 가리킵니다. 폭신한 눈이 내릴 때에는 검은 옷에 눈을 묻혀봅시다. 육안으로도 결정을 확인할 수 있습니다. 눈 결정의 형태는 각기 다르지만 육각형 모양이 특징으로, 오각형이나 팔각형 모양 결정은 없습니다.

한편으로 '싸라기눈'과 '우박'은 모두 얼음 알갱이가 떨어지는 날씨입니다. 얼음 알갱이의 지름이 5mm 미만일 때는 싸라기눈이라 하며, 지름이 5mm 이상일 때는 우박이 됩니다.

싸라기눈은 '싸락눈', '눈싸라기', '얼음싸라기'라고 부르기도 합니다. 싸라기눈은 일본의 고전 시가인 하이쿠에서도 겨울의 계절어로 사용되기도 합니다.

한편, 우박은 지름 5mm 이상의 얼음 알갱이가 떨어지는 날씨입니다. 우박은 적란운이라는 세로로 긴 구름 속에서 성장합니다. 때로는 수cm의 크기로 성장해서 농작물이나 자동차 등에 큰 피해를 입히는 경우가 있습니다. 늦봄에서 초여름에 걸쳐 자주 일어납니다.

날씨에 관한 용어는 평소에 아무 생각 없이 사용하지만 사실은 명확한 정의가 있었던 것이죠.

헷갈리지 않게 16방위 외우는 법

—— 풍향과 16방위

기상의 요소는 날씨뿐만이 아니라 기온·습도·기압·풍향·풍력 등 다양한 요소가 포함되어 있습니다.

그중에서 헷갈리기 쉬운 것이 바로 풍향입니다. 풍향은 16방위로 나타내는데, 이를 모두 외우기란 어려운 일이죠.

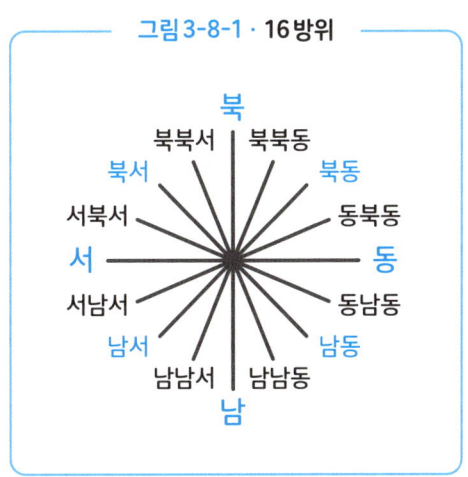

그림 3-8-1 · 16방위

하지만 16방위를 외우는 법에는 확실한 법칙이 있으므로 포인트를 짚는다면 쉽게 이해할 수 있습니다. 이번에는 16방위의 법칙을 차근차근 설명하겠습니다.

① 4방위는 동과 서를 착각하지 않도록 주의

그림3-8-2는 4방위를 나타낸 그림입니다. 중학생에게서 많이 찾아볼 수 있는 실수는 '동'과 '서'를 반대로 외우는 것입니다.

이 해결책은 무척 많지만, 가장 효과적인 암기법을 소개하겠습니다.

본래 방위는 상대적인 개념으로 '동쪽'은 어디까지나 해가 뜨는 방향, '서쪽'은 해가 지는 방향을 가리키지만 편의상 '북'이 위쪽에 있을 경우 **오른쪽이 '동'**이라고 외우는 것도 방법입니다. 방위를 잘 외우지 못하는 중학생에게는 이 암기법을 추천해보세요.

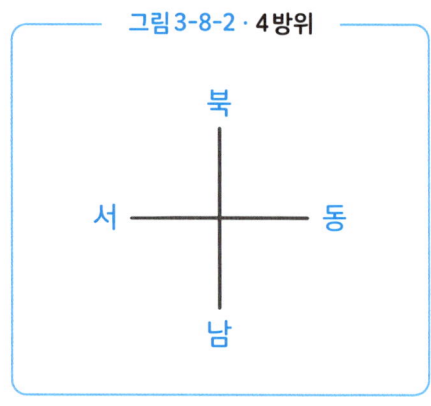

그림 3-8-2 · 4방위

② 8방위는 '북'과 '남'을 '동'과 '서' 앞에 쓴다

이어서 8방위를 써보겠습니다. 8방위의 포인트는 딱 한 가지입니다. 8방위는 '북'과 '남'을 '동'과 '서' 앞에 쓴다는 점이죠. 오른쪽 그림은 8방위를 나타낸 그림입니다. 그림을 자세히 보면 '**북**서', '**남**동' 등,

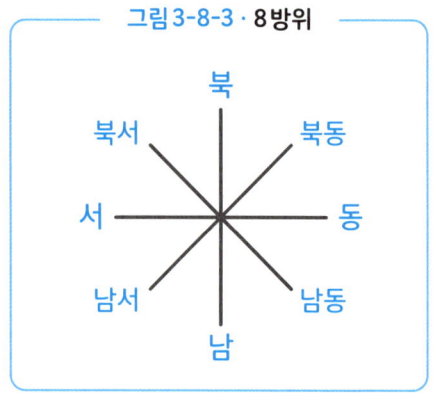

그림 3-8-3 · 8방위

'**북**'과 '**남**'이 '서'와 '동' 앞에 붙어 있다는 사실을 알 수 있습니다. 이 포인트를 짚는다면 8방위는 금세 이해할 수 있습니다. 특히 '북동'은 '동북'과 헷갈리기 쉬우므로 주의합시다.

③ 16방위는 8방위에 동서남북의 접두어를 붙인다

마지막으로 16방위를 쓰는 법입니다. 16방위의 포인트는 8방위에 접두어로 동서남북을 붙인다는 점입니다.

그림3-8-4를 봐주세요. **'북북동'이란 '북동'의 북쪽**을 말합니다. 즉, '북동'의 머리 부분에 '북'을 붙여서 '북북동'이 되는 것이죠.

그림 3-8-4

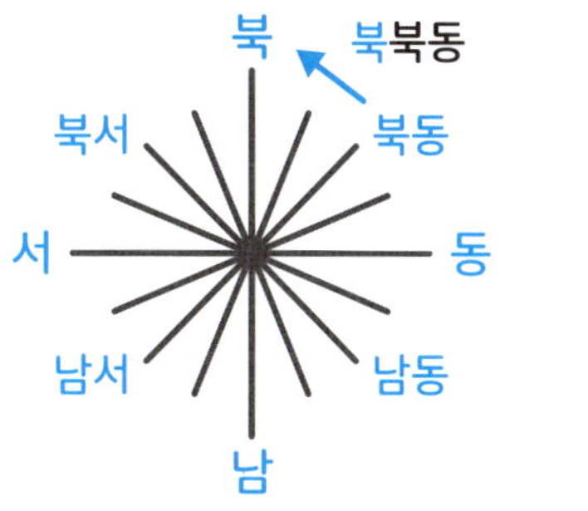

마찬가지로 '동북동'은 '북동'의 동쪽이므로 '북동'의 머리 부분에 '동'을 붙여서 '동북동'이 됩니다(그림3-8-5).

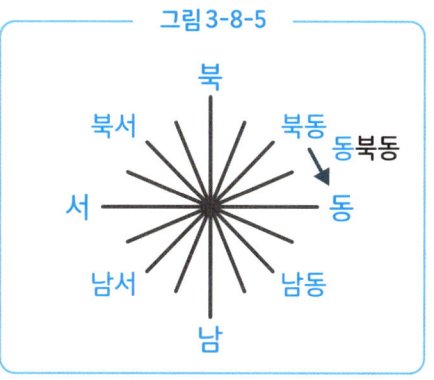

그림 3-8-5

이 포인트를 짚어둔다면 16방위를 간단하게 이해할 수 있습니다. 16방위는 과학이나 사회뿐 아니라 일상생활에서도 크게 도움이 되는 지식입니다.

참고로 일본에서는 입춘의 전날인 절분에 해마다 특정한 방향을 바라보며 김말이를 먹는 풍습이 있습니다. 방위의 규칙을 짚어둔다면 반드시 도움이 되는 상황이 있지 않을까요.

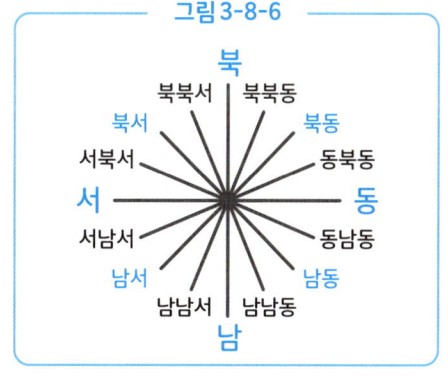

그림 3-8-6

이어서 16방위를 이용해 날씨·풍향·풍력을 나타내는 법을 소개하겠습니다. 그림3-8-7은 '북풍·풍력 4·맑음'을 나타내고 있습니다.

풍향이란 '바람이 불어오는 방향'을 말합니다. '북풍'은 북쪽에서 불어오는 바람. '남풍'은 남쪽에서 불어오는 바람입니다(북풍은 차갑고 남풍은 따뜻하다는 이미지가 있죠). 참고로 일기예보에서 흔히 접하는 '북쪽에서 불어오는 바람'이란 대략적으로 북쪽(북서~북동 사이)에서 불어오는 바람을 의미합니다.

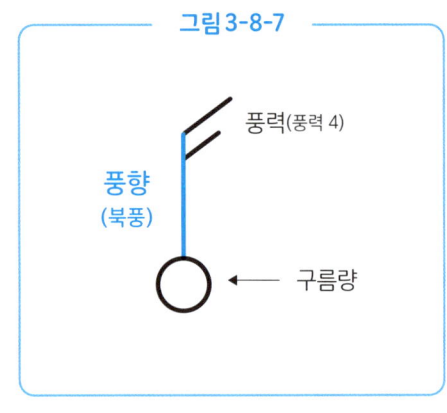

풍력은 깃털의 개수로 나타냅니다. 깃털의 수가 많을수록 풍력은 강해지며, 그림 3-8-8의 표와 같이 나타냅니다.

앞서 설명한 날씨에 이어서 이러한 지식을 짚고 넘어간다면 일기예보에서 한층 많은 정보를 손에 넣을 수 있겠죠.

　일상생활에서는 거의 사용하지 않지만 32방위를 나타내는 말도 있습니다. 16방위가 너무 쉽다는 분은 꼭 32방위도 알아보시기 바랍니다.

― 그림 3-8-8 ―

풍력	기호	설명	해당 풍속(m/s)
		풍력계급표	
0	◎	연기가 곧장 피어오른다.	0.3 미만
1		연기가 일렁이므로 바람이 분다는 것을 알 수 있다.	0.3 이상 1.6 미만
2		얼굴에 바람이 느껴진다. 나뭇잎이 움직인다.	1.6 이상 3.4 미만
3		가볍게 깃발이 펄럭인다. 작은 나뭇가지가 끊임없이 움직인다.	3.4 이상 5.5 미만
4		모래 먼지가 일며 종이 조각이 날아다닌다.	5.5 이상 8.0 미만
5		잎이 달린 작은 나무가 흔들리기 시작한다. 연못에 파도가 인다.	8.0 이상 10.8 미만
6		큰 나뭇가지가 움직이고 전선이 소리를 낸다. 우산을 쓰기 힘들다.	10.8 이상 13.9 미만
7		나무 전체가 흔들린다. 바람을 향해서 걷기 힘들다.	13.9 이상 17.2 미만
8		작은 나뭇가지가 꺾인다. 바람을 향해서 걸을 수 없다.	17.2 이상 20.8 미만
9		기왓장이 벗겨지거나 굴뚝이 쓰러진다.	20.8 이상 24.5 미만
10		나무가 뿌리째 뽑히고 민가에 큰 피해가 일어난다.	24.5 이상 28.5 미만
11		넓은 범위에 피해가 일어난다. 좀처럼 일어나지 않는다.	28.5 이상 32.7 미만
12		큰 피해가 일어난다. 좀처럼 일어나지 않는다.	32.7 이상

3-9

2학년

이슬점이란?
여름철 컵에 물방울이 맺히는 이유

—— 이슬점과 포화수증기량

지금부터는 기상과 관련된 한층 친숙한 현상을 알아보도록 하겠습니다. 우선 날씨의 변화와 밀접하게 관련된 '**이슬점**'에 대해 설명하겠습니다.

이슬점이란 <u>대기 중의 수증기가 차가워져서 물방울로 변하는 온도</u>를 말합니다. 이는 상태변화 단원에서 배웠던 액체→기체로 변할 때의 온도인 '끓는점'과는 다르니 주의하기 바랍니다.

여름날에 차가운 컵 주변이 물방울로 젖어 있는 모습을 본 적이 있을 것입니다. 이것은 차가운 컵 때문에 주변의 공기가 차가워져서 이슬점에 도달했기에 일어나는 현상입니다. 마찬가지로 겨울에 창문이 젖거나, 나뭇잎에 이슬이 맺히는 현상 모두 이슬점과 관련이 있답니다.

어째서 이슬점에 도달하면 컵이나 창문, 나뭇잎에 물방울이 맺힐까요.

이슬점을 이해하려면 우선 **물과 수증기의 구별**을 명확히 해야 합니다. '그 정도야 간단하지'라고 생각할 수도 있지만, 이 둘을 헷갈리는 경우가 의외로 많습니다.

일례로 '①안개', '②김', '③구름', 이것들이 물과 수증기 중 어느 쪽인지 생각해보기 바랍니다. 이렇게 물어보면 자신 있게 대답하지 못하는 분도 있지 않을까요.

   정답은 안개, 김, 구름 모두 물입니다. 물과 수증기를 분간하는 포인트는 명확하게 **'눈에 보이는가 아닌가'**입니다. 눈에 보인다면 물이고, 보이지 않는다면 수증기인 셈입니다. 특히 **'수증기는 눈에 보이지 않는다'**는 매우 중요한 포인트이므로 정확히 짚어둡시다.

이슬점을 이해하는 데에는 또 한 가지 중요한 포인트가 있습니다. 바로 우리 주변에 있는 공기에는 수증기가 포함되어 있지만, **공기가 머금을 수 있는 수증기의 양에는 한계가 있다**는 사실입니다.

느낌상으로는 물에 소금을 녹이는 경우와 비슷합니다. 물에 녹을 수 있는 소금의 양에는 한계가 있기 때문에 한계치를 넘으면 더 이상 녹일 수 없죠.

마찬가지로 공기 중에 포함될 수 있는 수증기의 양에도 한계가 있습니다. 공기 $1m^3$ 안에 포함될 수 있는 최대 수증기량을 **포화수증기량**이라고 합니다.

포화수증기량을 나타내는 그래프는 그림3-9-1과 같습니다. 포화수증기량은 기온에 따라 다른데, 기온이 높을수록 포화수증기량도 높아집니다.

예를 들어, 기온 30°C에서는 $1m^3$당 약 30g의 물이 수증기가 될 수 있습니다(이를 $30g/m^3$로 나타냅니다). 한편 기온 5°C에서는 약 7g의 물밖에는 수증기가 될 수 없죠.

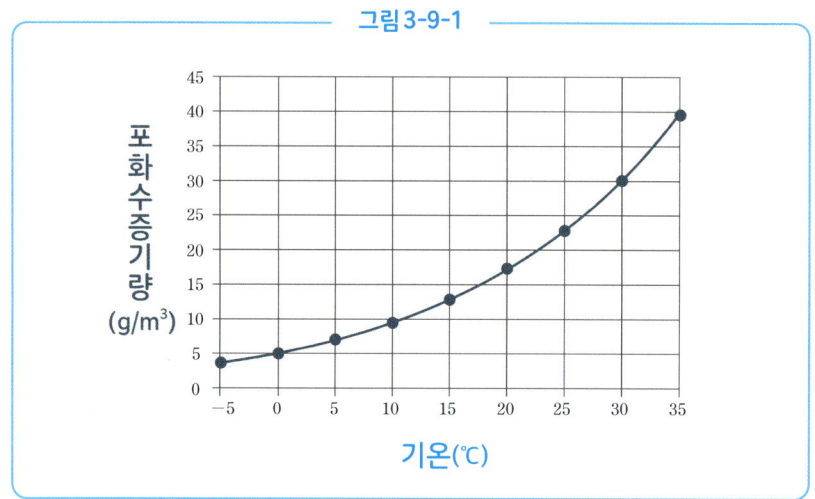

그림 3-9-1

서두가 길어졌지만, 지금부터 이슬점과 컵에 물방울이 발생하는 원리를 자세히 설명하도록 하겠습니다.

컵에 물방울이 맺히기 쉬운 계절은 단연 여름입니다. 여름이면 남쪽에서 수증기를 잔뜩 머금은 공기가 흘러들어옵니다. 또한 기온이 높으면 포화수증기량이 많아지기

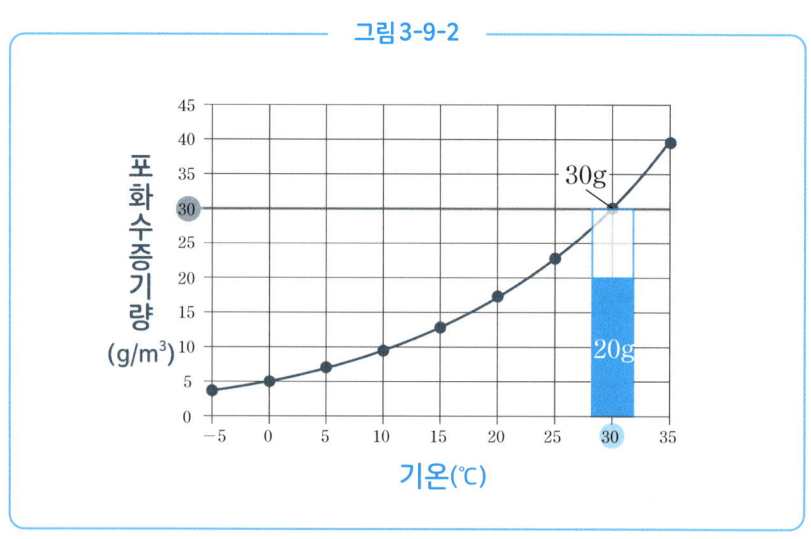

그림 3-9-2

때문에 여름의 공기는 무척이나 많은 수증기를 머금고 있죠.

그림3-9-2를 봐주세요. 기온 30℃일 때는 30g/m³까지의 물을 수증기로 포함할 수 있었습니다. 하지만 이는 최대치이기 때문에 여기서는 20g까지 포함하고 있다 가정하겠습니다.

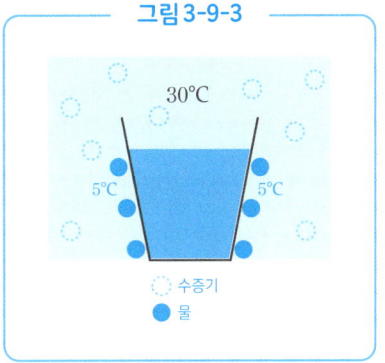

이 공기 중에 차가운 컵을 놓아두었고, 컵의 온도는 5℃라고 가정하겠습니다. 그러면 컵 표면에 있는 공기 또한 5℃까지 차가워지겠죠.

여기서 그림3-9-4의 그래프를 살펴보겠습니다.

20g/m³의 수증기를 포함한 30℃의 공기가 5℃까지 차가워지면 어떻게 될까요.

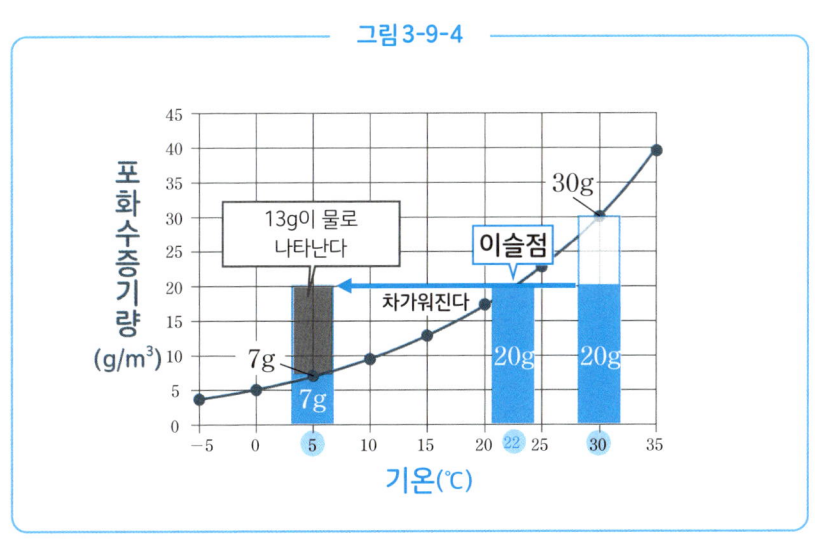

기온 5°C의 공기는 수증기를 7g/m³까지밖에 머금을 수 없습니다. 즉, 더 이상 공기 중에 있을 수 없게 된 수증기가 물의 형태로 나타나게 된다는 뜻이죠. 본래는 물 20g이 수증기의 형태로 포함되어 있었으니 계산해보면 13g이 물의 형태로 나타나게 됩니다.

이때, 컵 표면에 있는 공기가 약 22°C까지 차가워지면 **공기 중 수증기가 물방울의 형태로 발생**하기 시작합니다. 이 온도가 바로 이슬점입니다. 이슬점이란 대기 중 수증기가 차가워져서 물이 되는 온도였죠.

 이슬점이 몇°C인지는 정해져 있지 않습니다. 그림3-9-4의 사례의 경우 이슬점은 약 22°C였지만 만약 그림 3-9-5처럼 1m³의 공기에 포함된 수증기가 15g일 경우, 이슬점은 약 17°C가 됩니다.

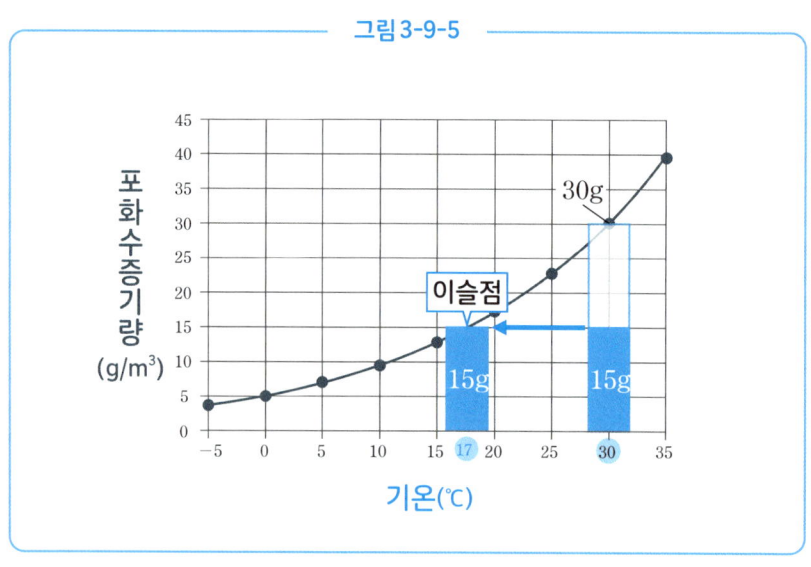

그림 3-9-5

이처럼 온도의 변화로 인해 물과 수증기는 빈번하게 변화를 되풀이하고 있습니다. 이슬점을 이해하게 된다면 창문이 젖는 현상, 나뭇잎이 젖는 현상, 안개, 욕조가 김으로 가득해지는 현상 등 일상의 다양한 현상을 이해할 수 있게 됩니다. 조금 어려운 개념이지만 꼭 반복해서 읽어보고 잘 이해할 수 있기를 바랍니다.

제3장

지구과학

3-10

2학년

구름이 생겨나는 원리 - 구름 아래쪽이 평평해지는 이유

── 수증기와 구름

앞서 이슬점에 대해 알아보았습니다. 이번에는 **이슬점과 구름이 생겨나는 원리**에 대해 자세히 설명해보겠습니다.

먼저 짚고 넘어가야 할 점은 '**구름은 수증기가 아니라 물**(혹은 얼음)'이라는 사실입니다. 앞서 설명을 읽어보았다면 어째서 구름이 수증기가 아닌지 명확하게 대답할 수 있을 것입니다. 이유는 물론 구름은 눈에 보이기 때문입니다. 수증기는 눈으로 볼 수가 없죠.

그렇다면 어떤 과정에서 수증기가 상공으로 운반되어 물이나 얼음으로 변하는 것일까요.

태양빛으로 따뜻해진 지표 근처의 공기는 상승하기 시작합니다. 공기는 따뜻해지면 팽창해서 밀도가 작아지기 때문입니다.

밀도가 작은 것이 상승하는

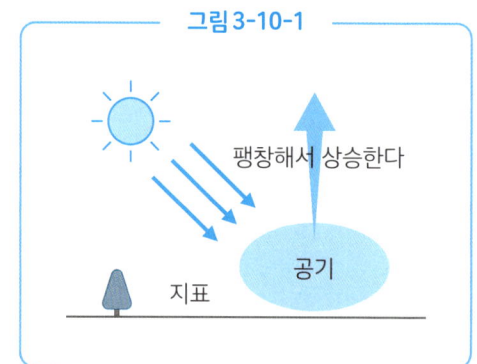

그림 3-10-1

이유는 밀도 단원에서 배웠죠.

공기는 상승하면 온도가 낮아지기 시작합니다. 이는 해발고도가 높은 곳일수록 기온이 낮다는 사실을 통해서도 상상할 수 있습니다. 어째서 공기는 높이 올라가면 온도가 떨어질까요. 그 이유 역시 밀도의 변화와 관련이 있습니다. 상공은 공기가 희박하기 때문에 기압이 낮아진 상태입니다. 주변의 압력이 작기 때문에 공기는 한층 더 팽창하게 되죠. 지표면에 있을 때와

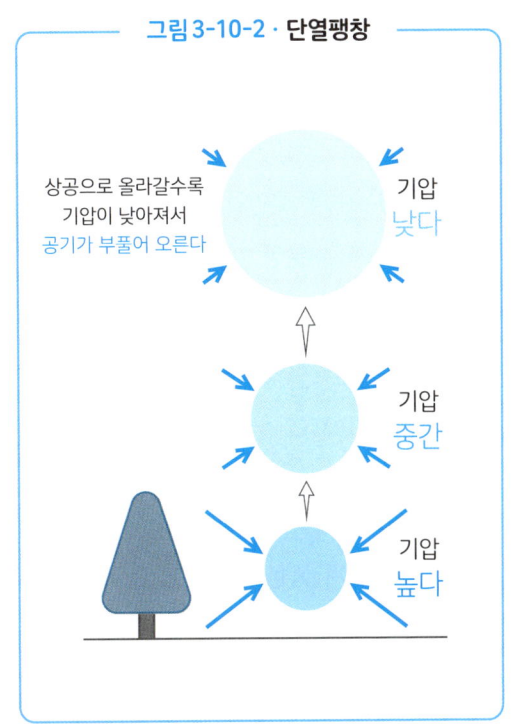

그림 3-10-2 · 단열팽창

다른 점은 주변에서 **열을 공급받지 않고 팽창**한다는 점입니다(이를 **단열팽창**이라고 합니다). 공기는 주변에서 열을 받지 않고 팽창하면 온도가 낮아지게 됩니다.

이는 간단한 실험으로 확인할 수 있습니다(오른쪽 QR 동영상). 페트병 안에 약간의 수분을 넣고 손으로 우그러뜨렸다가 힘을 빼서 되돌려봅시다. 그러면 페트병이 원래대로 돌아갈 때 공기가 팽창해 구름이 생기는 모습을 확인할 수 있습니다(반대로 우그러뜨릴 때는 온도가 높아져서 구름이 사라집니다).

이윽고 상공으로 향해 가며 온도가 계속해서 낮아진 공기는 이슬점에 도달합니다.

그 결과, 수증기가 물로 바뀌면서 구름이 생겨나는 것이죠.

여름 등의 계절에 크게 성장한 구름을 관찰해보세요. **구름 아래 부분이 평평**해진 모습을 확인할 수 있을 것입니다. 이 부분이 이슬점에 도달해 구름이 생겨나기 시작하는 높이입니다.

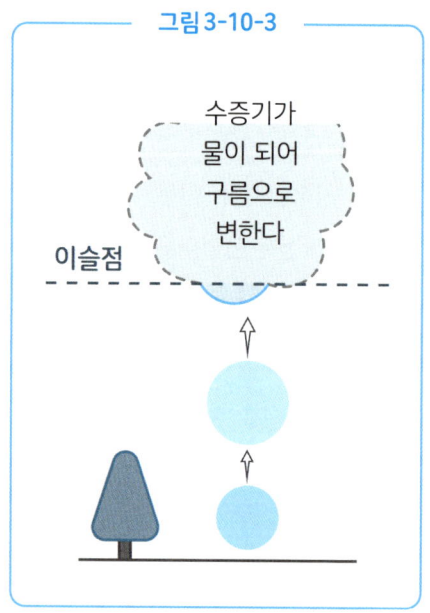

그림 3-10-3

지면이 따뜻해져서 공기가 상승하면 단열팽창으로 인해 기온이 낮아지고 구름이 생겨납니다. 또한 그 밖에도 공기가 산비탈을 오르는 경우나(그림3-10-4), 이후에 배우게 될 저기압, 전선의 영향을 통해서도 구름은 발생하기 쉬워집니다.

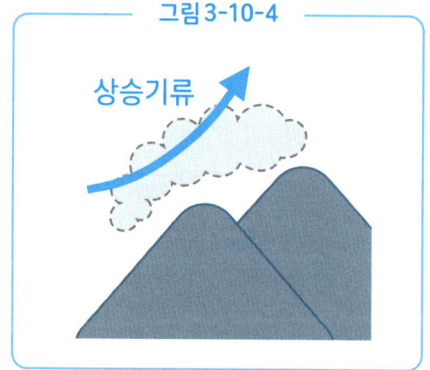

그림 3-10-4

구름이 생겨나는 원리를 이해하면 일상생활 속에서 하늘을 바라보기가 한층 더 즐거워지지 않을까요.

2학년

습도 100%란 무엇일까?
공기 중에 포함된 수증기

—— 습도를 구하는 법

앞서 구름이 생겨나는 원리에 대해 배워보았습니다. 공기가 상공으로 올라가면 기온이 낮아지고, 이슬점에 도달하면 구름이 생겨났죠.

그럼 공기 중의 수증기량에 관련해 또 한 가지 중요한 용어를 알아보도록 합시다. 바로 '**습도**'입니다. 일상적으로 자주 듣는 용어이므로 머릿속에 대충 이미지가 그려지는 분도 많을 듯합니다.

한편으로 '습도란 무엇인가'라는 물음에 정확하게 대답하지 못하는 분도 있겠죠. 습도에 대해 알게 된다면 공기 중의 수증기가 어떤 느낌인지 한층 더 정확하게 파악할 수 있게 됩니다.

우선 습도를 구하는 공식을 확인해볼까요. 습도는 다음 공식으로 구할 수 있습니다.

$$\text{습도 (\%)} = \frac{\text{공기 } 1m^3 \text{ 안에 포함된 수증기의 양}(g/m^3)}{\text{그 온도에서의 포화수증기량}(g/m^3)} \times 100$$

이 식만으로는 조금 이해하기 어려우리라 생각되므로 더 구체적으로 설명해보겠습니다.

이슬점 단원에서 배웠던 포화수증기량의 그래프를 살펴보겠습니다. 이 그래프에서 나타난 곡선이 각각의 기온에서 머금을 수 있는 수증기의 최대량이죠.

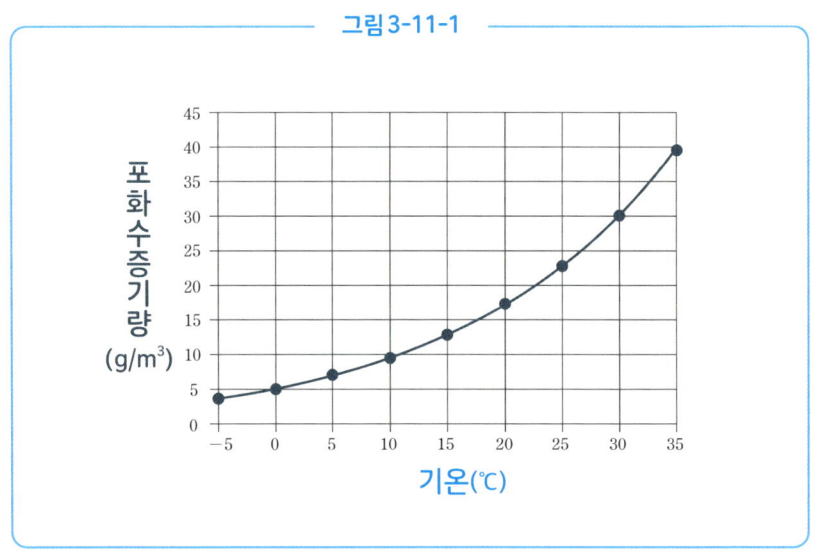
그림 3-11-1

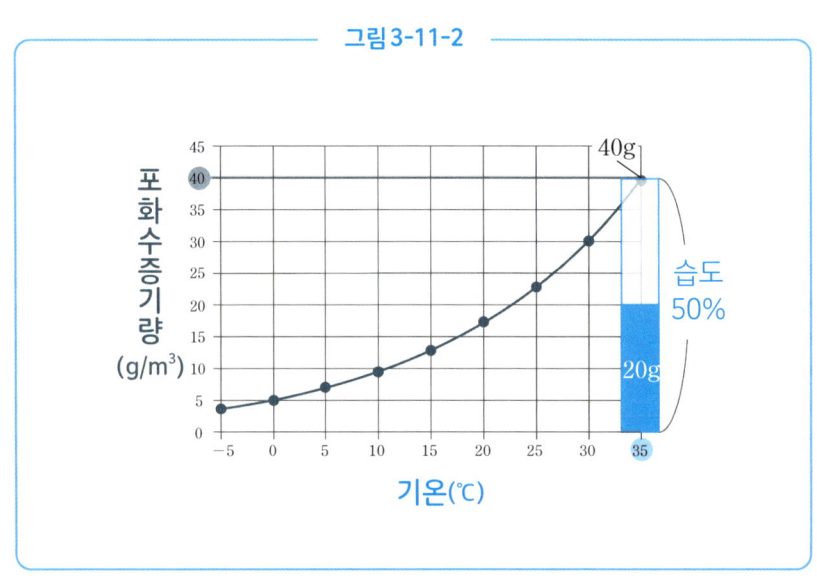
그림 3-11-2

예를 들어, 기온이 35℃일 때는 수증기를 최대 약 40g/m³ 머금을 수 있습니다. 이때 수증기를 20g/m³ 머금고 있다고 가정하면 습도는 20/40 × 100, 즉 50%가 되는 것이죠. 물론 35℃에서 수증기를 40g/m³ 머금고 있으면 습도는 100%가 됩니다.

습도의 재미있는 점은 공기 중에 포함된 수증기의 양이 같더라도 **기온이 변하면 습도 역시 변한다**는 점입니다. 기온 35℃, 습도 50%의 상태에서 기온이 22℃로 낮아졌다고 가정하겠습니다. 그러면 포함되는 수증기의 양은 같더라도 습도는 100%가 되는 것이죠(그림3-11-3).

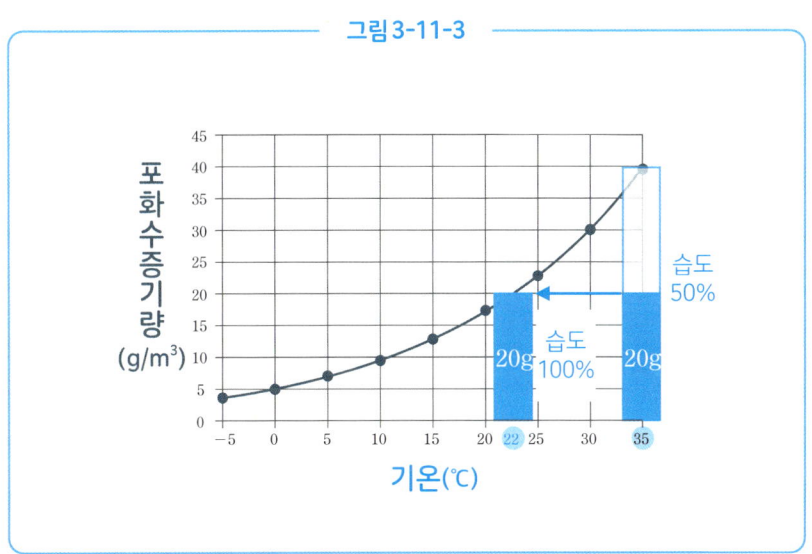

그림 3-11-3

이 사실에서 알 수 있듯이, 기온 35℃의 습도 50%와 기온 22℃의 습도 100%의 경우 **머금은 수증기의 양은 동일**합니다. 일본의 여름은 기온이 높아서 수증기를 많이 머금을 수 있기 때문에 금세 축축해지는 것이죠. 그리고 이슬점 단원에서 배웠듯이 약 22℃ 아래로 기온이 떨어지면 수증기는 물방울의 형태로 나타나게 됩니다.

지금까지 여러 차례에 걸쳐서 눈으로는 볼 수 없는 수증기의 변화에 대해 설명했습니다. 예를 들어, 목욕탕에서 샤워를 하고 있으면 금세 습도 100%에 도달해 수증기가 되지 못한 물방울이 떠올라 안개처럼 변하게 되겠죠. 그 밖에도 우리 주변에 가득한 물과 수증기의 변화를 찾아보세요.

2학년

저기압과 고기압이란 무엇일까?

—— 등압선과 저기압·고기압

이번에는 '저기압'과 '고기압'에 대해 알아보겠습니다. 이 단어들은 일기예보만 보더라도 날마다 접할 수 있는 말이 아닐까요. 저기압과 고기압은 날씨의 변화에 큰 영향을 미칩니다. 각각의 특징을 여기서 정확하게 짚고 넘어가도록 합시다.

애당초 **기압**이란 무엇일까요. 기압이란 **대기의 무게 때문에 생기는 압력**을 말합니다. 대기에도 질량이 있는데, 지표면에는 1m²당 약 10t이나 되는 무게가 실려 있습니다. 이것이 바로 기압입니다.

그림 3-12-1

바깥쪽으로부터의 기압 = 안쪽으로부터의 기압

하지만 말로 설명하더라도 좀처럼 실감하기는 어려울지도 모르겠습니다. 10t이라 하더라도 우리의 몸은 물론 페트병조차 찌그러지지 않으니까요.

어째서 기압이 가해졌는데도 빈 페트병은 찌그러지지 않을까요. 기압은 위에서 아래 방향뿐 아니라 다양한 방향에서 가해진다는 점이 포인트입니다.

즉, 페트병의 안에도 공기가 들어 있는데, 이 공기에 따른 압력이 존재하기 때문에 페트병은 찌그러지지 않는 것입니다(그림3-12-1). 만약 공기를 빼는 도구를 이용해서 페트병 안의 공기를 뺀다면 페트병은 찌그러지게 됩니다. 공기를 빼면 페트병 안의 기압이 낮아지기 때문이죠(그림3-12-2).

그림 3-12-2

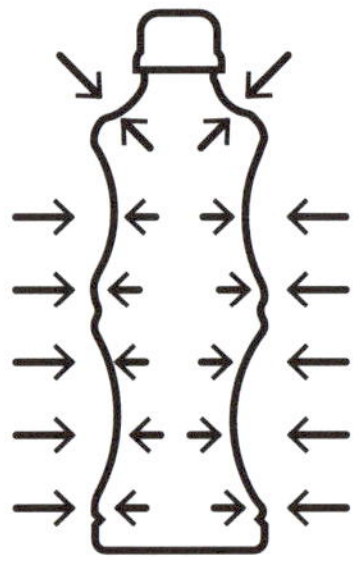

바깥쪽으로부터의 기압 > 안쪽으로부터의 기압

우리의 몸이 찌부러지지 않는 이유 역시 마찬가지입니다. 우리의 몸은 공기나 액체로 가득 차 있어서 기압과 같은 힘으로 밀어내고 있기 때문에 찌부러지지 않는 것입니다.

공기의 무게에 따른 압력을 기압이라고 하고, **물의 무게에 따른 압력은 수압**이라고 합니다. 심해에 사는 물고기는 강한 수압에도 몸이 찌부러지지 않습니다. 심해어는 사람과 다르게 몸에 공기가 없고 물로 가득 차 있기 때문입니다. 강한 수압이 가해지더라도 물은 찌부러지지 않습니다.

그럼 이어서 **기압과 기상의 관계**에 대해 구체적으로 설명해보겠습니다. 기압은 공기의 무게에 따른 압력이므로 해발고도가 높은 곳일수록 기압은 낮아집니다. 높은 곳에서는 상공에 있는 공기의 양이 적어지기 때문입니다.

해수면과 같은 높이(해발고도 0m)의 기압 평균은 약 1013hPa(헥토파스칼)입니다. 이 크기를 **1기압**이라고도 합니다.

해수면과 같은 높이의 기압은 **평균 약 1013hPa**이 되지만, 장소마다 기압의 크기는

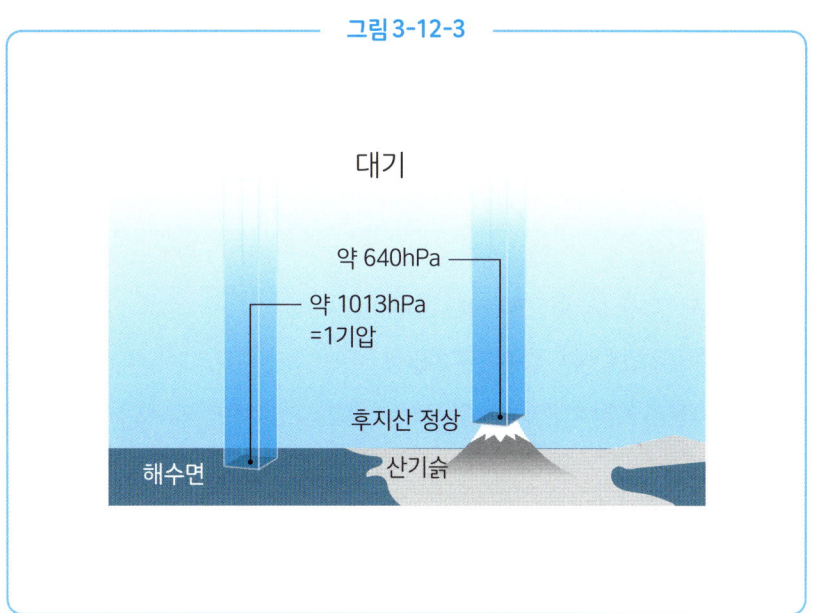

그림 3-12-3

변합니다. 따뜻한 공기와 차가운 공기 사이에는 밀도의 차이가 있고, 공기의 상승이나 하강에 따라서도 기압이 변하기 때문이죠.

기압이 같은 곳을 묶은 곡선을 **등압선**이라고 합니다. 이때, 기압을 측정한 장소의 높이 차이에 따라 생겨나는 기압의 차를 없애기 위해 같은 높이에서의 기압으로 환산하는 작업을 합니다. 이를 해면경정이라고 하며, 10m 높아질 때마다 1.2hPa씩 더해줍니다.

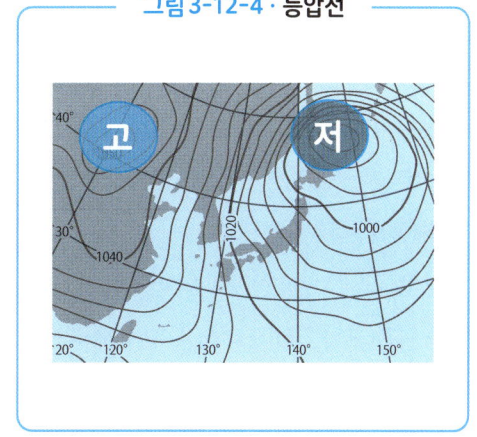

그림 3-12-4 · **등압선**

등압선을 묶었을 때, 등압선이 동그랗게 닫혀 있으며 주변보다 기압이 낮은 곳을 **저기압**, 주변보다 기압이 높은 곳을 **고기압**이라고 합니다. '기압이 ○○이하일 경우는 저기압'이라고 정해진 것이 아니라 **주변보다 낮으면 저기압**이므로 주의합시다.

마지막으로 저기압과 고기압의 특징을 확인해보겠습니다. 저기압의 중심 부근에는 상승기류가 발생하고 있습니다. 상승기류가 발생하고 있기 때문에 기압이 낮아지는 것이죠.

그리고 구름이 생겨나는 원리에 대해 설명했던 단원에서 배웠듯이 상승기류가 발생하면 단열팽창이 일어나 상공에서 기온이 낮아지기 때문에 구름이 생겨나기 쉬워집니다. '**저기압의 접근=날씨가 흐려진다**'라고 외우셔도 상관없습니다.

반대로 고기압에서는 하강기류가 발생합니다. 저기압과는 반대로 하강기류가 발생하는 장소에서는 구름이 생겨나기 어려우므로 날씨가 맑아집니다.

이처럼 기압의 변화는 날씨의 변화에 큰 영향을 미칩니다. 기압에 대해 잘 이해해두면 일기도나 일기예보에서 더 많은 정보를 얻을 수 있을 것입니다.

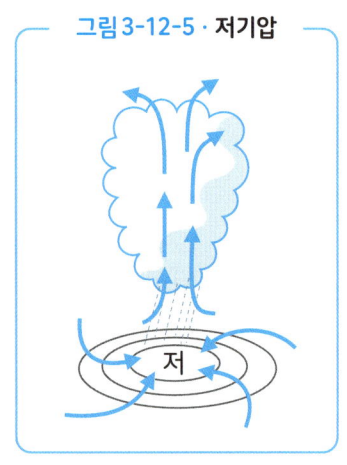

그림 3-12-5 · 저기압

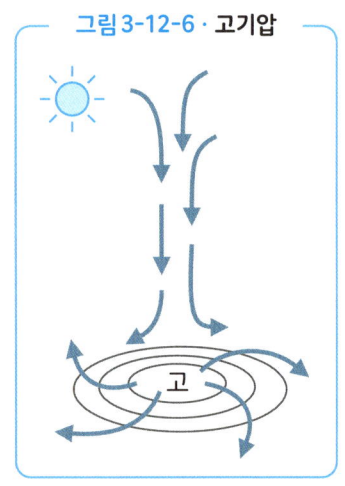

그림 3-12-6 · 고기압

전선이란 무엇일까? 전선이 생겨나는 원리와 특징

—— 다양한 전선

2학년

일기예보를 보다 보면 **전선**이라는 단어가 자주 등장합니다. 자주 접하는 용어지만 전선이란 과연 무언인지, 어렴풋하게만 알고 있는 분도 많겠죠. 기압의 변화와 마찬가지로 전선 역시 날씨의 변화에 큰 영향을 미칩니다. 이번에는 전선이 생겨나는 원리와 각각 전선의 특징을 자세히 알아보도록 하겠습니다.

우선 전선이 생겨나는 원리에 대해 알아보겠습니다. 대기는 **어떤 성질을 가진 공기 덩어리**를 이루는 경우가 있습니다. 이것을 **기단**이라고 합니다. 기단 중에서도 따뜻한 공기 덩어리를 **난기**, 차가운 공기 덩어리를 **한기**라고 합니다. 난기나 한기가 생겨나는 방식은 다양하지만 일반적으로는 일본의 남쪽에서는 난기가 생겨나기 쉽고, 북쪽에서는 한기가 생겨나기 쉽습니다.

이 난기와 한기는 충돌하는 경우가 있습니다. 이때 난기와 한기는 쉽사리 섞이지 않으므로 사이에 경계면이 생겨납니다.

그림 3-13-1

이 경계면을 전선면이라고 하며, 전선면과 지표가 만나는 선을 전선이라고 합니다. 상공에서 보면 그림3-13-1과 같고, 지표에서 보면 그림3-13-2와 같습니다. 전선을 이해하려면 이 두 가지 시야에서 생각하는 것이 매우 중요하므로 확실하게 알아두세요.

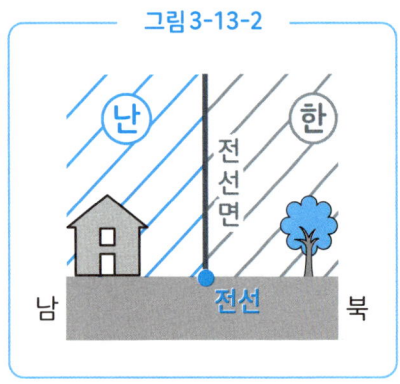

이어서 **전선의 종류**에 대해 확인해보겠습니다. 전선에는 ①온난전선, ②한랭전선, ③정체전선, ④폐색전선의 네 가지 종류가 있습니다. 이 네 가지 전선은 하나같이 난기와 한기가 충돌하면서 생겨나는 전선입니다. 각각의 특징을 설명하겠습니다.

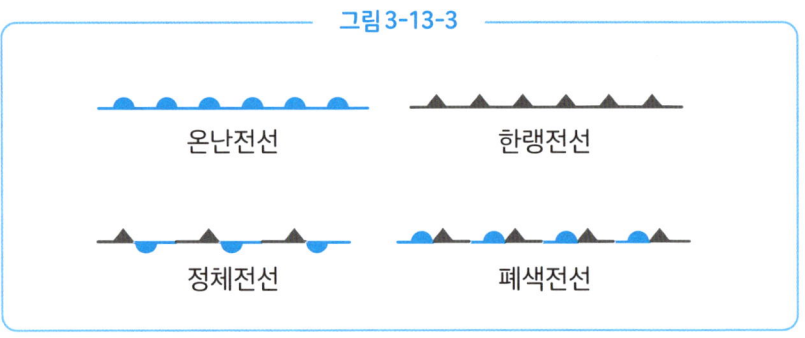

온난전선이란 난기와 한기가 충돌했을 때, **난기가 한기를 밀어내며 나아갈 경우** 생겨나는 전선입니다.

  지표를 기준으로 온난전선을 보면 그림3-13-4와 같습니다. 온난전선에서는 난기가 한기의 위쪽을 타고 올라가며 나아갑니다. 따뜻한 공기는 차가운 공기보다 가볍기 때문에(밀도가 작다) 이와 같은 진행 상황을 보이는 것입니다. 난기와 한기의 경계면이 전선면이며, 전선면과 지표가 만나는 선이 온난전선입니다.

온난전선의 경우는 난기가 기어오르며 상승합니다. 공기가 상승하면 구름이 생겨나기 쉽다는 사실을 기억하고 있나요? 온난전선에서는 그림 3-13-4처럼 가로로 긴 구름(난층운)이 생겨나는 경우가 많습니다.

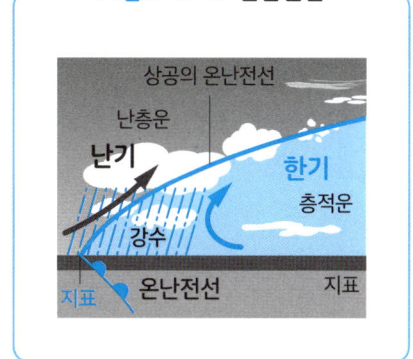

그림 3-13-4 · 온난전선

따라서 약한 비가 넓은 범위에 오랫동안 내리기 쉬워집니다. 또한 온난전선이 통과하면 한기 안에서 난기 안으로 들어가게 되므로 기온이 높아집니다. 이것이 온난전선의 특징입니다.

이어서 한랭전선을 살펴보겠습니다. 한랭전선은 **한기가 난기를 밀어내며 나아가는 전선**입니다. 한기는 난기보다 무겁기 때문에 난기를 밀어 올리듯이 나아갑니다. 한랭전선의 경우는 그림3-13-5처럼 난기가 급격하게 밀려 올라가기 때문에 세로로 긴 구름(적란운)이 생겨나는 경우가 많습

그림 3-13-5 · 한랭전선

니다. 따라서 세찬 비가 좁은 범위에 짧은 시간 동안 내리기 쉬워지죠. 또한 한랭전선이 통과하면 난기 안에서 한기 안으로 들어가게 되므로 기온이 낮아집니다. 이것이 한랭전선의 특징입니다.

정체전선은 비슷한 세력의 한기와 난기가 장시간 움직이지 않는 전선입니다. 정체전선이 발생하면 같은 장소에 오랜 시간 동안 비가 내리기 쉬워집니다. 가장 유명한

정체전선은 6월 무렵에 발생하는, 이른바 **장마전선**입니다. 장마전선은 장기간에 걸쳐 영향을 미치지만 며칠 만에 소멸하는 정체전선도 많습니다.

그럼 일본 부근에서 발생하는 전형적인 전선의 발생부터 소멸까지의 흐름을 살펴보겠습니다.

그림3-13-6을 봐주세요. 일본 부근에서는 보통 북쪽에 차가운 공기의 덩어리, 남쪽에 따뜻한 공기의 덩어리가 생겨나기 쉽습니다. 남쪽이 적도와 가깝기 때문이죠. 그리고 한기와 난기가 충돌해 정체전선이 발생합니다. 이때 포인트는 지구의 자전의 영향을 받아 바람이 비스듬하게 부딪친다는 사실입니다.

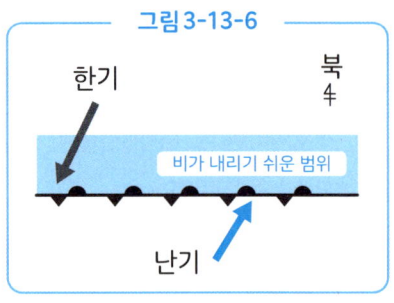

그러면 점차 그림3-13-7처럼 소용돌이가 발생합니다. 이것이 저기압이 발생하는 원리입니다(태풍처럼 전선을 동반하지 않는 저기압도 있습니다). 이때 정체전

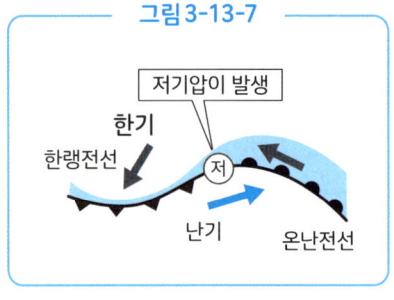

선은 한랭전선과 온난전선으로 변합니다. 이 그림의 서쪽은 한기가 난기를 밀어내고 있기 때문에 한랭전선, 동쪽은 난기가 한기를 밀어내고 있기 때문에 온난전선입니다. 일본 부근에서 전선의 위치 관계는 대부분 이러한 형태를 띱니다.

그림3-13-8, 그림3-13-9를 봐주세요. 한랭전선이 온난전선에 접근하다 결국은 따라붙게 됩니다. 한랭전선이 나아가는 속도가 더 빠르기 때문입니다. 무거운 공기가

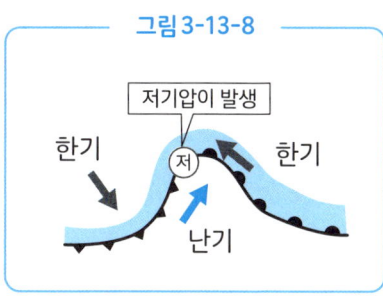
그림 3-13-8

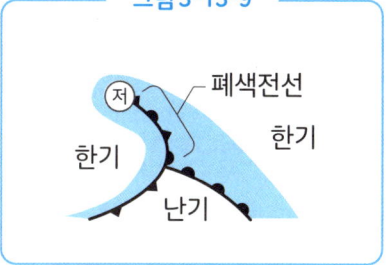
그림 3-13-9

가벼운 공기를 밀어내는 쪽이 더 빠르게 나아갈 수 있기 때문이죠.

한랭전선이 온난전선을 따라잡은 전선을 폐색전선이라고 합니다. 지표 부근은 한기에 뒤덮여서 저기압은 소멸합니다. 그림3-13-6~그림3-13-9까지의 흐름을 정리하자면 그림3-13-10이 됩니다. 전선을 동반하는 저기압은 이처럼 이동하게 됩니다.

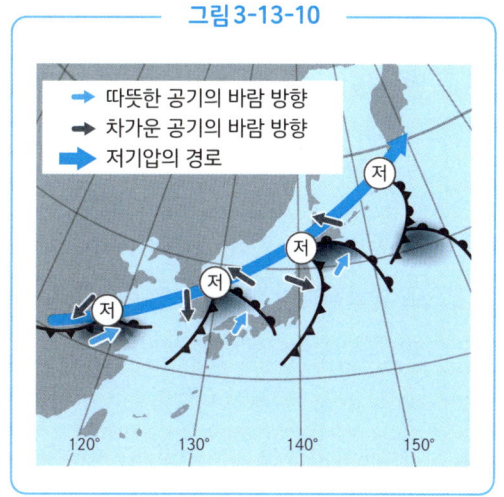
그림 3-13-10

다양한 전선을 소개했습니다. 일상생활에서는 전선이 발생하면 날씨가 나빠진다는 사실만 외워두더라도 도움이 될 것입니다.

앞으로는 일기도나 전선의 움직임에도 한번 흥미를 가져보세요. 오랫동안 내리던 비가 그친 뒤에는 기온이 높아지는 현상처럼, 전선의 영향을 몸소 체감하며 이해할 수 있을 것입니다.

3-14 태양의 특징 - 차원이 다른 에너지를 알아보자

3학년

태양의 모습

이제부터는 **천체에 관해 설명**해보도록 하겠습니다. **천체**란 우주 공간에 존재하는 물체를 말합니다. 태양·달·행성 등이 대표적인 천체입니다. 이번에는 우리 주변의 천체 중 하나인 태양에 대해 살펴보겠습니다.

태양은 지구에서 가장 가까운 **항성**입니다. 항성이란 **스스로 빛을 내는 천체**를 말하는 것으로, 밤하늘에 밝게 빛나는 별은 대부분 항성입니다. 한편 달이나 금성, 화성 등은 태양빛을 반사해서 빛나기 때문에 항성이 아닙니다.

태양은 어떻게 해서 빛을 내는 것일까요. 태양은 수소의 핵융합 반응에 따른 폭발을 되풀이하고 있습니다. 이것은 빛이나 열을 발생시키면서 산소가 다른 물질과 결합하는 현상인 **연소와는 전혀 다른** 반응입니다. 따라서 태양은 산소가 없는 우주에서도 폭발을 이어나갈 수 있는 것입니다. 수소의 핵융합 반응이 일어나면 헬륨이 생겨납니다. 현재의 태양은 90% 정도가 수소로 이루어져 있으며, 헬륨은 10% 정도를 차지하고 있습니다.

태양이 생겨난 때는 지구와 마찬가지로 약 46억 년 전입니다. 태양의 수명은 100억 년이라고 하니 앞으로 50억 년 정도는 존재하겠죠.

태양의 지름은 지구의 약 109배나 됩니다. 예를 들어, 지구의 지름을 1m라고 가정한다면 태양은 야구장 정도의 크기가 됩니다. 질량은 지구의 약 33만 배나 되죠. 태양은 **지구에서 보이는 이미지 이상으로 거대**한 셈입니다.

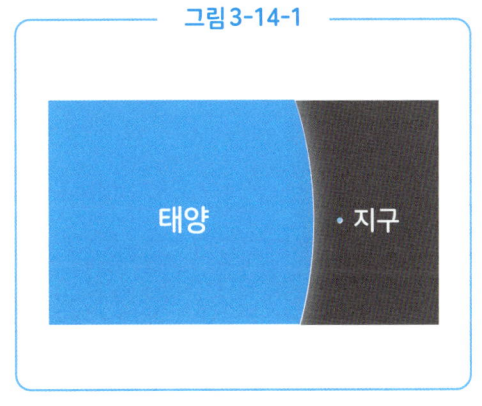

그림 3-14-1

태양은 그 크기뿐 아니라 내뿜는 에너지의 양도 차원이 다릅니다.

지구에 1초당 내리쬐는 태양의 에너지는 약 2×10^{14}kW입니다. 만약 지구상에 내리쬐는 태양 에너지를 모두 변환해서 이용할 수 있다면, 1시간 만에 전 세계에서 약 1년 동안 사용할 에너지를 충당할 수 있다고 합니다. 정말이지 터무니없는 에너지네요.

태양을 관찰해보면 '흑점'이라 하는 주변보다 온도가 낮은 부분이 있습니다(맨눈으로는 관찰하지 말아주세요).

흑점의 온도는 약 4000℃로, 태양의 표면 온도인 약 6000℃에 비해 온도가 낮습니다.

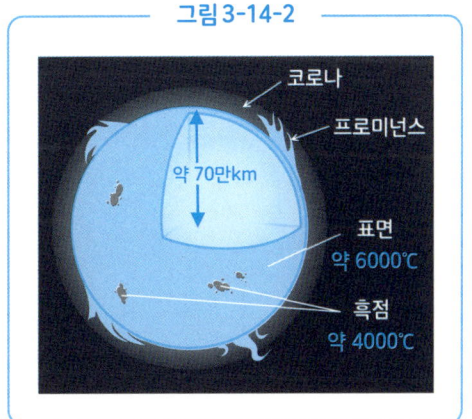

그림 3-14-2

코로나
프로미넌스
약 70만km
표면 약 6000℃
흑점 약 4000℃

흑점을 관찰해보면 태양의 동쪽에서 서쪽으로 이동한다는 사실을 확인할 수 있습니다. 이 사실을 통해 **태양 역시 지구와 마찬가지로 자전하고 있다**는 사실을 알 수 있죠(자전이란 팽이처럼 회전하는 운동입니다).

그림 3-14-3

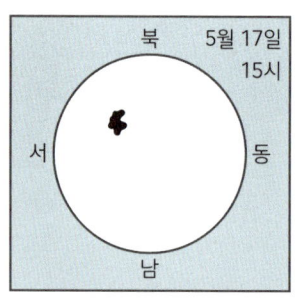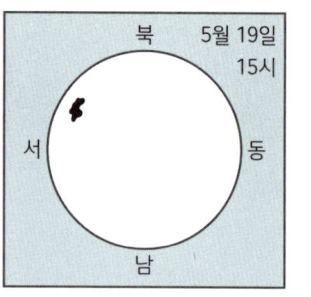

또한 흑점이 주변부(가장자리 쪽)로 오면 가늘고 길어진다는 점을 통해 태양이 공 모양이라는 사실도 알 수 있습니다.

태양은 지구에게 가장 중요한 천체라고 볼 수 있습니다. 다음에는 태양을 중심으로 한 천체의 모임인 '태양계'에 대해 알아보겠습니다. 여러분도 들어본 적이 있는 천체가 여럿 등장합니다.

3학년

 # 태양계란? 8개 행성의 특징

―― 태양계 행성의 특징

제3장 지구과학

앞서 공부한 태양에 이어서 이번에는 태양계에 대해 설명해보겠습니다. 태양계란 **태양을 중심으로 운행하는 천체의 모임**을 말합니다.

그림 3-15-1

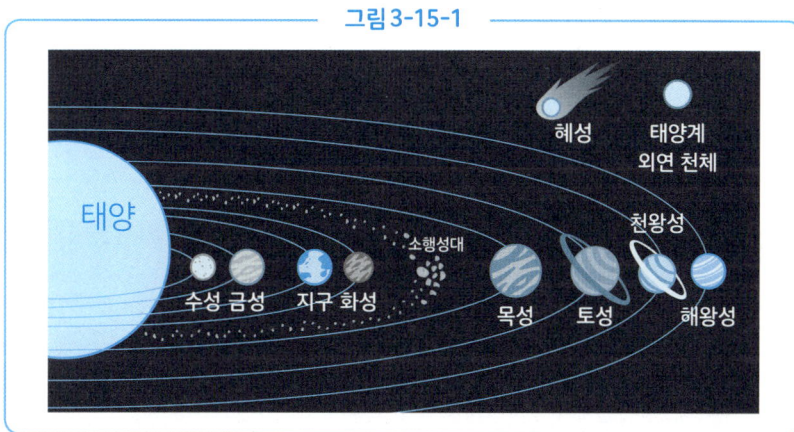

태양계의 대표적인 천체로는 행성·위성·혜성 등을 꼽을 수 있습니다. 우선 행성에 대해 소개하겠습니다.

행성이란 '① 태양의 주위를 공전할 것', '② 충분한 질량을 가질 것', '③ 그 궤도 주변에는 압도적으로 거대하며 비슷한 크기의 천체가 존재하지 않을 것'이라는 세 가지

조건을 충족시키는 천체를 말합니다.

태양계의 행성은 태양에서 가까운 순서대로 수성·금성·지구·화성·목성·토성·천왕성·해왕성의 8개입니다. 이전에는 명왕성까지 포함해 9개가 행성으로 받아들여지고 있었지만 2006년에 행성의 정의가 명확해지면서 조건 ③을 충족시키지 못하는 명왕성은 제외되었습니다.

명왕성이 제외된 사실은 과학의 발전과도 관련이 있습니다. 새로운 천체가 잔뜩 발견되면서 명왕성을 행성에 포함시키려 했다간 그 외에도 행성의 조건에 부합되는 천체가 여럿 나타날 가능성이 있기 때문이죠.

행성은 크게 지구형 행성과 목성형 행성의 두 가지로 분류할 수 있습니다. 수성·금성·지구·화성 이렇게 넷이 지구형 행성, 목성·토성·천왕성·해왕성 이렇게 넷이 목성형 행성입니다.

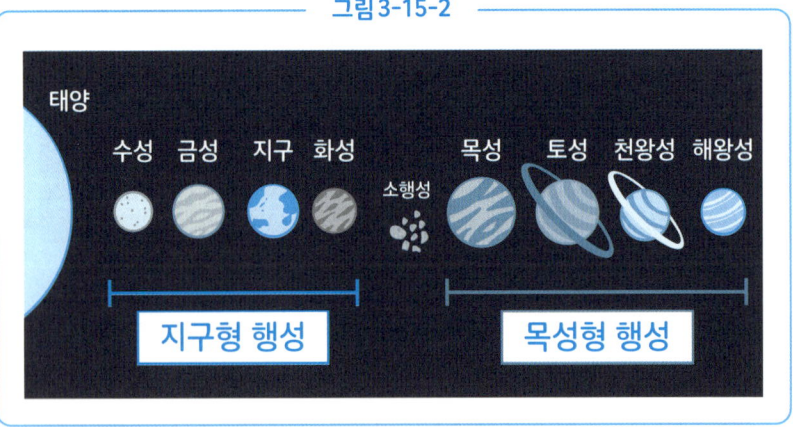

그림 3-15-2

지구형 행성의 특징은 소형이고 주로 암석으로 이루어져 있으며 밀도가 크다는 점입니다. 한편 목성형 행성의 특징은 대형이고 주로 기체로 이루어져 있으며 밀도가 작다는 점이죠. 각각 행성의 특징을 살펴보도록 합시다.

수성은 **8개 행성 중에서 가장 작습니다.** 따라서 중력이 작아 대기를 끌어당기지 못하므로 대기가 존재하지 않습니다. 또한 태양과 가장 가까운 행성이기 때문에 지구보다 태양 에너지를 약 7배 받고 있습니다. 이러한 특징 때문에 낮의 표면 온도는 약 400℃, 밤에는 -160℃인 환경입니다.

수성

금성은 크기나 밀도가 지구와 무척 비슷한 행성입니다. 하지만 대기의 약 97%가 이산화탄소로, 그로 인한 온실효과 때문에 표면 온도는 약 460℃나 됩니다.

금성

화성은 지구 바깥쪽을 공전하고 있습니다. 지름은 지구의 절반 정도 크기로 수성에 이어 두 번째로 작은 행성입니다. 지구보다도 태양에서 멀리 떨어져 있기 때문에 평균 온도는 -40℃ 정도로 생각됩니다. 표면은 적갈색의 암석과 모래로 뒤덮여 있지만, 수십억 년 전의 화성 표면에는 **물이 풍부하게 존재했다고** 생각됩니다.

화성

목성은 **태양계에서 가장 큰 행성**으로, 지름은 지구의 약 11배나 됩니다. 하지만 앞서 언급했듯이 목성형 행성은 대부분 기체로 이루어져 있기 때문에

목성

표면에 설 수는 없습니다. 또한 목성에도 토성과 같은 작은 고리가 있습니다.

토성은 태양계에서 두 번째로 큰 행성입니다. 토성이라 하면 **커다란 고리**가 특징입니다. 이 고리는 대부분이 얼음 덩어리로 이루어져 있습니다. 그 두께는 수십m로 매우 얇지만 1바퀴의 길이는 약 70만km나 됩니다. 지구 1바퀴가 약 4만km이니 고리가 얼마나 거대한지를 알 수 있습니다.

토성

천왕성은 목성·토성에 이어 세 번째로 큰 행성입니다. 다른 행성과 다른 특징은 **비스듬히 누운 채 태양 주변을 공전**한다는 사실입니다. 이는 태양계가 생겨났을 무렵, 다른 천체가 천왕성에 충돌했기 때문이라 생각됩니다.

천왕성

마지막으로 해왕성입니다. 겉모습은 무척 아름다운 푸른빛을 띠고 있습니다. 이 파란색은 표층을 두껍게 뒤덮은 대기 중의 메탄(CH_4)이 적색을 흡수하고 청색을 산란하기 때문입니다.

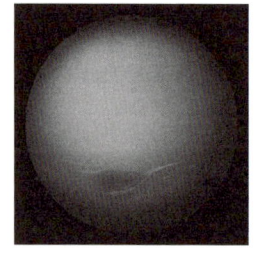

해왕성

또한 해왕성의 내부에서는 **다이아몬드 비**가 내린다고 합니다. 이렇게 들으면 꿈만 같은 별처럼 생각되지만 대기 하층부의 압력은 지구 대기의 10만 배이며, 시속 2200km의 폭풍이 몰아친다고 생각되므로, 환경이 대단히 위험한 별이기도 합니다.

이 행성들의 특징을 정리하면 아래의 표와 같습니다.

그림 3-15-3

행성명	수성	금성	지구	화성	목성	토성	천왕성	해왕성
태양과의 거리 (억 km)	0.58	1.08	1.5	2.28	7.78	14.29	28.75	45.04
반지름 (km)	2440	6052	6378	3397	71492	60268	25559	24764
질량 (지구=1)	0.06	0.82	1	0.11	317.83	95.16	14.54	17.15
(g/cm³)	5.43	5.24	5.51	3.93	1.33	0.69	1.27	1.64

이 표를 통해서도 각 행성의 특징이나, 지구형 행성과 목성형 행성의 특징을 파악할 수 있습니다.

마지막으로 '행성'이라는 **이름의 유래**에 대해 설명하겠습니다. 행성은 지구에서 보면 다른 항성과는 다른 불규칙한 움직임을 보입니다.

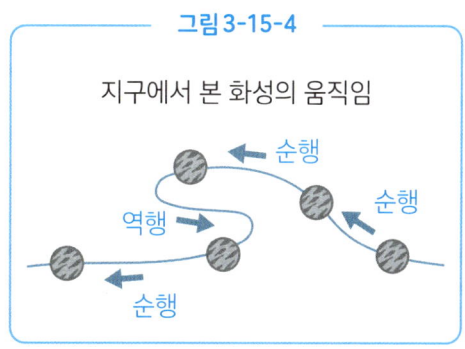

그림 3-15-4

지구에서 본 화성의 움직임

따라서 '나돌아 다니는(行) 별(星)'이라는 뜻에서 행성이라는 이름이 붙었습니다. 영어로 행성을 뜻하는 'planet' 역시 고대 그리스어로 '헤매는 것', '방랑자' 등을 의미하는 말에서 유래했습니다. 고대 사람들은 행성을 무척이나 신기하게 생각하지 않았을까요.

3학년

하루 동안 별의 움직임 - 지구의 자전과 일주운동

별의 일주운동

이번에는 지구의 자전과 별의 움직임에 대해 알아보겠습니다. 지구는 팽이처럼 자전축을 중심으로 24시간 동안 약 1바퀴 돌고 있습니다. 이 운동을 **자전**이라고 합니다.

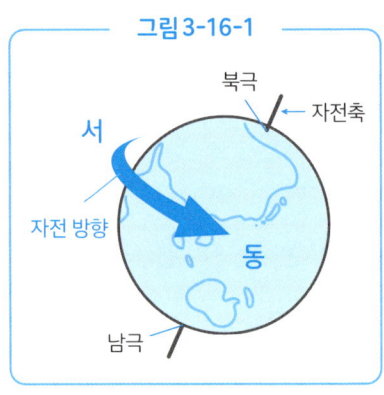

그림 3-16-1

자전 방향은 서쪽에서 동쪽입니다. 태양은 날마다 동쪽 하늘에서 떠올라 서쪽 하늘로 저무는 것처럼 보입니다. 하지만 실제로는 우리가 서 있는 **지면이 서쪽에서 동쪽으로 회전하고 있는 것**입니다.

그리고 자전은 밤하늘에 빛나는 별의 움직임과도 깊은 관련이 있습니다. 별은 지구 자전의 영향으로 약 24시간 동안 1바퀴 도는 것처럼 보입니다. 이것

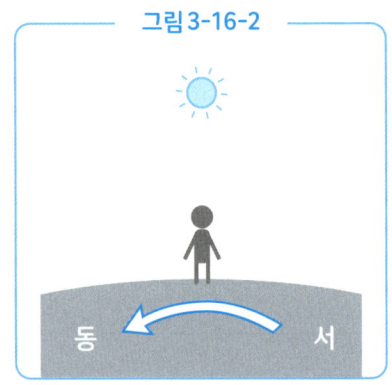

그림 3-16-2

을 별의 **일주운동**이라고 합니다. 별 역시 태양과 마찬가지로 실제로는 이동하는 것이 아니라 지구 자전의 영향으로 '이동하는 것처럼 보인다'라는 점에 주의합시다.

별이 움직이는 방식은 방위에 따라 다릅니다. 구체적으로는 각각의 방위에서 별은 그림3-16-3과 같이 움직이는 것처럼 보입니다(북반구의 경우).

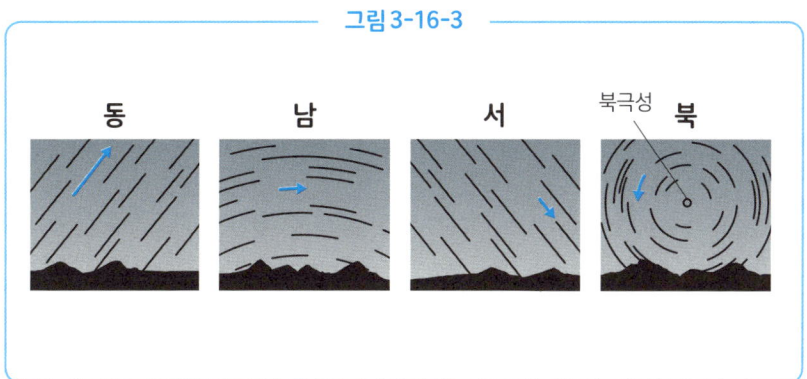

그림 3-16-3

동, 남, 서쪽은 별이 시계 방향으로 도는 것처럼 보이고, 북쪽만 반시계 방향으로 별이 이동하는 것처럼 보입니다.

어째서 방위마다 별이 위의 그림과 같이 움직이는 것처럼 보이는지, 그림만으로는 조금 상상하기 어려울지도 모르겠네요.

오른쪽의 QR코드를 통해 별의 움직임을 실제로 살펴보면 이해하기 쉬울 것입니다. 참고로 이 별의 움직임은 '별자리표'라는 앱을 이용해서 확인한 것입니다.

현재는 별의 움직임이나 별자리를 간단히 알아볼 수 있는 스마트폰 앱이 무척 많으

므로 꼭 활용해보시기 바랍니다.

또한 별은 **1시간에 약 15°**이동하는 것처럼 보입니다. 이는 지구가 24시간 동안 약 360° 회전하기 때문입니다. 360÷24=15인 것이죠.

오른쪽 그림을 봐주세요. 이것은 일본에서 본 북쪽 하늘의 그림으로, 북극성과 북두칠성을 관찰할 수 있습니다. 북쪽 하늘의 별은 북극성을 중심으로 삼아 반시계 방향으로 회전합니다.

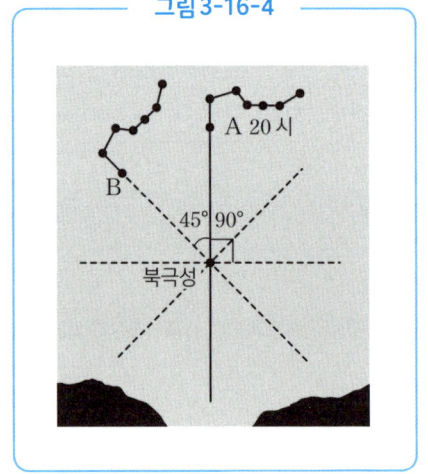

그림 3-16-4

1시간 동안 약 15° 회전하므로 B의 위치로 오는 시간은 3시간 후인 23시가 됩니다.

현재는 스마트폰 앱이나 유튜브 등에서 간편하게 별을 관찰하거나 설명을 들을 수 있습니다. 별을 깔끔하게 관찰할 수 있는 장소를 알아보고 꼭 한번 직접 찾아가 보세요.

3학년

당신은 반년 후 어디에 살고 있을까?
지구의 공전과 연주운동

―― 별의 연주운동

"당신은 반년 후, 어디에 살고 있습니까?"라는 질문을 받으면 어떻게 대답하겠습니까.

이 질문에 대한 대답을 우주적 규모로 생각해보면 '태양의 뒤쪽. 거리로 치면 약 3억 km 떨어진 곳'에 해당합니다.

지금이 낮이고 맑은 날씨라면 태양을 볼 수 있을 텐데요. 그 태양의 뒤쪽까지 우리는 반년에 걸쳐 **지구를 타고 이동**하는 셈입니다. 실제로 상상해보면 우주가 얼마나 광대한지를 실감할 수 있습니다.

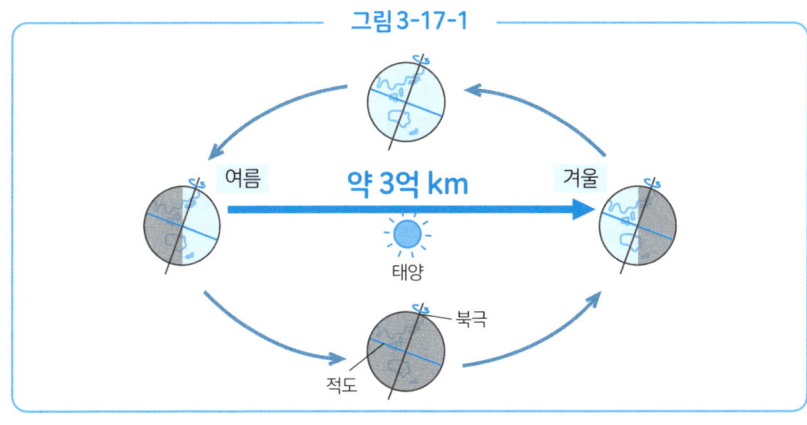

그림 3-17-1

지구는 약 1년 동안 태양 주변을 1바퀴 돕니다. 이러한 지구의 운동을 **공전**이라고 합니다. 지구가 공전함에 따라 계절별로 볼 수 있는 별자리가 달라집니다. 이것을 '별의 연주운동'이라고 합니다.

그림3-17-2를 봐주세요. 이것은 오리온자리를 1개월마다 같은 시각에 관찰했을 때, 오리온자리가 어떻게 보이는지를 나타낸 그림입니다.

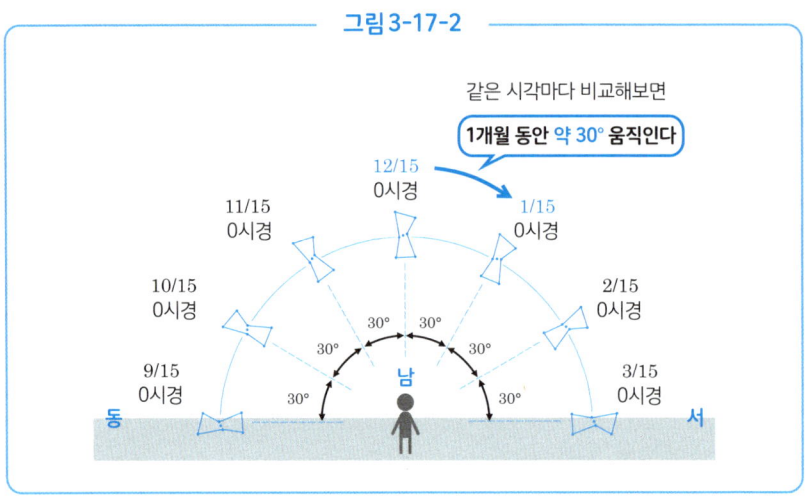

매달 약 30°, 오리온자리가 동쪽에서 서쪽으로 이동한다는 사실을 알 수 있습니다. 어째서 지구가 공전하면 별자리는 1개월 동안 약 30°(3개월 동안 약 90°) 이동하는 것처럼 보일까요.

그림3-17-3을 봐주세요. 지구·태양·오리온자리의 위치관계를 계절별(3개월 마다)로 나타낸 그림입니다. 태양과 별(오리온자리)은 움직이지 않는다고 생각하세요. 지구는 태양의 주변을 1년에 걸쳐서 공전하고 있습니다. 지구가 공전함에 따라 주변의 별이 움직이는 것처럼 보이는 것이죠.

각 계절마다 사람은 한밤중인 위치에 서 있다는 사실에 주목합시다. **한밤중이란 태양의 맞은편**에 위치하는 장소를 말합니다.

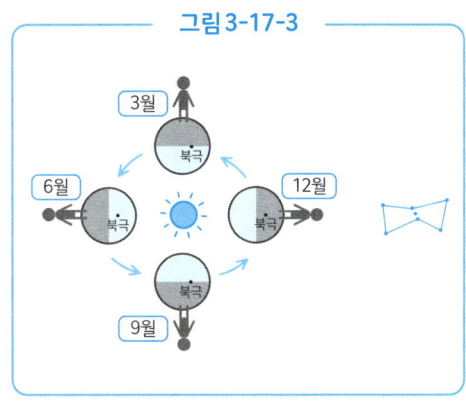

그림3-17-3

또한 한밤중에 서 있는 장소에서의 방향도 함께 생각합시다. 방향을 정할 때의 기본 원칙은 북극 쪽이 북쪽이라는 사실입니다.

그림3-17-4를 보면 북극 쪽을 북쪽으로 볼 때 그 반대편은 남쪽이 되겠죠. 그러면 12월의 경우 남쪽을 보았을 때 상공에 오리온자리가 보인다는 사실을 알 수 있습니다.

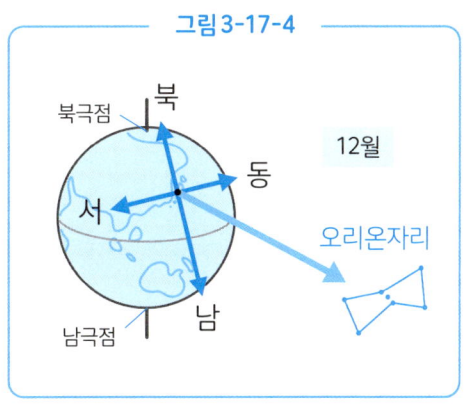

그림3-17-4

그림3-17-5는 12월, 3월, 6월, 9월, 각각의 한밤중에 해당하는 방향을 나타낸 그림입니다. '북극 쪽이 북쪽'이라는 원칙을 잊지 말고 방향을 생각해봅시다. 그러면,

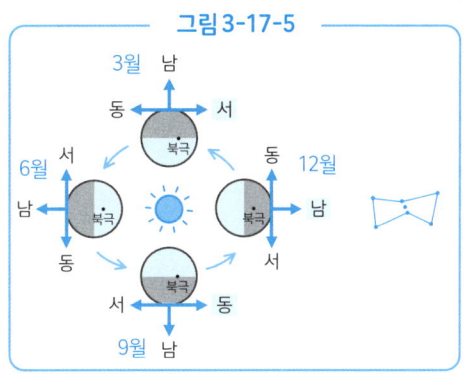

그림3-17-5

- 9월 한밤중에는 오리온자리가 동쪽에
- 12월 한밤중에는 오리온자리가 남쪽에
- 3월 한밤중에는 오리온자리가 서쪽에

보인다는 사실을 알 수 있습니다. 6월은 태양의 맞은편에 있기 때문에 보이지 않습니다. 3개월 사이에 보이는 각도가 약 90° 달라졌네요. 이는 1개월마다 각도가 약 30° 달라진다고 바꾸어 말할 수 있습니다.

여기서 다시 한 번 그림3-17-6으로 확인해봅시다. 이 그림은 지구에서 본 시점이지만, 역시나 '9월은 동쪽 하늘', '12월은 남쪽 하늘', '3월은 서쪽 하늘'에 오리온자리가 보입니다. 3개월 동안 90°이므로 별자리가 보이는 방향이 1개월마다 약 30°씩 변하는 셈입니다.

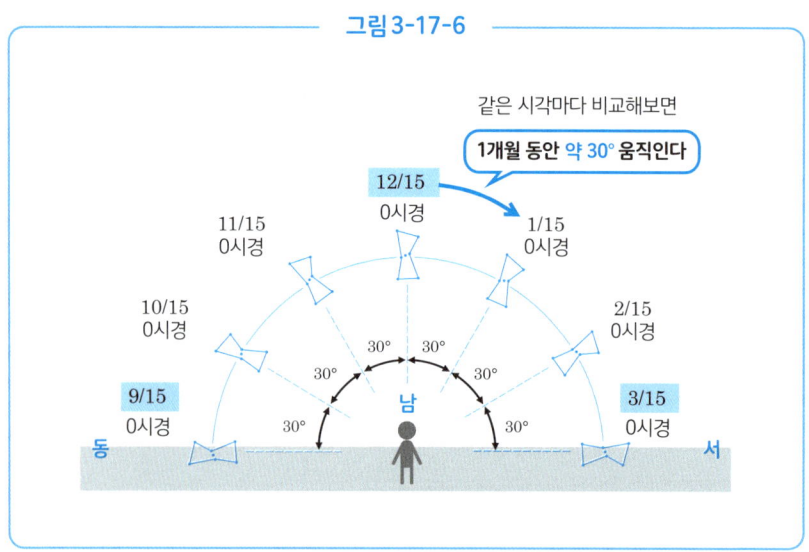

그림3-17-6

이것이 별의 **연주운동**입니다. 별자리는 1개월마다 약 30°씩 움직이는 것처럼 보이므로 1년이면 약 360°가 움직여서 다시 같은 별자리를 볼 수 있게 되는 것이죠.

일상생활 속에서 태양이나 별을 볼 때는 지구가 우주에서 어떻게 움직이고 있을지까지 상상해가며 살펴보도록 합시다. 대수롭지 않게 흘러가던 하루하루가 조금은 더 즐거워질 테니까요.

제 3 장

지 구 과 학

3 학년

 # 달의 신비 - 가장 가까운 천체의 신비

달의 위상 변화

태양에 이어서 우리에게 친숙한 천체 중 하나로 달이 있습니다. 지구에서 본 달은 무척이나 아름답고 환상적입니다. 또한 날마다 형태를 바꾸는 그 모습은 시간을 초월해 사람들의 사랑을 받아왔죠. 이번에는 이처럼 많은 매력을 간직한 달에 대해 설명해보도록 하겠습니다.

우선 달이 태양계의 어디쯤에 존재하는지를 확인해봅시다. 달은 그림3-18-1처럼 **지구 주변을 공전**하고 있습니다.

그림3-18-1

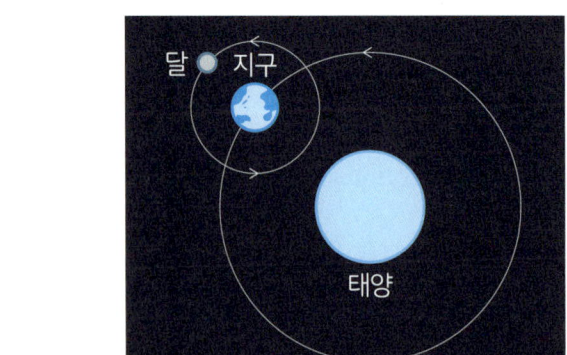

달처럼 행성 주변을 공전하는 천체를 **위성**이라고 합니다. 달은 지구의 하나뿐인 위성입니다. 참고로 목성이나 토성에는 50개 이상의 위성이 있습니다. 지구의 위성은 달 하나뿐이지만 지구 주변에는 인간이 만들어낸 수많은 인공위성이 존재하고 있죠.

달의 기원에는 여러 설이 있지만, 현재 가장 유력하다 여겨지는 것은 '자이언트 임팩트 설'입니다. 이는 약 45억 년 전, 원시 지구에 화성과 비슷한 크기의 천체가 충돌했는데, 그때 흩날린 물질이 한데 모여서 지금의 달을 이루었다는 가설입니다. 즉, 달은 지구의 형제라 부를 수 있는 존재인 셈입니다.

지구에서 달을 관찰했을 때의 가장 큰 매력 중 하나가 달의 위상 변화입니다. 어째서 달은 차고 이지러지는 것일까요. 그 비밀을 풀어보겠습니다.

달이 차고 이지러지는 이유 중 하나는 '달은 태양빛을 반사해서 빛나기 때문'입니다. 태양처럼 스스로 빛나는 천체는 어느 방향에서 보더라도 동그랗게 빛나고 있습니다. 하지만 **달은 태양빛을 반사해서 빛을 내기** 때문에 위상 변화가 일어나는 것이죠.

하나의 예시로 그림3-18-2의 시각이 '아침', '낮', '저녁', '밤' 중 무엇일지 생각해보세요.

정답은 저녁입니다.

달의 오른쪽 부분이 빛나고 있

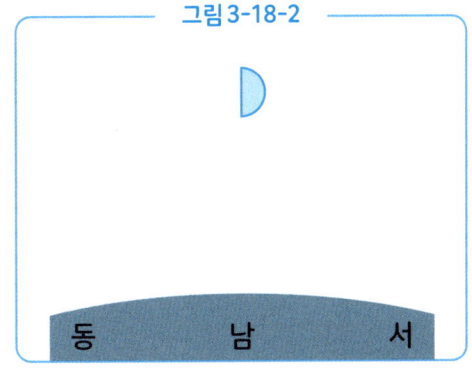

그림 3-18-2

으로 태양은 오른쪽, 즉 서쪽에 있다는 말이 됩니다. 태양이 서쪽에 있는 시각은 저녁이죠.

이처럼 '달은 항상 태양이 있는 방향이 빛나고 있다'라는 사실을 의식하면 달 관찰도 한층 더 즐거워질 것입니다.

그럼 달의 위상 변화를 자세히 알아보도록 하겠습니다. 그림3-18-3을 봐주세요. 이것은 지구·달·태양의 각각의 위치관계를 나타낸 그림입니다.

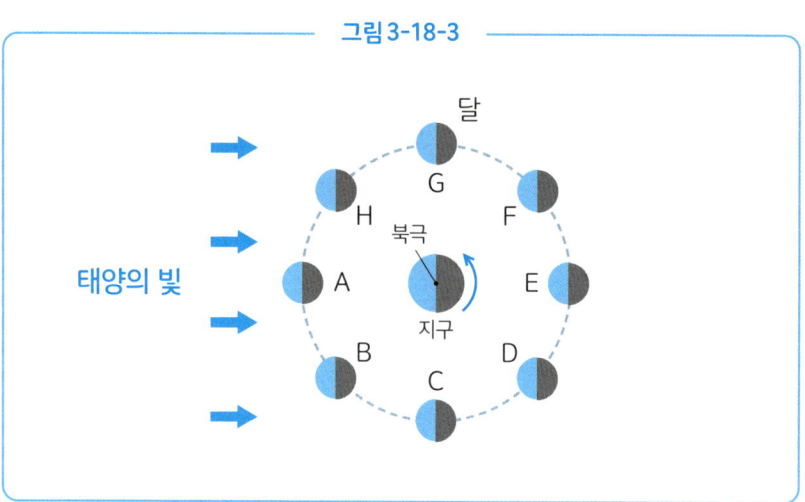

우선 달이 E의 위치에 있을 때 지구에서 어떻게 보이는지를 확인해봅시다.

그림3-18-4를 봅시다. E의 위치에 있을 때, 지구에서 보이는 달은 테두리가 쳐진 부분입니다. 즉, 달 전체가 빛을 받고 있죠.

  이 상태가 보름달입니다. 즉, 달이 E의 위치에 있을 때, 지구에서는 **보름달**로 보인다는 뜻입니다.

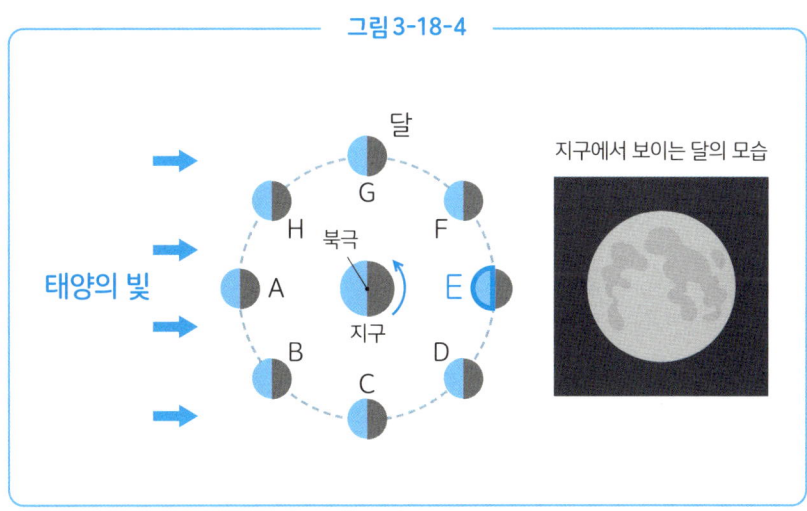

달이 G의 위치에 있을 때는 지구에서 보면 왼쪽 절반이 빛을 받고 있습니다. 이것을 하현달이라고 합니다(그림3-18-5).

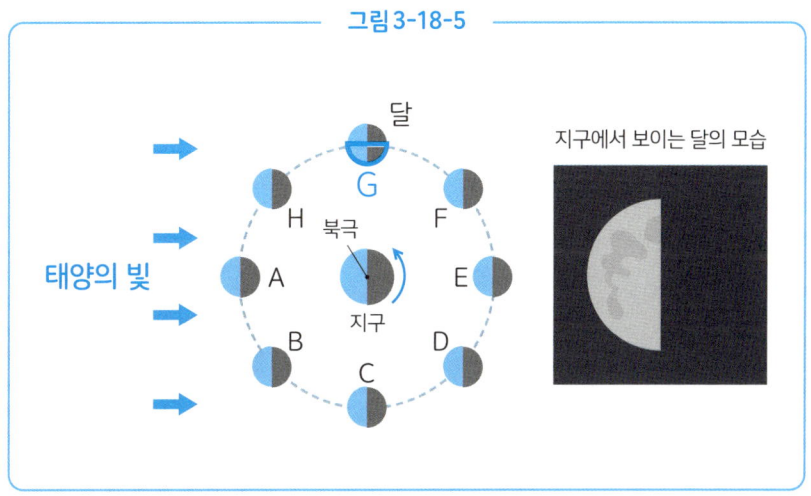

달이 A의 위치에 있을 때 지구에서는 빛나는 부분을 볼 수가 없습니다. 이 상태의 달은 **삭월**이라고 불립니다(그림3-18-6).

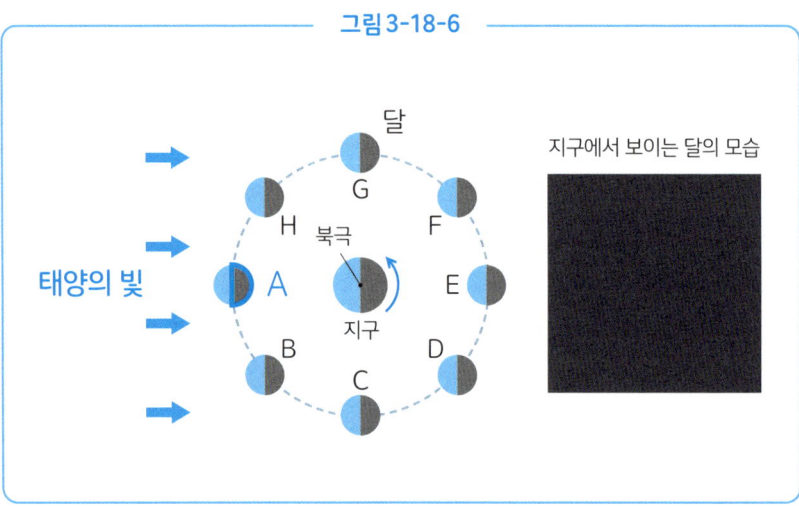

마지막으로 달이 B의 위치에 있을 때를 살펴보겠습니다(그림3-18-7). 달이 이 위치에 있을 때는 달의 오른쪽 일부가 빛을 받고 있습니다. 특히 삭월에서 3일 정도 지났을 때 볼 수 있는, 오른쪽이 가늘게 빛나는 달은 초승달이라고 불립니다.

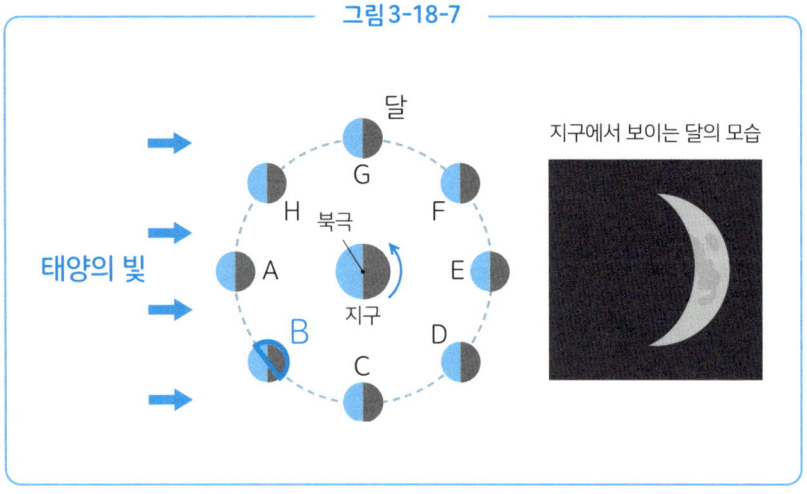

왼쪽이 가늘게 빛나는 별은 초승달이 아닌 그믐달이라고 불리니 헷갈리지 않도록

주의합시다. 이처럼 달은 약 1개월 동안 지구를 1바퀴 돌면서 모습이 바뀝니다.

오늘 밤에는 꼭 태양과 달의 위치관계를 생각하며 달을 살펴보세요. 우리가 우주에 서 있다는 사실을 실감할 수 있을 것입니다.

제 3 장

지 구 과 학

3학년

 # 일식과 월식 - 태양과 달의 관계

일식과 월식의 구조

달과 태양의 합동 공연 덕분에 우리는 달의 위상 변화라는 환상적인 모습을 날마다 관찰할 수 있습니다. 하지만 달과 태양이 자아내는 현상은 위상 변화뿐만이 아닙니다. 이번에 소개할 '일식', '월식' 역시 그중 하나죠. 일식이나 월식은 어떠한 원리로 일어나는 현상일까요. 자세히 알아보겠습니다.

일식이란 달이 태양의 전체, 혹은 일부를 가리는 현상을 말합니다. 일식이 발생할 때면 뉴스에도 보도되므로 이름을 많이 들어봤을 것입니다.

그림 3-19-1

개기일식　　금환일식　　부분일식

일식은 크게 '**개기일식**', '**금환일식**', '**부분일식**'의 세 가지로 나뉩니다(그림3-19-1).

개기일식과 금환일식 모두 태양과 달이 딱 겹쳐졌을 때 일어나는 현상입니다. 그렇다면 **이 두 가지 현상이 일어날 때의 차이**는 무엇일까요.

기본적으로 태양과 달은 지구에서는 거의 같은 크기로 보입니다.

태양은 달보다 약 400배 크지만 약 400배 멀리 떨어진 거리에 있기 때문이죠.

하지만 엄밀히 따지자면 그림 3-19-2와 같이 달과 지구와의 거리는 제법 변하고 있습니다. 물론 달은 지구와 가까이 있을 때 더 크게 보입니다.

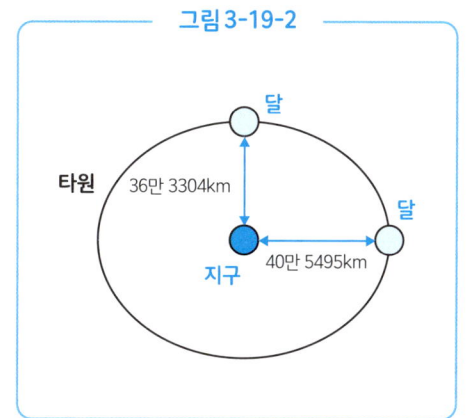

달이 크게 보일 때와 작게 보일 때는 약 14% 정도 크기의 차이가 있습니다. 최근에는 달이 크게 보일 때의 보름달은 슈퍼 문이라고 불리며 화제가 되기도 합니다.

이처럼 지구에서 본 달의 크기가 크게 변하기 때문에 일식이 일어났을 때 달이 태양보다 크게 보인다면 개기일식, 태양이 더 크게 보인다면 금환일식이 됩니다.

최근, 그리고 앞으로의 일본에서 관찰할 수 있는 개기일식·금환일식은 그림3-19-3의 표와 같이 일어나게 됩니다. 매우 보기 드문 현상이니 꼭 관찰해보시길 바랍니다.

그림 3-19-3*

연월일	개기/금환	일본에서 볼 수 있는 장소
2009년 7월 22일	개기	도카라 열도, 아마미 제도의 일부 유황도
2012년 5월 21일	금환	아마미 제도, 규슈 남부, 시코쿠·혼슈 태평양 연안
2030년 6월 1일	금환	홋카이도 거의 전 지역
2035년 9월 2일	개기	호쿠리쿠~간토 북부
2041년 10월 25일	금환	호쿠리쿠~도카이
2042년 4월 20일	개기	도리시마
2063년 8월 24일	개기	홋카이도 남부, 아오모리현
2070년 4월 11일	개기	오키나와 근해~오가사와라 제도 근해

부분일식은 태양의 일부가 달에 가려져 보이는 현상입니다. 개기일식이나 금환일식이 일어날 때에는 그 주변의 장소에서 부분일식을 볼 수 있습니다.

그럼 일식이 일어나는 원리에 대해 알아보겠습니다.

일식은 그림3-19-4와 같이 태양·달·지구가 일직선으로 늘어섰을 때 일어납니다.

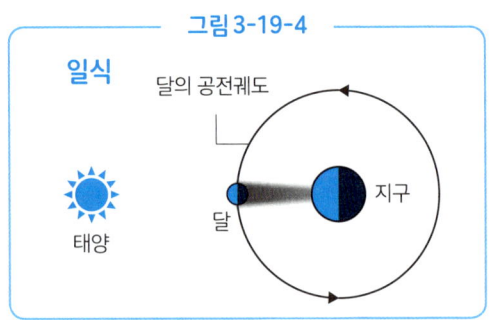

그림 3-19-4

* 한반도에서 관측할 수 있는 가장 빠른 개기일식은 2035년 9월 2일 오전 9시 40분쯤으로, 강원도 고성군에서 관측할 수 있다. 금환일식은 2041년 10월 25일 한반도에서 관측할 수 있지만, 2035년 개기일식보다 궤적이 더 북쪽이라 사실상 국내 관측이 더 어려울 것으로 보인다.-옮긴이

이 그림을 보면 달은 약 1개월 동안 지구를 1바퀴 돌기 때문에 매달 일식이 일어날 것 같습니다. 하지만 실제로 지구의 공전궤도에 대해 달의 공전궤도는 약 5° 기울어져 있기 때문에 태양·달·지구가 일직선상에 늘어서는 경우는 좀처럼 일어나지 않습니다(그림3-19-5)

그림 3-19-5

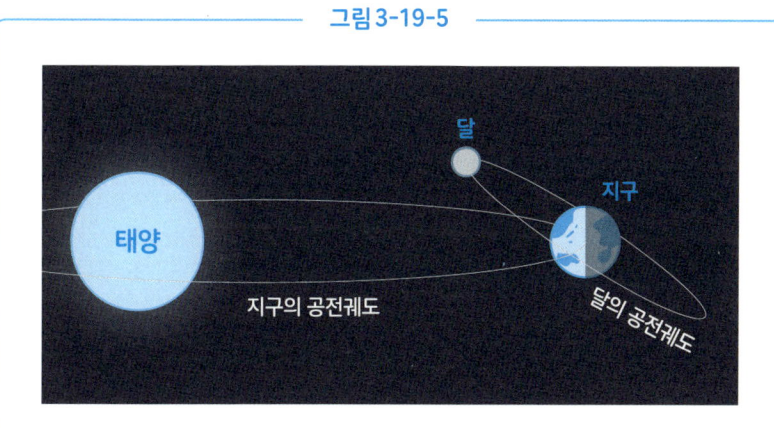

월식은 지구의 그림자에 달이 들어가는 현상입니다. 달 전체가 가려지는 경우를 개기월식, 달의 일부분이 가려지는 경우를 부분월식이라고 부릅니다. 월식은 태양·지구·달이 일직선으로 늘어섰을 때 발생합니다.

그림 3-19-6

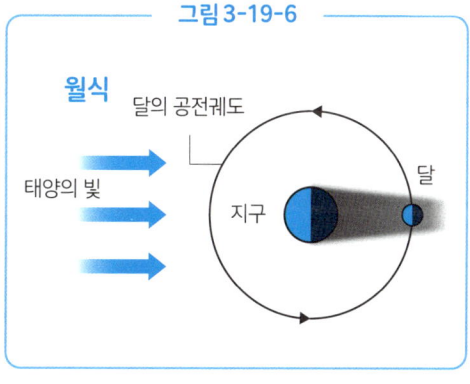

개기월식이 일어나면 지구의 그림자에 달이 들어가기 때문에 달이 보이지 않게 될 것 같지만, 실제로는 달이 **붉게 빛나는 것처럼 보입니다**.

태양의 빛이 지구의 대기를 통과할 때, 파란 빛은 공기 입자로 인해 산란해버립니다. 하지만 붉은 빛은 공기 입자의 영향을 덜 받으므로, 빛이 약해지긴 하지만 통과할 수 있기 때문입니다.

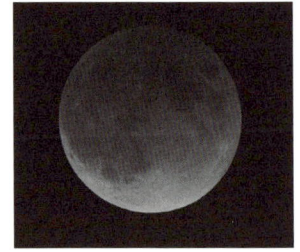

개기월식

그림 3-19-7

또한 지구의 대기를 통과한 붉은 빛은 대기에 약간 굴절하기 때문에 지구를 돌아 들어가서 달을 비춥니다. 따라서 개기월식이 일어나면 달이 붉게 보이는 것입니다.

지구상에서 일어나는 일식과 월식의 횟수는 일식이 더 많지만 일식은 일부 지역에서밖에 볼 수가 없습니다. 한편 월식의 경우, 달이 보인다면 어느 지역에 살고 있더라도 볼 수 있으므로 같은 장소에 계속 살고 있을 경우에는 월식이 더 관찰할 기회가 많습니다.

일식이나 월식은 귀중한 기회입니다. 꼭 관찰할 수 있는 곳을 찾아가보기 바랍니다.

금성이 보이는 때는 아침 혹은 저녁뿐? 그 이유는?

―― 금성이 보이는 방식

3학년

저녁에 유달리 빛나는 별을 발견한 경험은 누구나 있을 텐데요. 이 저녁별의 정체는 대부분 **금성**입니다. 사실 금성은 아침이나 저녁에 볼 수는 있어도 **밤중에는 볼 수가 없습니다.**

어째서 이런 일이 일어나는 것일까요. 이번에는 우리 주변의 행성 중 하나인 금성의 신비에 대해 알아보도록 하겠습니다.

금성은 지구보다 안쪽을 공전하고 있습니다. 따라서 지구와의 위치관계는 그림3-20-1과 같아집니다.

이때 한밤중·새벽녘·저녁, 각각의 시간에 금성과 우리의 위치관계를 살펴보겠습니다.

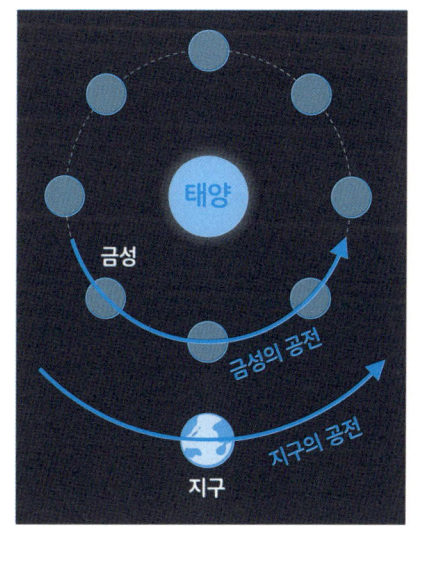

그림 3-20-1

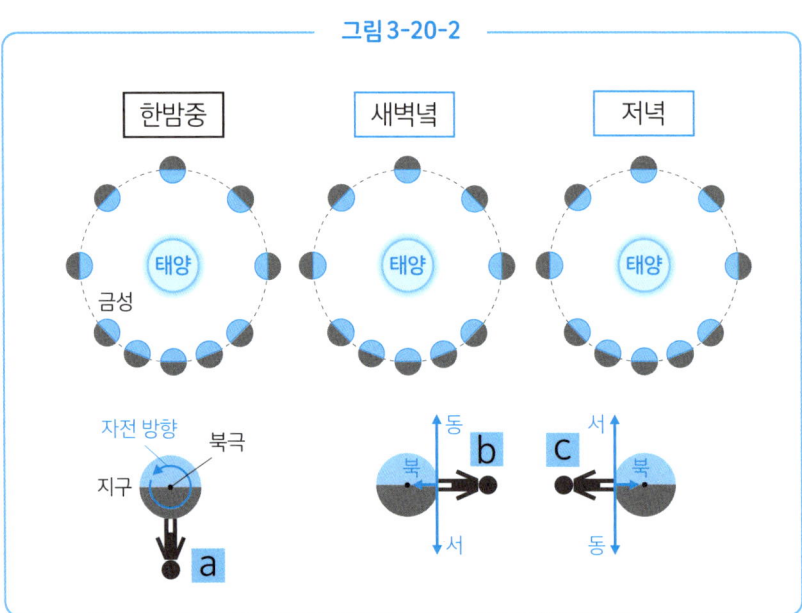

그림3-20-2에서 위치 a를 봐주세요. 이는 우리가 한밤중일 때를 나타내고 있습니다. **한밤중은 태양 반대편에 위치한 곳**이죠. 한밤중에는 지구에서 금성을 볼 수가 없습니다. 이는 금성이 지구보다도 안쪽을 공전하고 있기 때문입니다. 그림3-20-3의 화성처럼 지구 바깥쪽을 공전하는 행성은 한밤중에 볼 수가 있지만, 안쪽을 공전하는 금성을 한밤중에 보기란 불가능한 일이죠.

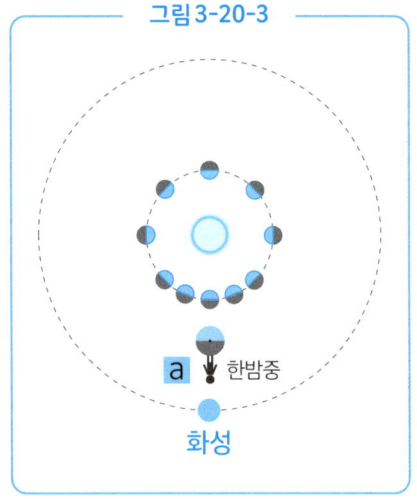

이어서 그림3-20-2의 새벽녘(b)일 때를 알아보겠습니다. 새벽녘이란 밤에서 낮으로

바뀌는 장소입니다. 지구를 북극 쪽에서 보았을 때, 시계 반대 방향으로 자전하고 있으므로 b의 위치가 밤에서 낮으로 바뀌는 장소, 즉 새벽녘이 됩니다.

b의 위치에 있을 때, **북극이 있는 방향이 북쪽**이므로, 금성은 동쪽 하늘에서 볼 수 있게 됩니다.

새벽녘 동쪽 하늘에 금성이 보일 때는 그림3-20-4에서 G~J의 위치에 금성이 있을 때뿐입니다. 그 외의 위치에 있을 때는 새벽녘 동쪽 하늘이라 해도 금성을 볼 수 없습니다.

B~E의 위치에 금성이 있을 때는 금성이 지평선 아래에 있기 때문에 볼 수가 없습니다.

또한 A의 위치에 있을 때는 태양의 뒤쪽이기 때문에 볼 수 없으며, F의 위치에 있을 때는 태양에 비추어지는 부분이 보이지 않기 때문에 관찰할 수 없는 것입니다.

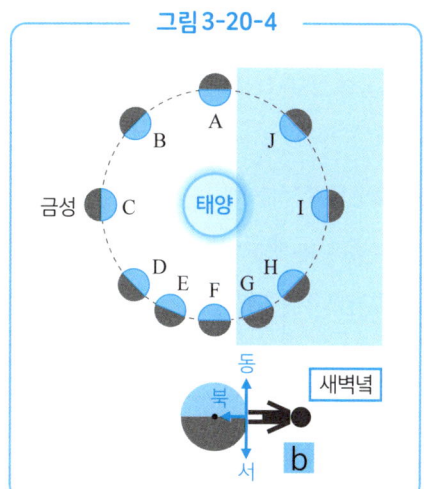

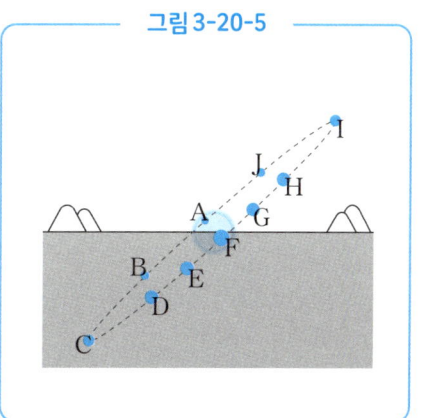

그림3-20-2의 저녁(c)일 때는 어떨까요. 금성이 저녁에 보일 때는 반드시 서쪽 하늘에서 볼 수 있습니다.

금성이 서쪽 하늘에 보일 때는 B~E의 위치에 있을 때뿐입니다. 그 외의 위치에 있을 때는 저녁 서쪽 하늘이라 하더라도 금성은 볼 수가 없으므로 주의하시기 바랍니다.

금성이 동쪽 하늘에 보이는 기간과 서쪽 하늘에 보이는 기간은 약 9~10개월마다 반복됩니다.

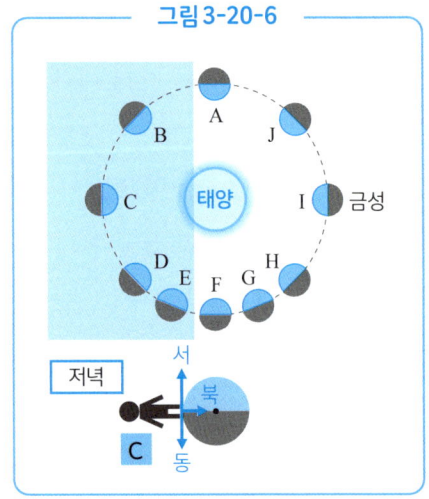

마지막으로, 금성이 각각의 위치에 있을 때 지구에서 보이는 형태를 확인해보도록 합시다(그림3-20-7·8).

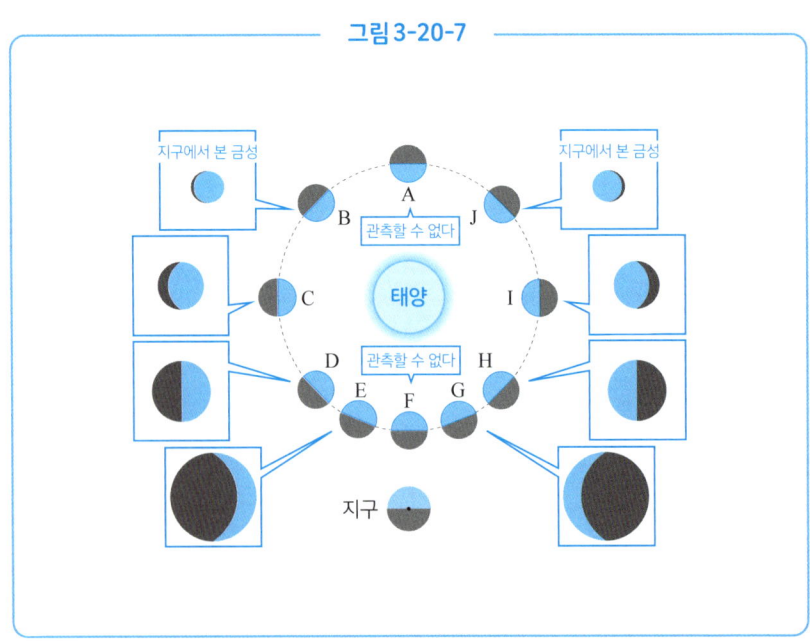

금성은 달과 마찬가지로 태양에서 빛을 받는 부분이 빛나고 있습니다. 따라서 B~E, G~J의 위치에 있을 때, 지구에서 본 금성은 각각의 사각 틀 안의 모습처럼 보이게 됩니다(그림3-20-7).

그림의 D와 H의 위치에 있을 때, 지구에서는 정확히 절반이 태양빛에 비추어져 보입니다. 또한 A와 F의 위치에 있을 때는 지구에서 볼 수 없죠.

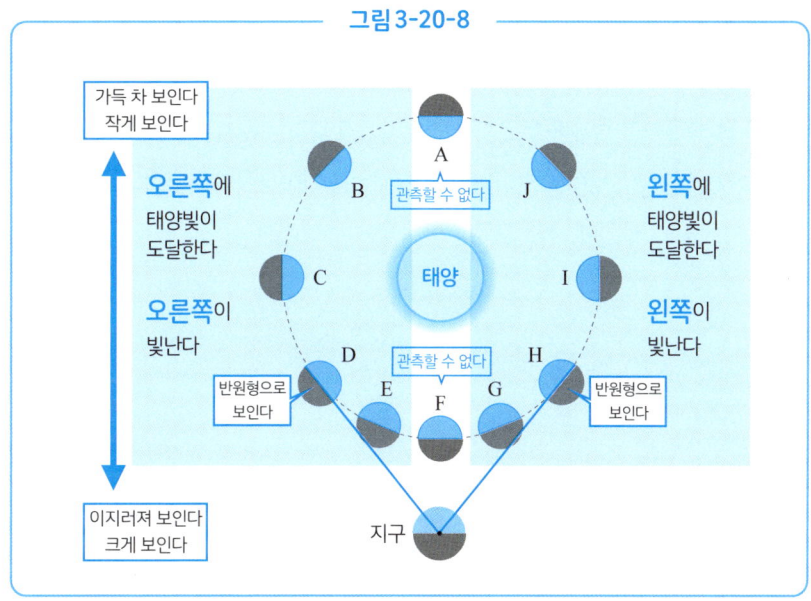

그림 3-20-8

이처럼 금성은 달과 마찬가지로 차고 이지러진 모습을 볼 수 있습니다(맨눈으로 위상 변화를 확인하기란 어렵지만요). 금성은 지구와의 거리가 크게 변한다는 점이 달과의 큰 차이점입니다. 달은 지구 주변을 공전하고 있기 때문에 지구와의 거리는 다른 행성에 비해 크게 변하지 않죠.

금성은 지구와의 거리가 크게 변하기 때문에 위상 변화와 동시에 크기가 다르게 보입니다. 그림3-20-7을 보면 지구와 가까울 때 금성의 전체적인 크기가 크게 보인다는 사실을 알 수 있습니다.

이것을 발견한 사람은 갈릴레오 갈릴레이입니다. 갈릴레이는 직접 제작한 망원경으로 금성을 관찰하는 과정에서 금성의 위상 변화나 크기의 변화를 확인했습니다. 당시는 천동설이라 해서 '지구를 중심으로 천체가 움직인다'라는 사고방식을 믿는 사람이 많았지만, 갈릴레이의 발견은 '태양을 중심으로 천체가 움직인다'라는 지동설을 유력하게 만들어준 증거가 되었습니다.

금성은 예부터 지금 현재에 이르기까지 우리에게 다양한 메시지를 던져주는 천체입니다. 저녁에 금성이 보이는 시기에는 꼭 저녁별을 찾아보시기 바랍니다.

제4장

물리

4-1  빛의 신비 - 사물이 보이는 원리란?

1 학년

―― 빛과 물체가 보이는 방식

지금부터는 '**빛**'에 대해 알아보도록 하겠습니다. 사람이 오감을 통해 얻는 정보 중에서 시각은 상당한 비율을 차지하고 있습니다. 우리의 삶과 빛은 떼려야 뗄 수 없는 관계를 이루고 있죠. 이번에는 우리가 느끼는 빛에 대해 자세히 설명해보겠습니다.

애당초 빛이란 무엇일까요. 빛이란 전자파의 일종입니다. 전자파에는 전파·적외선·가시광선·자외선·X선 등이 있습니다.

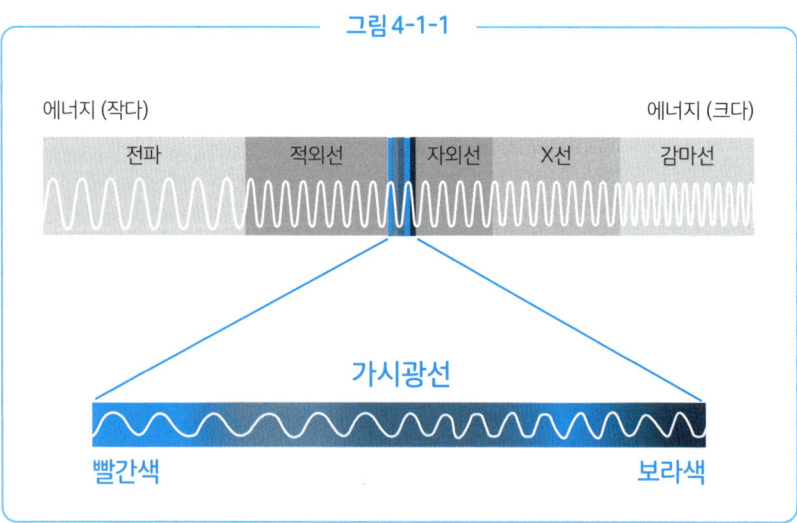

그림 4-1-1

이 전자파들은 파장(마루와 마루 사이의 거리)의 차이에 따라 각각 구별됩니다. 그림에서 오른쪽으로 갈수록 파장이 짧고, 에너지가 커집니다.

그리고 전자파 중에서 사람이 눈으로 감지할 수 있는 영역을 **가시광선**이라고 합니다. 인간이 감지할 수 있는 가장 파장이 긴(에너지가 작은) 전자파는 빨간색입니다. 빨간색보다 파장이 길어져버리면 인간은 감지할 수 없게 되고 맙니다. 이것을 적외선(赤外線)이라고 합니다. 이름에서 알 수 있듯이 **빨간색 바깥쪽의 선**을 뜻하죠.

반대로 인간이 감지할 수 있는 가장 파장이 짧은(에너지가 큰) 전자파는 보라색입니다. 보라색보다 파장이 짧아져버렸을 경우 역시 인간은 감지할 수 없습니다. 이것을 자외선(紫外線)이라고 합니다. 자외선은 에너지가 크기 때문에 지나치게 많이 쬐지 않게끔 주의해야 합니다. 이처럼 빛이란 전자파 중에서 인간이 감지할 수 있는 영역을 가리킵니다.

이어서 우리가 빛을 감지하는 원리를 정리해보겠습니다. 빛을 감지하는 방식(보이는 방식)에는 두 종류가 있습니다. ①광원이 내뿜은 빛이 직접 눈으로 들어와 감지하는 방식, ②광원이 내뿜은 빛이 물체에 부딪혀서 튕겨 나오면 그 빛을 감지하는 방식, 이렇게 두 종류입니다.

우선 ①광원이 내뿜은 빛을 직접 감지하는 경우를 알아보겠습니다. **광원**이란 스스로 빛을 내뿜는 물체를 말합니다. 태양·전구·텔레비전·스마트폰 등이 대표적인 예입니다. 광원이 내뿜은 빛을 감지할 경우, 이때는 물체가 직접 빛을 내뿜고 있으므로 어두컴컴한 상태에서도 볼 수 있습니다. 한밤중에 어두운 방 안에서도 스마트폰은 볼 수 있듯이 말이죠.

광원 중에서도 텔레비전이나 스마트폰은 빨강·초록·파랑의 세 종류 빛을 내뿜습니다. 이 세 종류 빛이 섞이면 사람은 흰색으로 인식하며(그림4-1-3), 이 세 종류 빛의 강약을 이용해 다양한 색깔을 표현합니다.

태양빛 또한 흰색으로 보이지요(엄밀히 말하자면 대기의 영향에 따라 색깔에는 차이가 납니다). 태양빛은 빨강부터 파랑까지 다양한 색의 빛이 섞여 있기 때문에 흰색으로 보이는 것입니다.

이를 확인하기 위해 태양빛을 프리즘이라는 장치로 분해해봅시다. 그러면 '일곱 빛깔 무지개'라고 표현할 수 있을 정도로 다양한 색을 관찰할 수 있습니다(그림4-1-4).

이처럼 많은 색이 섞여 있기 때문에 태양은 하얗게 보이는 것입니다.

텔레비전, 스마트폰이나 태양이나, 모든 색깔이 겹쳐지면 흰색으로 보인다는 점을 잘 기억해두도록 합시다. 다음은 ②광원에서 내뿜은 빛이 물체에 부딪혀서 튕겨 나와 눈에 도달한 빛을 감지하는 방식에 대해 알아보겠습니다.

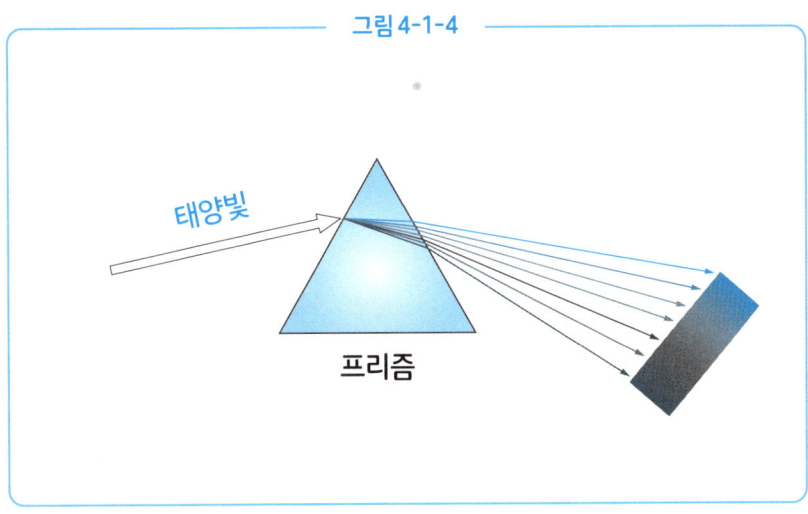

그림 4-1-4

그림4-1-5에서 ②는 물체 그 자체가 빛나는 것이 아니라 반사된 빛을 보는 경우입니다. 이 경우, 어두컴컴한 상태에서는 물체를 볼 수 없습니다. 다른 물체가 내뿜는 빛이 반사되지 않으면 볼 수가 없기 때문이죠. 사진이나 책, 사과 등이 대표적인 예입니다.

밤에 흰색 형광등을 켜면 방은 다양한 색으로 물듭니다. 냉정하게 생각해보면 흰색 형광등 하나에 방이 다양한 색깔로 물든다니, 신기한 일이죠. 하지만 앞서 확인했듯이 흰색에는 다양한 색깔이 포함되어 있기 때문에 이 같은 현상이 일어나는 것입니다.

그림 4-1-5 · 반사된 빛을 감지

물체는 각각 무슨 색깔의 빛을 흡수하고 무슨 색깔의 빛을 반사하는지가 정해져 있습니다. 이를테면 사과는 형광등에 포함된 다양한 색깔 중에서 빨간색 이외의 색깔을 흡수하고 빨간색만을 반사합니다. 그래서 우리는 사과를 빨간색으로 인식하는 것이죠.

이처럼 물체에 색깔이 입혀진 것이 아니라, **물체에 도달한 빛 안에 색깔이 포함되어 있다**는 사실이 중요한 포인트입니다. 흰색 빛에는 다양한 색깔이 포함되어 있기 때문에, 그 물체가 무슨 색을 반사하는지에 따라 방은 알록달록한 색깔을 띠는 것입니다.

여기서 질문입니다. 어두컴컴한 상태에서 사과에 초록색 빛만을 쪼인다면 무슨 색으로 보일까요. 정답은 검은색입니다. 사과는 빨간색 이외의 빛은 반사하지 않으니, 초록색 빛을 쪼인다 하더라도 흡수해버리기 때문이죠. 따라서 검은색으로 보이게 됩니다.

이것이 사람이 빛을 감지하는 원리입니다. 빛이란 전자파의 일종으로, 사람이 감지할 수 있는 빛이 있다는 사실, 빛이 보이는 방식에는 ①광원이 내뿜은 빛을 직접 감지하는 방식, ②광원에서 출발해 물체에 부딪혀서 반사된 후, 눈에 도달한 빛을 감지하는 방식의 두 종류가 있다는 사실, 흰색 빛에는 다양한 색깔의 빛이 포함되어 있다는 사실 등, 갖가지 새로운 사실을 알게 되었을 것입니다.

부디 이러한 원리를 이해한 다음에 방 안이나 바깥을 둘러보세요. 다양한 것을 발견하게 될 테니까요.

4-2 빛의 굴절 - 사물이 휘어져 보이는 이유

`1학년`

―― 빛의 굴절

빛이 보이는 방식에 이어서 이번에는 빛의 굴절에 대해 설명하겠습니다. 우리 주변에서 볼 수 있는 신비한 현상이 어떤 원리인지 알아봅시다.

빛은 기본적으로 곧게 나아간다는 성질이 있습니다. 이를 **빛의 직진**이라고 합니다.

그림 4-2-1 · 빛의 직진

하지만 동시에 **빛은 다른 물질 사이**를 지날 때, 그 경계에서 휘어진다는 성질도 갖고 있습니다. 이것이 **빛의 굴절**입니다.

그림4-2-2를 봐주세요. 이것이 빛의 굴절입니다. 빛의 굴절이 일어나는 우리 주변의

현상으로는 빛이 공기 중에서 물속(혹은 유리 속)으로 나아갈 때를 꼽을 수 있습니다. 이때 빛이 공기 중과 물속의 **경계에서 굴절**되는 모습에 주목하기 바랍니다.

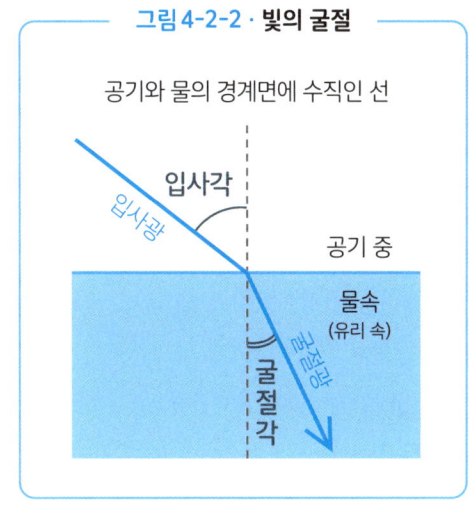

그림 4-2-2 · 빛의 굴절

물속을 향해 들어가는 빛을 **입사광**, 굴절된 이후의 빛을 **굴절광**이라고 합니다. 또한 **입사광**과 경계면에 수직인 선 사이의 각도를 **입사각**, 굴절광과 경계면에 수직인 선 사이의 각도를 **굴절각**이라고 합니다.

빛의 굴절을 이용한 간단하고 재미있는 실험을 소개하겠습니다. 밥그릇에 넣은 동전이 물을 넣으면 떠오르는 것처럼 보이는 실험입니다(오른쪽 QR 동영상 참조).

어째서 이런 일이 일어나는 것일까요. 이 현상은 빛의 굴절과 관련이 있습니다.

물이 들어 있지 않은 상태에서는 그림4-2-3과 같이 밥그릇의 테두리에 가려져서 동전은 볼 수가 없습니다.

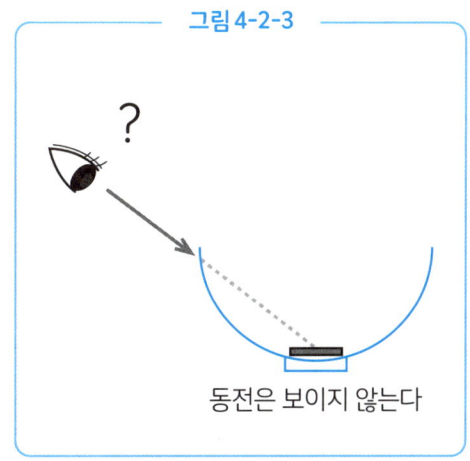

그림 4-2-3

하지만 물을 넣으면 빛의 굴절이 일어나 동전의 빛이 사람의 눈에 도달하게 됩니다.

이때 **사람의 감각으로는 빛이 직진했다고 인식해버리기 때문**에 동전이 떠올랐다고 느끼는 것입니다(물론 실제로는 떠오르지 않았습니다).

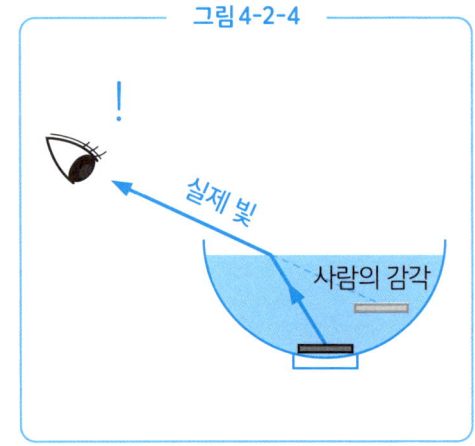

그림 4-2-4

이러한 현상은 컵에 넣은 빨대가 구부러져 보이는 현상이나, 욕조에 들어갔을 때 손가락이 짧게 보이는 현상 등에서도 확인할 수 있습니다.

이처럼 빛의 굴절은 다양한 곳에서 관찰할 수 있습니다. 빛의 굴절을 접했을 때는 어떠한 원인으로 인해 빛이 휘어져 보이는지 꼭 생각해보기 바랍니다.

그림 4-2-5

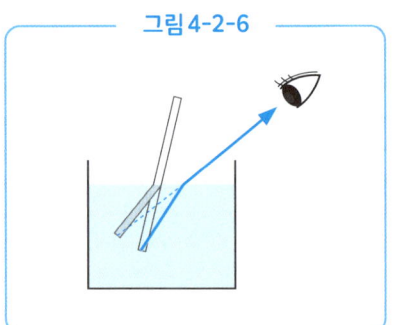

그림 4-2-6

1학년

불꽃놀이의 소리는 왜 늦게 들릴까?

밤하늘에 쏘아올리는 불꽃놀이에 시선을 빼앗긴 경험은 누구에게나 있을 텐데요. 불꽃놀이를 보고 있을 때, 번쩍이고 몇 초 뒤에 소리가 '펑' 하고 울린 적이 있지 않았나요?

어째서 이런 일이 일어날까요. 이번에는 빛과 소리가 자아내는 신비에 대해 설명해 보도록 하겠습니다.

불꽃놀이의 빛과 소리가 어긋나게 관측되는 이유는 이 둘의 **진행 속도가 다르기 때문**입니다.

그림 4-3-1

빛의 속도는 약 **30만km/s**입니다. 's'란 '1초'를 나타내므로 빛의 속도는 1초 동안 약 30만km를 나아갈 정도로 무척이나 빠르다는 사실을 알 수 있습니다. 지구 1바퀴는 약 4만km이므로 1초 동안 지구를 7바퀴 반 돌 수 있는 속도죠.

빛은 전자파의 일종으로, 가장 빠른 속도로 이동합니다. 여러 물체는 빛보다 빠르게 이동할 수 없습니다. 빛에 가까운 속도를 내려 하면 질량이 늘어나버리기 때문이죠. 이 부분은 중학교 수준을 넘어서기 때문에 자세히 설명하지는 않겠지만 관심이 있다면 한번 알아보기 바랍니다.

한편 소리는 공기 중을 약 **340m/s**로 나아갑니다. 시속으로 생각해보면 약 1200km/h로, 이 속도를 마하 1이라 부르기도 합니다. 1초 동안 약 340m 나아가는 속도이므로 우리가 보기에는 무척이나 빠르다고 할 수 있습니다.

하지만 소리의 속도를 빛의 속도와 비교하면 **소리 쪽이 압도적으로 느리다**고 할 수밖에 없죠. 이 속도의 차이가 불꽃놀이에서 빛과 소리의 엇갈림으로 이어지는 것입니다.

불꽃놀이를 1020m 떨어진 곳에서 볼 경우를 예로 들어 생각해봅시다(그림4-3-2). 이때 불꽃놀이에서 뿜어져 나온 빛은 순식간에 관측자에게 도달한다 생각해도 무방합니다.

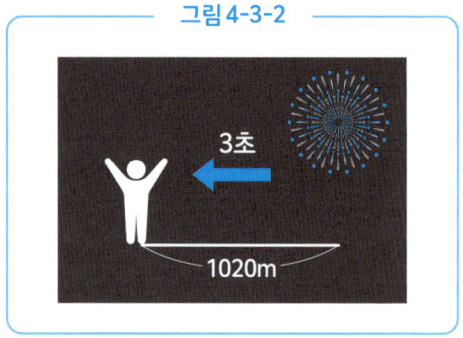

그림 4-3-2

하지만 불꽃놀이가 폭발했을 때의 소리는 약 340m/s의 속도로 나아가기 때문에 관측자에게 도달하기까지는 약 3초가 걸립니다. 이것이 불꽃놀이를 보았을 때 소리가 늦게 들리는 이유입니다.

똑같은 현상은 번개가 쳤을 때에도 일어납니다. 번갯불이 번쩍이고 10초 후에 '우르릉' 하는 소리가 들렸다고 가정하겠습니다. 소리는 10초 동안 약 3400m를 나아가므로 번개가 친 장소는 약 3.4km 떨어져 있음을 알 수 있죠.

이처럼 빛과 소리의 차이에 따라 일어나는 현상은 우리 주변에서 자주 찾아볼 수 있습니다. 참고로 소리의 속도가 약 340m/s라는 것은 어디까지나 공기 중에서 전달될 경우입니다. 물속의 경우 소리의 속도는 약 1500m/s로, 공기 중에서보다 몇 배나 빠른 속도로 전달됩니다. 고래는 500km(서울~부산 정도) 떨어진 장소에서 대화를 나눌 수 있다고 하네요.

빛이나 소리에 관한 신비는 우리 주변의 다양한 장소에서 발견할 수 있습니다. 만약 궁금한 점이 생겼을 때는 도서관이나 인터넷으로 알아보도록 합시다. 지금까지 눈치채지 못했던 것을 발견하게 될 테니까요.

1 학년

힘의 세 가지 작용과 힘의 화살표

── 힘의 작용

지금부터는 '힘'에 대해 설명하겠습니다. 물체에 어떠한 힘이 작용하는지를 상상할 수 있게 된다면 우리 주변의 물체 하나하나를 보는 관점이 달라지게 됩니다. 힘이란 무엇인지를 알아보고 일상에 숨은 새로운 재미를 찾아보도록 합시다.

'힘'이란 어떠한 것일까요. 힘에는 **세 가지 작용**이 있습니다. '①물체의 형태를 바꾼다', '②물체의 움직임을 바꾼다', '③물체를 지탱한다', 이렇게 세 가지입니다.

'①물체의 형태를 바꾸는' 행위로는 '꺾는다·구부린다·깨뜨린다·쪼갠다' 등이 있습니다. '②물체의 움직임을 바꾸는' 행위로는 멈추어 있는 물체를 움직이거나, 움직이는 물체를 멈추는 행위 등을 꼽을 수 있죠. 그 외에도 물체를 가속·감속시키는 경우나 물체가 움직이는 방향을 바꾸는 행위 등도 포함됩니다.

조금 이해하기 어려운 것이 '③물체를 지탱한다'입니다. 중학교 수업에서 힘의 작용에 대해 알아볼 때, 가장 학생들이 머릿속으로 그리기 어려운 것은 이 작용이 아닐까 합니다.

그림4-4-1을 봐주세요. 손으로 물체를 떠받치고 있죠. 이때 손은 물체에 힘을 가하

고 있는 것일까요? 정답은 '가하고 있다'입니다. 물체를 떠받치는 행위는 힘의 작용에 해당합니다. 만약 손이 없다고 가정한다면 물체는 아래로 떨어지고 말겠죠. 손이 물체에 힘을 가하고 있기 때문에 물체는 떨어지지 않는 것입니다.

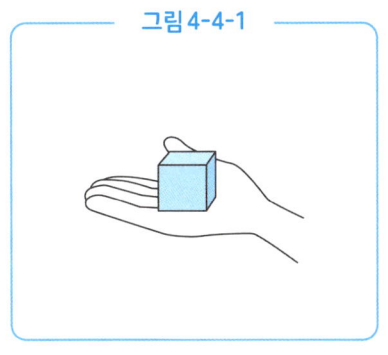

그림 4-4-1

힘은 눈으로 볼 수가 없기 때문에 좀처럼 상상하기 어렵습니다. 만약 **힘을 가시화**할 수 있다면 무척이나 공부하기 쉬울 텐데요. 그래서 생각해낸 것이 힘의 화살표입니다(그림4-4-2).

힘의 화살표는 힘이 가해지는 장소(작용점)를 점으로 나타내고, 힘의 방향과 크기를 화살표로 나타낸 것입니다. 화살표가 길수록 큰 힘이 가해지는 셈입니다.

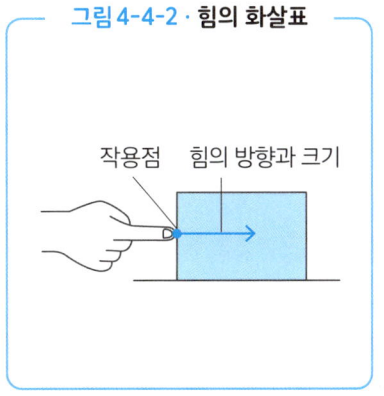

그림 4-4-2 · 힘의 화살표

이를 통해 물체에 어느 정도의 힘이 가해지고 있는지를 직감적으로 파악할 수 있습니다.

힘의 화살표를 나타내는 방식은 **크게 두 종류**로 나눌 수 있습니다. '중력'과 '중력 이외'를 나타내는 방식이죠.

중력을 힘의 화살표로 나타낼 경우에는 **작용점을 물체의 중심에** 그립니다. 또한 중력은 반드시 아래를 향해 작용하므로 화살표는 아래쪽으로 긋습니다. 예를 들어, 책상에 놓인 직사각형의 물체에 작용하는 중력은 그림4-4-3과 같아집니다.

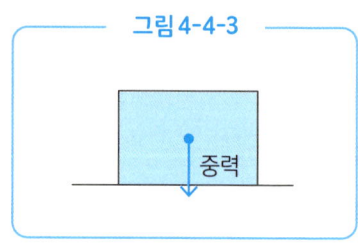

힘의 크기는 'N(뉴턴)'이라는 단위로 나타냅니다. 중학교 과학에서는 **100g의 물체에 작용하는 중력을 1N**이라고 봅니다(고등학교에서 물리를 선택하신 분은 잘 알고 계시겠지만, 엄밀히 말하자면 100g의 물체를 들어 올리는 힘의 크기는 약 0.98N입니다).

참고로 중학교에서 시험을 볼 때면 보통 '화살표의 길이는 1N당 〇cm로 쓰십시오'라고 지정하지만 이 책에서 그런 세세한 부분은 생략하도록 하겠습니다.

이어서 **중력 이외의 힘의 화살표를 그리는 방식**에 대해 알아보겠습니다. 중력 이외의 힘의 예시로는 '미는 힘', '당기는 힘', '떠받치는 힘' 등이 있습니다.

중력 이외의 힘의 화살표를 그릴 때는 **힘을 가하는 쪽과 힘이 가해지는 쪽이 접하는 장소에 작용점**을 찍습니다. 그다음에는 힘의 방향에 따라 화살표를 그리면 끝이죠.

예시로 손가락으로 끈을 당기는 힘의 화살표를 어떻게 그리는지 알아보겠습니다. 이 경우는 손가락과 끈이 접하는 점에 작용점을 찍고, 거기서 왼쪽으로 화살표를 긋는 것이 정답입니다(그림4-4-4).

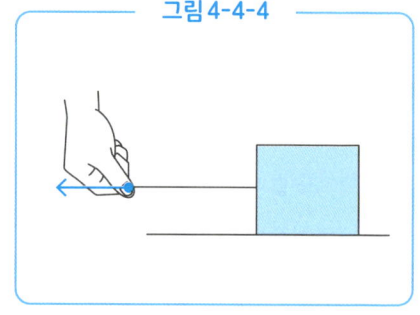

비슷한 문제지만 그림4-4-4처럼 끈이 물체를 당기는 힘을 화살표로 그릴 경우에는

물체와 끈이 접하는 점에 작용점을 찍고, 거기서 왼쪽으로 화살표를 긋는 것이 정답입니다. 무엇이 무엇을 미는지(혹은 당기는지)를 문제에서 읽어낼 수 있다면 간단히 풀 수 있겠죠.

마지막으로 '책상에 놓인 물체를 책상이 떠받치는 힘'의 화살표를 그려봅시다. 정답은 그림4-4-5와 같습니다. 물체와 책상이 맞닿은 부분에 작용점을 찍고, 책상은 물체가 떨어지지 않게끔 지탱하고 있으므로 화살표의 방향은 위를 향하게 됩니다.

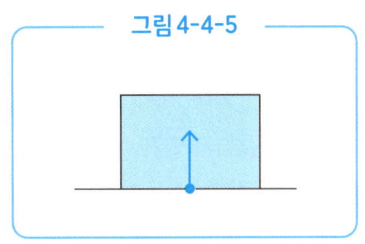

그림 4-4-5

재미있는 점은 책상은 **반드시 물체의 무게와 같은 힘으로 밀어낸다**는 점입니다. 물체에 가해지는 중력이 3N(즉, 물체의 질량이 300g)이라면 책상 역시 3N으로 밀어내고, 중력이 5N(질량이 500g)이라면 책상 역시 5N으로 밀어내는 식이죠. 마치 책상이 살아 있는 것 같네요.

만약 물체에 가해지는 중력이 책상이 물체를 떠받치는 힘보다 크다면 물체는 책상에 박혀버리고 맙니다. 반대로 책상이 물체를 떠받치는 힘이 물체에 가해지는 중력보다 크다면 물체는 떠오르고 말죠. 이들 두 가지 힘이 균형을 이룬 덕분에 물체는 정지해 있을 수 있는 것입니다.

이번에는 힘의 세 가지 작용과 힘의 화살표를 그리는 법에 대해 설명했습니다. 우리의 모든 행동과 힘은 밀접하게 관련이 있습니다. 힘에 대해 배운다면 우리 주변의 물체가 정지해 있다는 사실에서도 신비함을 느낄 수 있답니다.

여러분도 주변에 있는 힘의 작용을 꼭 관찰해보시기 바랍니다.

4-5

힘과 압력의 차이란?
일상생활에서 응용되는 힘

1·3 학년

—— 힘과 압력의 차이

이번에는 '힘과 압력의 차이'에 대해 설명해보도록 하겠습니다. 힘의 작용은 앞서 알아보았는데, 힘과 비슷한 단어로 **압력**이 있습니다. 힘(力)과 압력(壓力), 이 두 단어의 차이는 헷갈리기 쉽기 때문에 차이를 정확히 모르는 분이나 같은 의미라고 생각하는 분도 많을 텐데요. 이번에는 힘과 압력의 차이에 대해 설명하겠습니다.

힘과 압력의 차이를 이해하려면 다음의 경우를 생각해보면 좋습니다. 우선 그림4-5-1과 같이 샤프를 준비해 샤프의 뚜껑 쪽(심의 반대쪽)으로 뺨을 찌르는 모습을 상상해보세요.

그림 4-5-1

아프지 않아!

이 경우, 상당한 세기로 찌르지 않는 한 거의 아프지 않을 것입니다.

다음은 **동일한 힘**으로 샤프의 심 부분으로 뺨을 찌르는 경우를 상상해봅시다. 이 경우는 뚜껑일 때와 **같은**

그림 4-5-2

아파!

힘으로 찔렀다 하더라도 훨씬 아플 것이라는 사실을 상상할 수 있죠.

같은 힘으로 찔렀는데 뚜껑 쪽으로 찔렀을 때와 심 쪽으로 찔렀을 때는 어째서 이렇게 차이가 날까요. 여기에는 압력이 관련되어 있습니다.

압력이란 닿는 부분의 **면적이 작을수록 커지는 힘**을 말합니다. 앞서 이야기한 샤프를 예로 들어 생각해보면, 뚜껑으로 찌를 때는 닿는 부분의 면적이 크고, 심으로 찌를 때는 닿는 부분의 면적이 작죠. 즉, 닿는 면적이 작을수록 압력이 커짐을 알 수 있습니다.

이 힘과 압력의 관계는 일상 속 다양한 상황에서 발견할 수 있습니다.

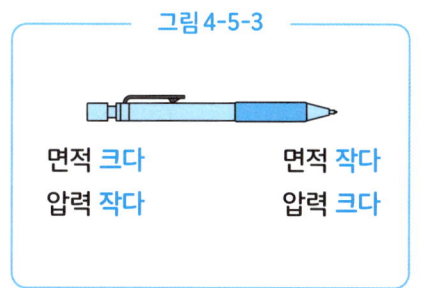

그림 4-5-3

샤프와 비슷한 예로는 압정이 있습니다. 압정은 압력의 차이를 이용한 대표적인 도구죠. 스키나 스노보드의 판 역시 압력을 능숙하게 활용한 사례입니다. 눈과 접하는 면적을 넓혀서 압력을 줄여 눈에 발이 파묻히지 않게끔 한 것이죠.

'압력이란 접하는 면적이 작을수록 커지는 힘'이라는 사실을 이해했나요? 이 압력을 더욱 정확하게 표현하자면 '$1m^2$당 수직으로 작용하는 힘'이 됩니다. 압력을 구하는 방법을 식으로 나타내면 다음과 같습니다.

압력의 단위는 'Pa'라고 쓰고 '파스칼'이라고 읽습니다.

압력(Pa)
(또는 N/m²) = 면에 수직으로 작용하는 힘(N) / 힘이 작용하는 면적(m²)

마지막으로 그림4-5-4의 물체가 면을 누르는 압력을 구해봅시다. 면에 작용하는 힘이 16,000N, 면적이 16m²이므로 압력은 1000Pa가 됩니다.

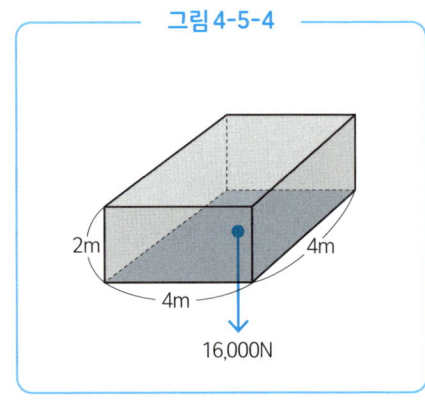

그림 4-5-4

이것이 압력을 구하는 방법입니다. 힘과 압력의 차이는 조금 헷갈리기 쉽지만 정확히 이해한다면 일상생활을 보는 관점이 달라지게 됩니다.

만원 전철에서는 하이힐을 신은 여성에게 발을 밟히지 않도록 충분히 주의하도록 합시다.

1·3 학년

수압과 부력 - 각각의 의미를 정확하게 이해하자

—— 수압과 부력의 차이

앞서 힘과 압력에 대해 알아보았습니다. 하지만 중학교 과학시간에 배우는 힘에는 그 외에도 헷갈리기 쉬운 용어가 있습니다. 바로 '수압'과 '부력'입니다. 이 두 단어는 **전혀 다른 의미**를 갖고 있지만, 모두 물과 깊은 관련이 있는 말이기 때문에 차이를 이해하기란 쉽지 않습니다. 이번에는 수압과 부력, 그 차이에 대해 설명해보도록 하겠습니다.

수압이란 물의 무게에 따른 압력을 말합니다. p.205에서 기압에 대해 설명했죠. 기압이란 대기의 무게에 따른 압력이었습니다. 수압은 기압의 물 버전이라고 생각하면 되겠습니다.

수압을 이해하기 위한 포인트는 두 가지가 있습니다. 하나는 '수압은 다양한 방향으로 작용한다'는 점, 나머지 하나는 '수압은 깊을수록 커진다'는 점입니다.

'수압은 다양한 방향으로 작용한다.' 이를 확인하기 위해 간단한 실험을 해봅시다. 손에 비닐봉투를 씌운 뒤 물속에 넣어보겠습니다(그림4-6-1). 그러면 수압 때문에 비닐봉투가 손에 딱 맞게 달라붙습니다. 이 사실을 통해 수압은 다양한 방향으로 작용한다는 사실을 알 수 있습니다.

수압을 이해하기 위한 두 번째 포인트는 '수압은 깊을수록 커진다'입니다. 기압의 경우도 해발고도가 높아질수록 상공에 있는 공기의 양이 줄어들기 때문에 기압이 작아지죠.

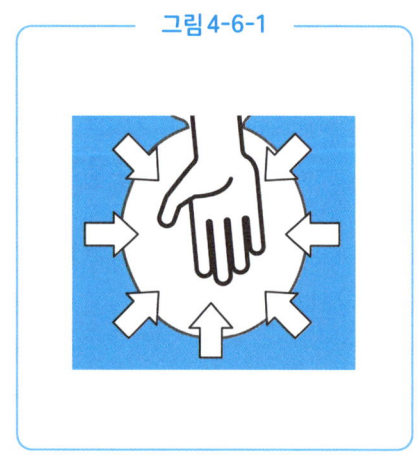

그림 4-6-1

수압 역시 이와 똑같은 원리입니다. 깊어질수록 물체의 위에 있는 물의 양이 많아지므로 수압은 커지게 됩니다.

이러한 수압의 두 가지 특징을 **수압 실험기**라는 기구를 이용해 확인해보도록 합시다. 수압 실험기는 두 면이 고무 막으로 이루어진 기구입니다. 물속에 가라앉히면 고무막이 찌부러지기 때문에 그 모습을 통해 수압의 크기를 알 수 있습니다.

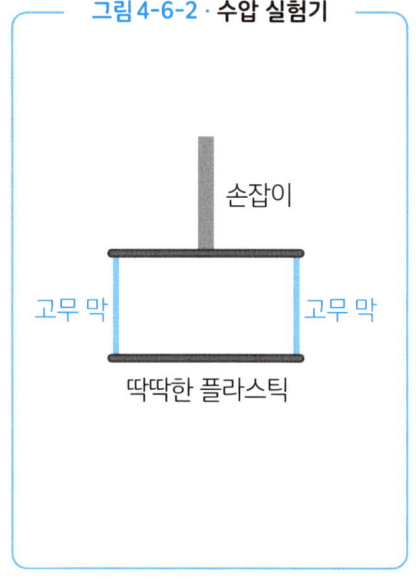

그림 4-6-2 · 수압 실험기

우선 고무 막이 가로로 오게끔 해서 수압 실험기를 '얕은 곳'과 '깊은 곳'에 가라앉혀 봅시다(그림4-6-3).

그러면 깊은 곳에 가라앉힌 쪽이 고무 막이 더 크게 찌부러집니다. 수압은 깊을수록 커진다는 사실을 확인할 수 있죠.

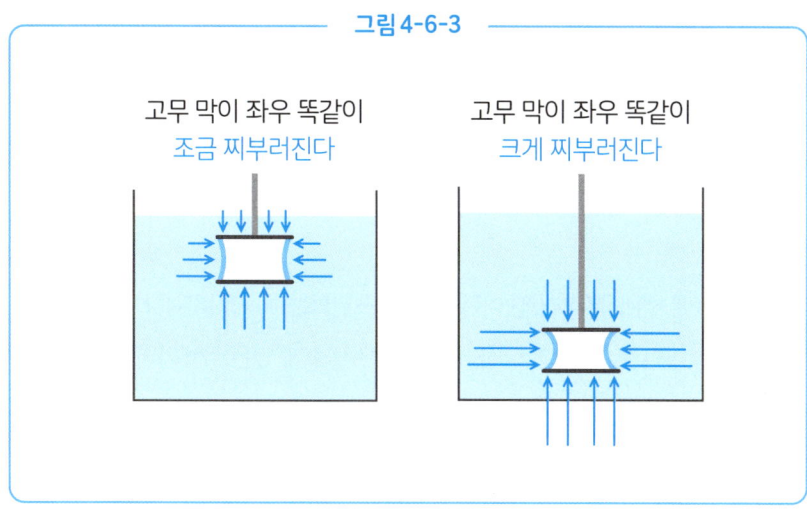

이어서 기구를 세로로 해서 가라앉혀 보겠습니다.

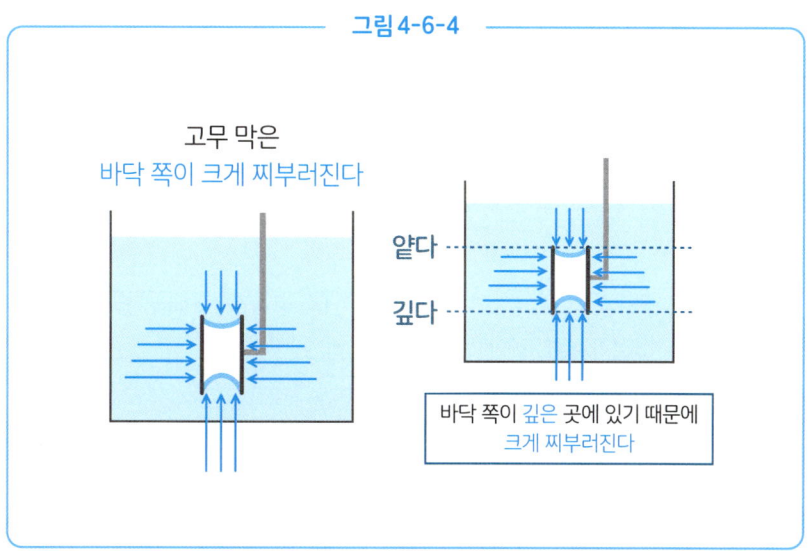

이 경우는 기구의 아래쪽이 크게 찌부러집니다. 이는 **아래쪽이 위쪽보다 깊은 곳에 있기 때문**입니다.

이 실험을 통해 '수압은 다양한 방향으로 작용한다', '수압은 깊을수록 커진다'라는 두 가지 포인트를 확인할 수 있습니다.

확실하게 짚고 넘어가도록 합시다.

다음은 **부력**에 대해 알아보겠습니다. 부력의 포인트는 두 가지입니다. 하나는 '부력은 위로 작용한다'는 점, 나머지 하나는 '부력은 물속에 있는 물체의 부피가 클수록 커진다'는 점입니다.

부력(浮力)은 '뜨는(浮) 힘(力)'이라는 문자 그대로 위쪽으로 작용합니다. 이는 다양한 방향으로 작용하는 수압과는 다른 점입니다. 어째서 부력은 위로 작용할까요.

그림4-6-5를 봐주세요. 이것은 수압을 나타낸 그림으로, 수압은 부력과 깊은 관련이 있습니다. 우선 좌우의 수압에 주목해봅시다.

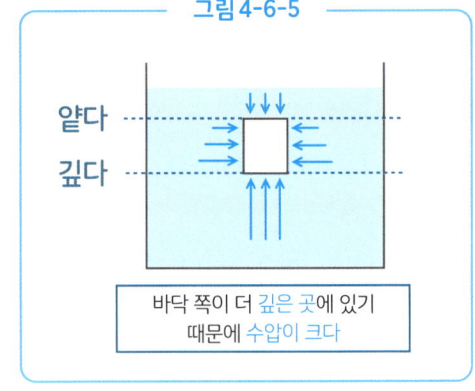

좌우의 수압은 깊이가 동일하기 때문에 동일한 힘이 작용합니다. 물체에 걸리는 수압을 생각했을 때, 좌우의 수압은 동일하므로 ±0이라 생각할 수 있습니다.

한편 위아래로 걸리는 수압을 비교해보면 어떨까요. **아래쪽으로 작용하는 수압보다 위쪽으로 작용하는 수압이 더 커집니다.** 이는 물체의 아랫면이 더 깊은 곳에 있기 때문입니다. 수압은 깊은 곳에 있을수록 커지는 힘이죠.

즉, **위아래의 수압을 합치면** 아래에서 위쪽으로 힘이 작용하게 됩니다(그림4-6-6). 이 힘이 바로 부력입니다. 부력이 반드시 위로 작용하는 데에는 이러한 이유가 있었던 것이죠.

흔히들 부력은 깊을수록 강해진다고 착각을 합니다. 부력은 수압과는 다르게 깊어지더라도 커지지는 않습니다.

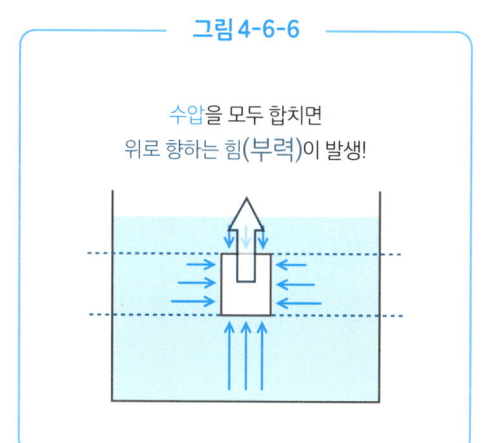

그림 4-6-6

수압을 모두 합치면 위로 향하는 힘(부력)이 발생!

그림4-6-7을 봐주세요. 어디까지나 이미지지만 수압의 차는 어느 위치에서나 200Pa로, 누르는 수압과 밀어 올리는 수압의 차인 부력은 변하지 않습니다.

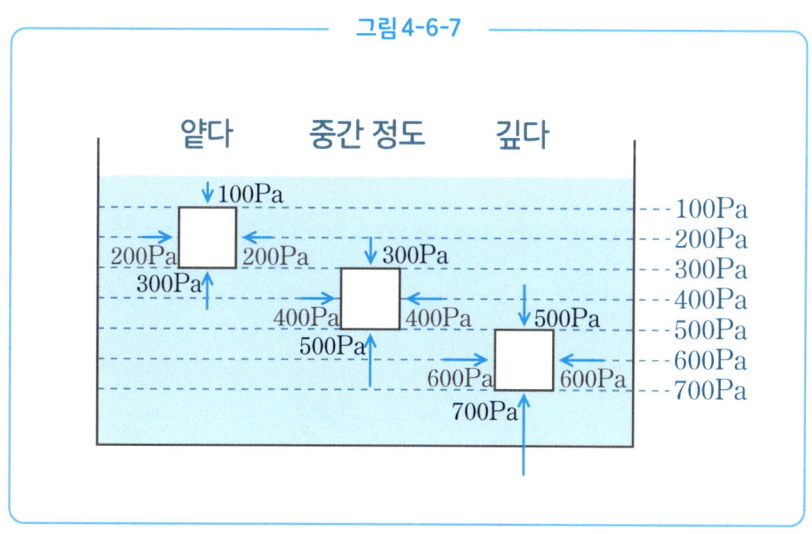

그림 4-6-7

부력의 또 한 가지 포인트인 '부력의 크기는 물속에 있는 물체의 부피가 클수록 커진다'에 대해서도 알아보겠습니다.

부력은 무엇에 따라 변할까요. 바로 **물속에 있는 물체의 부피**에 따라서 정해집니다.

그림4-6-8을 봐주세요. 물속에 가라앉아 있는 부피만큼 부력이 커진다는 사실을 알 수 있습니다. 그리고 물체가 완전히 가라앉으면 그 이상 깊게 내려간다 하더라도 부력은 변하지 않죠.

이것이 수압과 부력의 차이입니다. 비슷한 용어지만 성질은 크게 다르므로 이번 기회에 차이를 이해한 후 바르게 사용하도록 합시다.

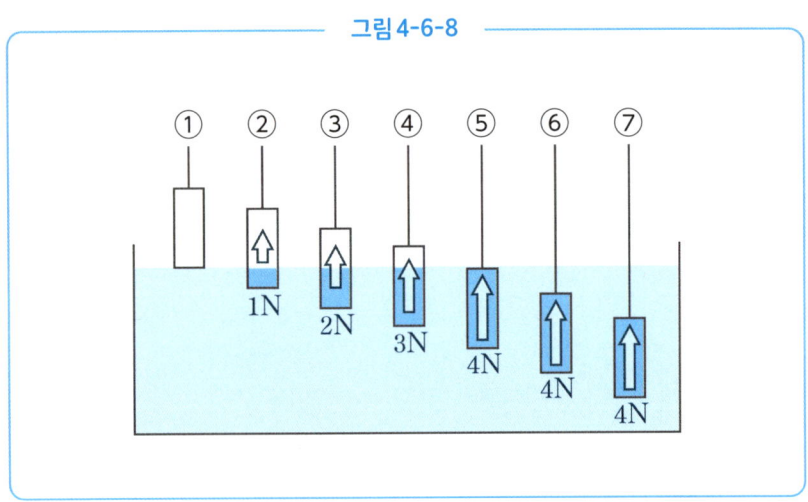

그림 4-6-8

4-7

1학년

무게의 단위는 kg이 아니다?

—— 질량과 무게의 차이

제 4 장

물리

이번 단원에서는 질량과 무게의 차이에 대해 설명해보겠습니다. 질량과 무게, 이 두 가지 용어의 차이는 무척이나 헷갈리기 쉽고 잘못 사용하는 경우도 많으므로, 이번 기회에 각 용어의 의미를 정확히 정리해보도록 합시다.

질량과 무게의 차이를 정리해보면 그림4-7-1의 표와 같습니다.

그림 4-7-1

	질량	무게
의미	물체 자체의 양	물체에 걸리는 중력
단위	(g) (kg)	(N)
특징	장소에 따라 변하지 않는다	장소에 따라 변한다

표만 봐서는 어떤 느낌인지 파악하기 쉽지 않네요. 이번에는 ①지구, ②달, ③우주라는 세 가지 장소를 예로 들어 알아보도록 하겠습니다(그림4-7-2와 그림4-7-3).

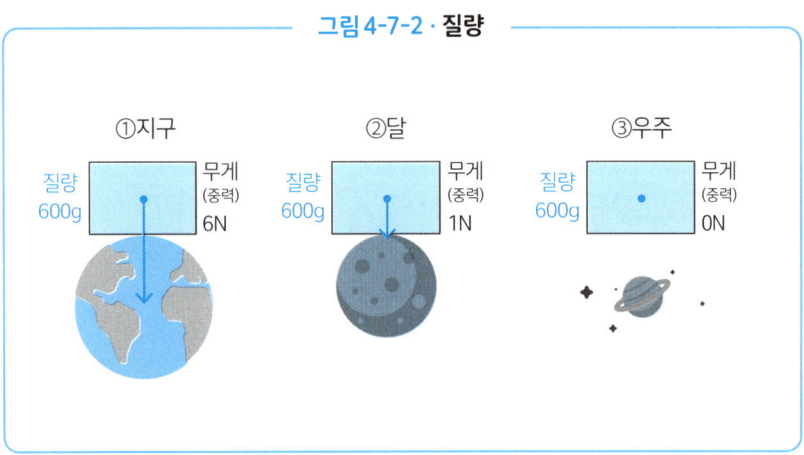

그림 4-7-2 · 질량

질량이란 '물체 자체의 양'을 뜻하는 말로, 단위는 g, kg으로 나타냅니다. 질량이 600g인 물체는 **지구에서든 우주에서든 변함없이 질량 600g**입니다. 우주에 가더라도 물체 자체가 사라지는 것은 아니기 때문입니다.

우주는 무중력(엄밀히 말하자면 우주 공간에서의 우주선 내부가 무중력 상태)이기 때문에 어떤 질량의 물체든 둥실둥실 떠오릅니다. 하지만 우주에서도 질량이 10kg인 물체는 1kg인 물체보다 훨씬 움직이기 어렵습니다. 이처럼 무중력이라 하더라도 물체 자체의 양은 확실하게 존재합니다. 이것이 질량입니다.

한편 **무게**란 '물체에 걸리는 중력'을 뜻하는 말입니다. 즉, **무게란 힘의 크기**를 나타내는 말입니다. 힘을 나타내는 말이므로 무게의 단위는 물론 N입니다. 일상생활에서는 '무게 ○○g'이라는 말을 자주 사용하지만, 정확하게 따지자면 무게의 표현은 ○○N이 됩니다.

다음으로 질량이 600g인 물체의 무게(600g인 물체에 걸리는 중력)를 ①지구, ②달, ③우주의 경우에서 각각 생각해보겠습니다.

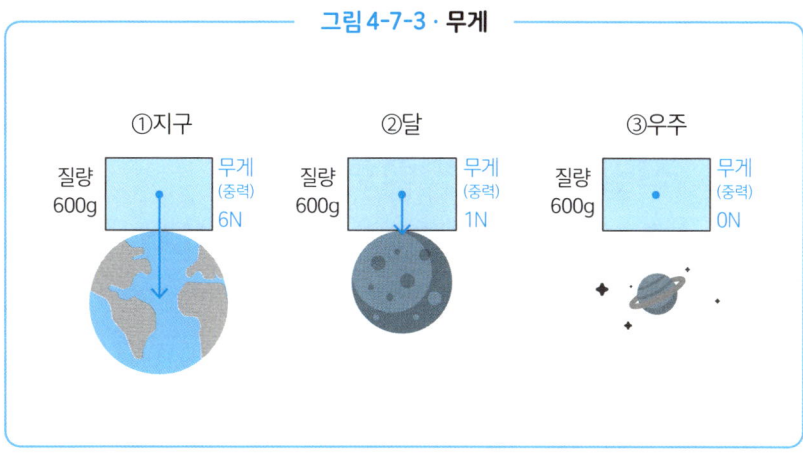

그림 4-7-3 · 무게

질량이 600g인 물체의 무게는 지구상에서는 6N입니다. 중학교 과학에서는 **100g의 물체에 걸리는 중력의 크기를 1N**으로 보기 때문이죠.

그럼 이 물체를 달로 가져가면 무게는 어떻게 될까요. 달의 중력은 지구의 약 6분의 1입니다. 즉, 무게는 1N이 됩니다.

우주공간의 경우는 어떨까요. 우주는 무중력이기 때문에 어떤 질량인 물체든 무게는 0N이 됩니다. 하지만 앞서 말씀드렸듯이 질량은 변하지 않는다는 사실은 짚고 넘어가도록 합시다.

이것이 질량과 무게의 차이입니다. 엄밀하게는 이렇게 나누어 사용한다는 사실을 이해해두도록 합시다.

직렬회로와 병렬회로란? 구분하는 포인트는 단 한 가지

— 회로도를 보는 방식

여기서부터는 중학 과학의 전기 분야에 대해 설명하겠습니다. 전기 분야는 어려워하는 학생이 무척 많은 단원입니다. 하지만 전기는 이미지를 파악할 수만 있다면 간단한 덧셈이나 곱셈만으로도 이해할 수 있습니다.

이번에는 누구나 한 번쯤 들은 적이 있을 '**직렬회로**'와 '**병렬회로**'에 대해 설명하도록 하겠습니다. 이 두 가지 회로를 분간하는 방법은 전기 분야를 이해하는 데 기본 중 기본이지만 두루뭉술하게 이해한 채 넘어가버리는 학생이 많습니다. **구분하는 방법은 무척 간단**하므로, 여기서 확실하게 짚고 넘어가도록 하겠습니다.

우선은 '전기 기호'를 확인하겠습니다. 회로란 그림4-8-1과 같이 전류가 한 바퀴 빙 둘러서 흐르는 길을 말합니다. 하지만 매번 회로를 그림으로

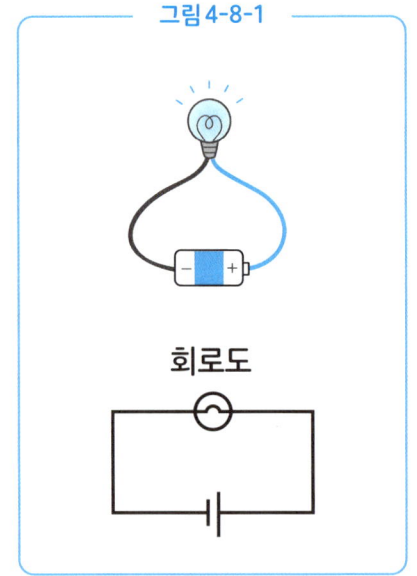

그림 4-8-1

회로도

그리기란 어려운 일이므로 '전기 기호'를 사용해 회로도로 나타냅니다.

그림4-8-2가 중학생이 이용하는 '**전기 기호**'입니다. 회로도는 이 기호들을 사용해서 나타냅니다.

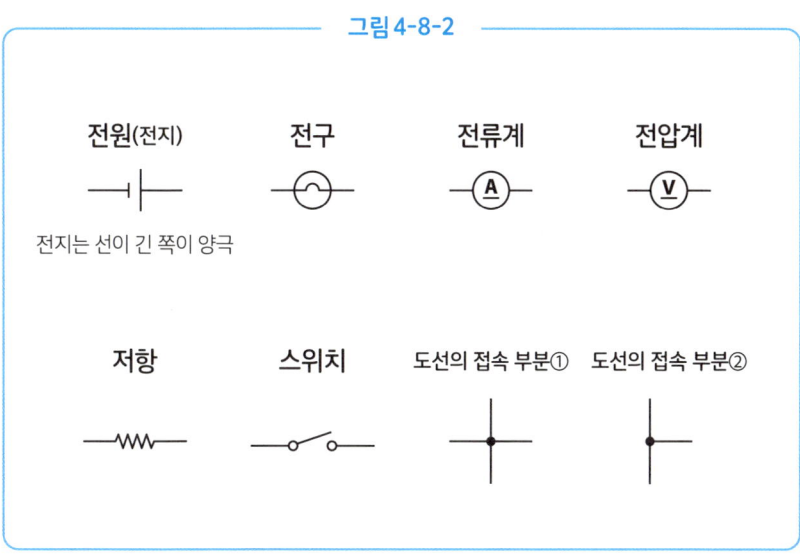

그림 4-8-2

그럼 **직렬회로와 병렬회로의 차이**에 대해 알아보겠습니다. 직렬회로란 '갈림길이 없는 회로'를 말합니다. 그림4-8-3의 회로도를 봐주세요.

이것들은 모두 '직렬회로'입니다. 회로에 따라서는 여러 개의 전지나 전구가 연결되어 있기도 합니다. 하지만 포인트는 '갈림길이 있느냐 없느냐'입니다. 모든 회로에 **갈림길이 없다**는 사실을 알 수 있습니다. 이것이 직렬회로입니다.

이어서 병렬회로에 대해 알아보겠습니다. 병렬회로란 '갈림길이 있는 회로'를 말합니다. 그림4-8-4의 회로도를 봐주세요.

그림 4-8-3 · 직렬회로

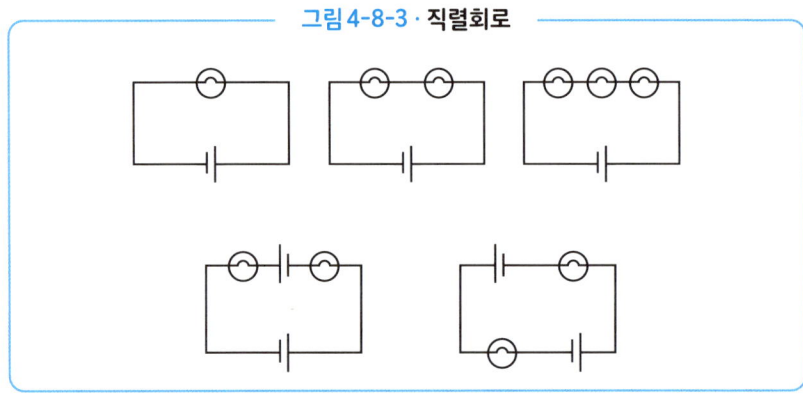

그림 4-8-4 · 병렬회로

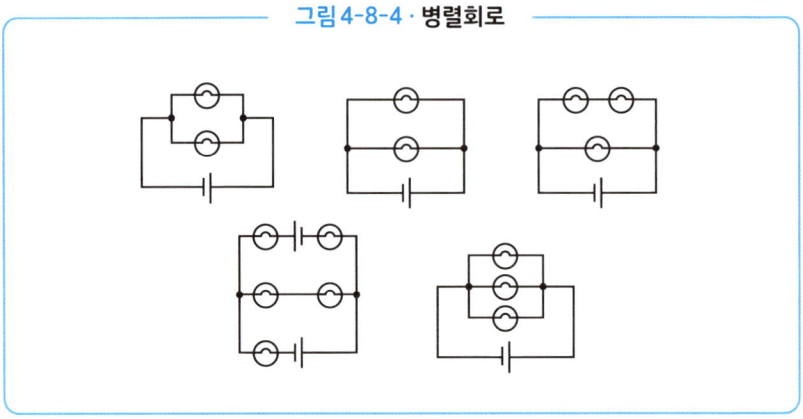

이것들이 병렬회로입니다. 모두 **갈림길이 있는** 회로죠. 전지나 전구의 숫자에 현혹되지 말고 '갈림길이 있느냐 없느냐'로 구분하도록 합시다.

이어서 '**직렬연결**'과 '**병렬연결**'에 대해서도 설명하겠습니다. 직렬연결이란 갈림길이 생기지 않도록 연결하는 것을 말합니다. 병렬연결이란 갈림길이 생기도록 연결하는 것을 말하죠. 한 예로, 그림

그림 4-8-5

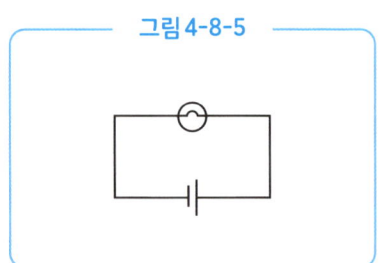

4-8-5의 회로에 전구를 직렬연결·병렬연결로 접속해봅시다.

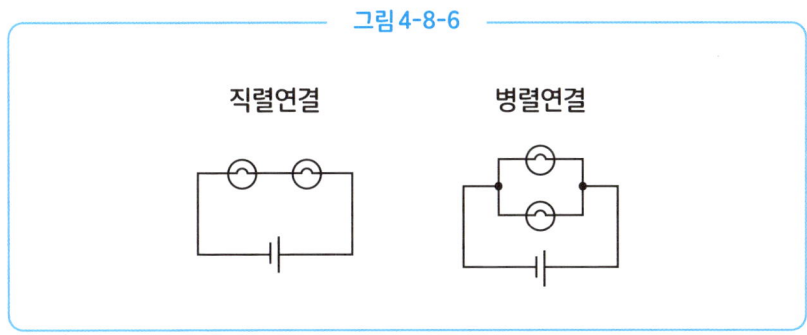

그림 4-8-6

이렇게 됩니다. 직렬연결은 갈림길이 생기지 않게끔, 병렬연결은 갈림길이 생기게끔 연결되어 있습니다. 병렬연결은 그림4-8-7처럼 연결하더라도 상관없습니다. 회로도로 보자면 **그림4-8-6의 오른쪽 그림과 그림4-8-7은 모두 동일한 회로**인 셈입니다. 중학교 과학에서 배우는 회로도의 경우 도선의 길이는 회로도에 전혀 영향을 끼치지 않습니다.

즉, 그림4-8-6의 오른쪽 그림과 그림4-8-7을 비교해보면 모두 전지가 1개, 갈림길이 1개, 갈림길에는 전구가 하나씩 연결되어 있습니다. 따라서 이 두 가지는 완전히 똑같은 회로인 셈입니다.

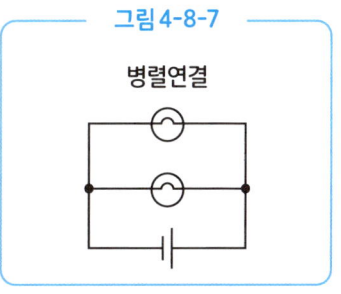

그림 4-8-7

다시 말해 '직렬연결(병렬연결)'이란 연결 방식을 부르는 명칭입니다. '직렬회로(병렬회로)'란 그렇게 연결해서 만들어진 회로의 명칭이죠.

2학년

전류란 무엇일까?
이미지로 간단하게 이해하자!

── 전류란 무엇일까

이어서 **전류**에 대해 설명해보겠습니다. 전기 분야에서는 '전류'나 '전압'과 같이 비슷한 용어가 등장합니다. 이들 용어를 두루뭉술하게 알고 있는 상태에서 넘어갔다간 전기 분야를 이해하기 어렵습니다.

이번에 설명할 전류의 이해에서 중요한 점은 회로 안에서 어떤 일이 벌어지는지를 머릿속으로 떠올리는 것입니다. 여기에 성공한다면 간단히 이해할 수 있습니다.

우선 전류의 **단위**에 대해 설명하겠습니다. 단위란 **숫자의 뒤에 붙는 것**을 말합니다. '10**년**', '10**원**' 등, 단위만 있으면 숫자가 지닌 의미를 이해할 수 있게 됩니다. 반대로 단위를 헷갈리면 의미가 전혀 달라지고 말죠. 단위는 정확하게 기억해두도록 합시다.

전류의 단위로는 'A(암페어)', 'mA(밀리암페어)'를 사용합니다. 1A=1000mA입니다. 1m=1000mm이듯이, **m(밀리)는 1000분의 1이라는 의미**를 갖습니다.

   그렇다면 전류란 무엇인지 알아보도록 하겠습니다. 전류는 쉽게 말해 '회로를 흐르는 전기'를 뜻합니다. 우선 그림4-9-1의 회로도와 그림4-9-2의 가상도를 봐주세요.

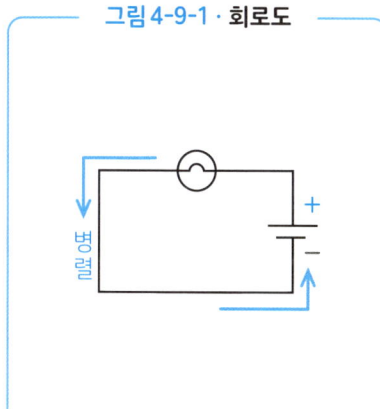

그림 4-9-1 · 회로도

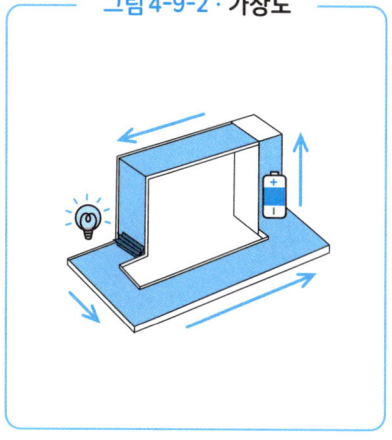

그림 4-9-2 · 가상도

그림4-9-2가 회로를 이미지로 나타낸 가상도입니다. 이번에는 전류에 관한 설명이므로 짚어두어야 할 포인트는 단 하나입니다. 바로 '가상도에서 물처럼 흐르는 것이 전류'라는 사실입니다. 전류란 물의 흐름처럼 **회로를 빙글빙글 돌고 있는 것**이라는 이미지를 갖는 것이 중요합니다.

그림4-9-3을 봐주세요. ①에 3A의 전류가 흐른다고 가정하겠습니다. ②에 흐르는 전류는 어느 정도일까요.

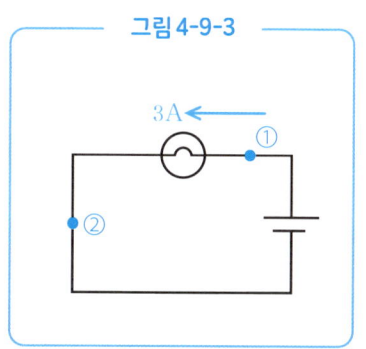

그림 4-9-3

정답은 3A입니다. 그림4-9-4를 봐주세요. 이것은 그림4-9-3의 가상도입니다. ①에서 흐르는 물의 양이 ②에서도 전혀 변하지 않는다는 사실을 확인하시기 바랍니다. **외길을 흐르는 전류의 양은 변하지 않는다**는 것이죠.

즉, 그림4-9-3에서 흐르는 전류는 어느 부분이나 3A입니다. 자주 하는 착각이 '전구를 지나간다면 전류는 줄어들 것이다'라는 생각입니다. **전구를 몇 번 지나더라도 전류는 변하지 않습니다.** 직렬회로에서는 흐르는 전류의 양은 모두 동일합니다. 전구가 2개인 직렬회로도 확인해보시기 바랍니다.

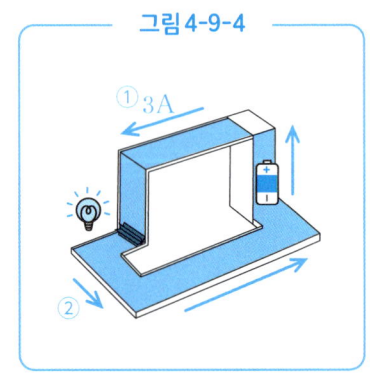

그림 4-9-4

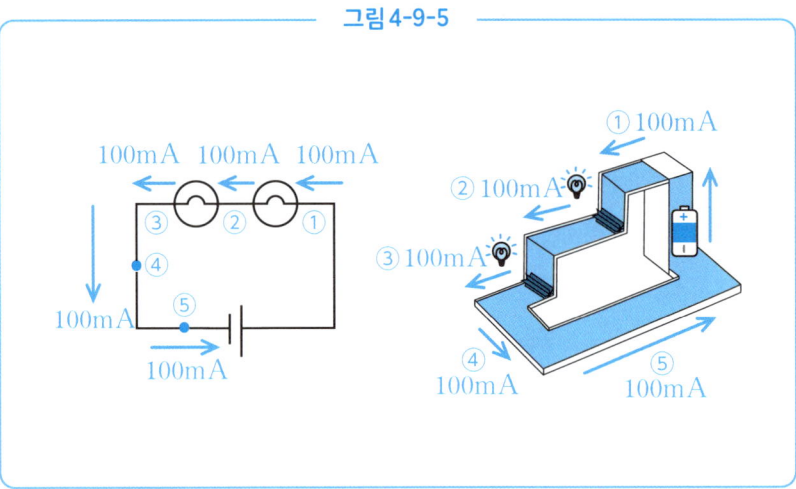

그림 4-9-5

그림4-9-5의 ①을 흐르는 전류가 100mA라면 어느 장소든 100mA가 됩니다. 한 줄기 강을 흐르는 물의 양은 어느 곳이나 같기 때문입니다.

직렬회로에 흐르는 전류를 식으로 나타내면 그림4-9-6과 같습니다.

이 식을 말로 고쳐보면 **'직렬회로에 흐르는 전류는 어디나 같다'**가 됩니다. 겨우 이 정도 내용이지만 교과서에서 느닷없이 이 공식이 등장하면 무작정 어려워하는 학생

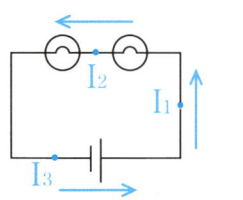

그림 4-9-6 · **직렬회로에 흐르는 전류**

$I_1 = I_2 = I_3$

들도 많습니다. 정확히 짚어두도록 합시다.

이어서 병렬회로를 흐르는 전류에 대해 알아보겠습니다. 어떤 느낌인지만 파악할 수 있다면 덧셈이나 뺄셈만으로 구할 수 있으므로 어렵지 않습니다.

그림4-9-7의 회로를 봐주세요. 이 회로의 I_1에 흐르는 전류는 어느 정도일까요. 정답은 2A입니다. 그 이유를 그림4-9-8의 가상도를 바탕으로 알아보겠습니다.

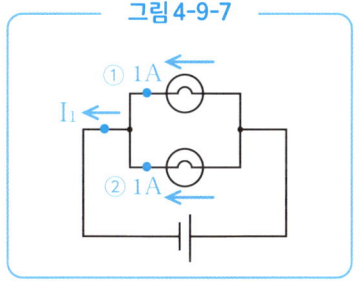

그림 4-9-7

흐르는 물의 양에만 주목하세요.

①, ②는 1A씩 물이 흐르고 있습니다. I_1에서는 두 물줄기가 합류하므로 흐르는 물의 양은 1A+1A이니 2A가 되는 것입니다. **두 갈래의 강물이 하나의 강물로 합류하는** 모습을 상상하는 것이 중요합니다.

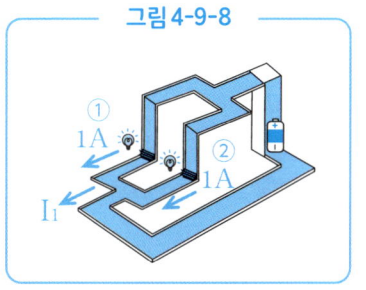

그림 4-9-8

또 한 가지 예를 생각해봅시다. 그림4-9-9의 회로에서 I_1에 흐르는 전류는 어느 정도일까요. 물의 흐름을 상상하면서 생각해보도록 합시다.

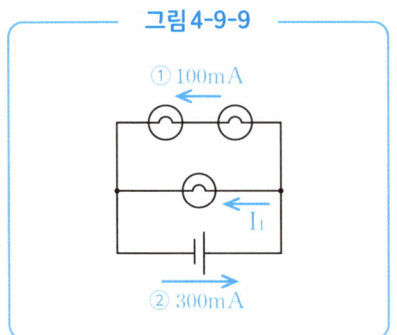

그림 4-9-9

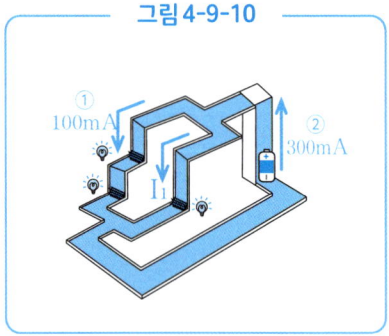

그림 4-9-10

정답은 200mA입니다. ②의 300mA 중에서 100mA가 ① 쪽으로 흐르고 있으므로 남은 200mA가 I_1로 흐른다고 생각하면 되겠습니다.

이를 공식으로 나타내봅시다.

   병렬회로에 흐르는 전류는 그림4-9-11과 같습니다.

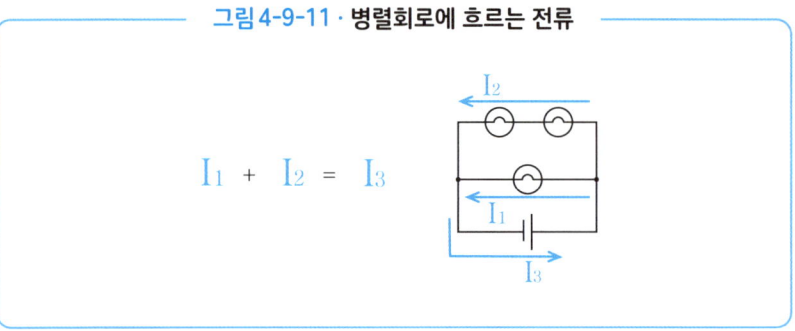

그림 4-9-11 · 병렬회로에 흐르는 전류

$$I_1 + I_2 = I_3$$

합류 전에 흐르는 전류를 합친 것이 합류 후의 전류가 된다는 뜻입니다. 공식과 물이 흐르는 이미지를 합쳐서 이해하는 것이 중요합니다. 이미지를 상상할 수만 있다면 의외로 간단하죠? 이어서 '전압'에 대해 알아보도록 하겠습니다.

2학년

전압을 알면 회로를 알 수 있다!
- 전류와의 차이는 무엇일까?

—— 전압이란 무엇일까

앞서 알아본 전류에 이어서 이번에는 **전압**에 대해 설명하겠습니다. 전류와 전압의 차이는 많은 중학생들이 혼란스러워하는 포인트입니다. 하지만 전류와 마찬가지로 어떤 느낌인지 떠올릴 수만 있다면 이해하기란 어렵지 않습니다.

먼저 전압의 기본 사항을 확인해보겠습니다. 우선은 단위에 대해서입니다. 전압의 단위는 '**V(볼트)**'입니다. 아마 건전지 등에 '1.5V'라고 쓰인 것을 본 적이 있을 것입니다.

그럼 전압(전지)은 어떠한 작용을 할까요. 쉽게 말해 '전압이 전기를 밀어서 전류가 흐른다'라고 상상하면 편합니다.

그림4-10-2와 그림4-10-3을 봐주세요. 사실 전지를 연결하지 않더라도 도선 안에 전기의 근원은 존재하고 있습니다. 여기에 전압을 걸어주면 **전기의 근원이 움직이기 시작하며 전류가 되는** 것이죠. 이 이미지를 떠올리는 것이

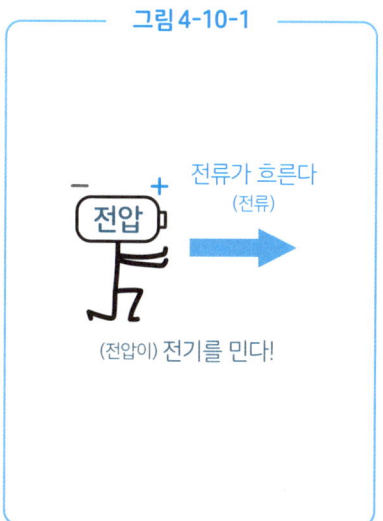

그림 4-10-1

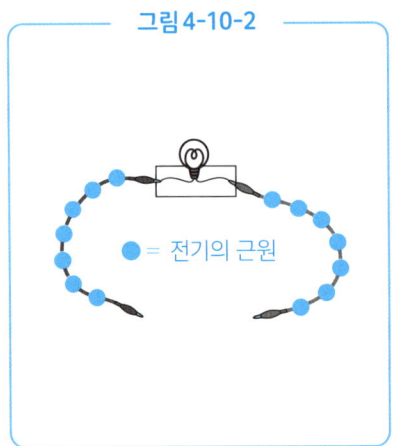

그림 4-10-2

= 전기의 근원

그림 4-10-3

전기의 근원이 흐르며 전류가 된다!

전압

매우 중요합니다. 이 부분을 대충 넘어갔다간 '전지 안에는 전기가 채워져 있어서 전지를 연결하면 안에 든 전기가 전류로서 흐르기 시작한다'라고 잘못 이해하기 쉽기 때문입니다. 전지는 전기를 미는 것으로, 계속 사용하다 보면 미는 힘이 사라집니다. 이 상태를 두고 방전된 상태, 즉 '전지가 나간' 상태라고 하는 것이죠.

전압이 어떤 느낌인지 이해가 되었나요? 그럼 이어서 **회로에서의 전압의 개념**을 소개하겠습니다. 회로에서의 전압을 이해하는 데에는 요령이 있습니다. 바로 '전압이란 높이다'라고 생각하는 것이죠.

전압이란 전기를 미는 힘을 말하는데, **회로에서는 이 미는 힘을 '높이'라는 이미지로 본다는 뜻**입니다. 전압을 높이로 생각할 때에는 네 가지 포인트가 있습니다. 그림4-10-4에 정리했습니다.

그림4-10-5를 봐주세요. 전원의 전압이 3V일 때, ①에 가해지는 전압은 어느 정도일까요.

정답은 **3V**입니다. 그림4-10-6의 가상도를 봐주세요. 전원 직전에 높이 0V에서 시작해, 전원에서 높이가 3V로 올라갑니다. 그리고 1바퀴 돌았을 때의 높이는 0V로

──── 그림 4-10-4 ────

① 전원(전지)에서는 전압의 높이가 올라간다

② 전구, 저항에서는 전압의 높이가 내려간다

③ 도선에서는 높이가 변하지 않는다(길이와 상관없다)

④ 전원(전지) 직전의 높이에서 시작해, 회로를 1바퀴 돌았을 때 높이는 '0'으로 돌아간다

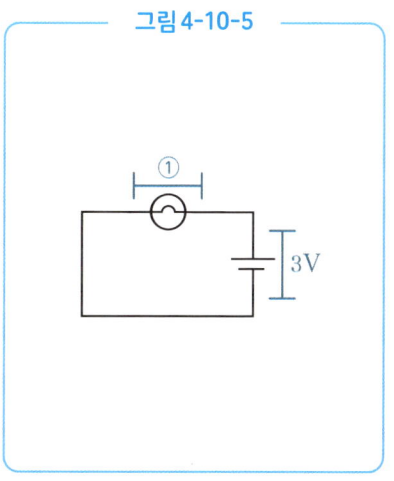

그림 4-10-5

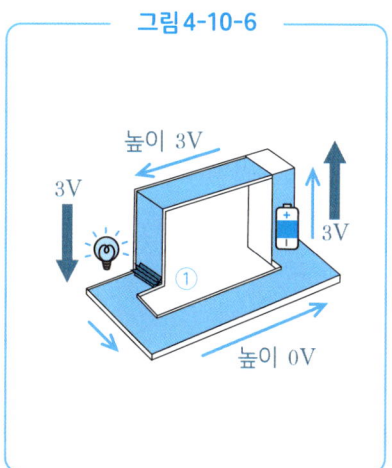

그림 4-10-6

돌아가므로 ①에서는 높이가 3V 내려가게 됩니다. 이처럼 전압을 높이로 생각한다면 문제를 이미지로 만들기 쉬워지지 않을까요.

이어서 전구가 직렬로 접속되었을 때의 전압을 알아보겠습니다. 그림4-10-7의 ①에 가해지는 전압의 높이를 생각해봅시다. 전원 직전에서 시작하겠습니다.

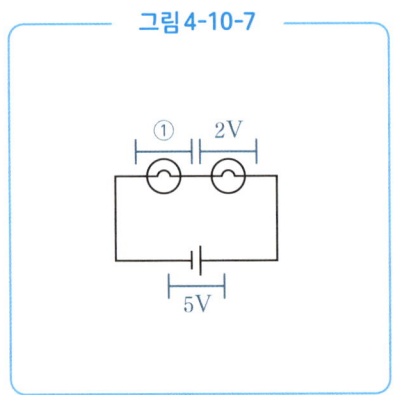

그림 4-10-7

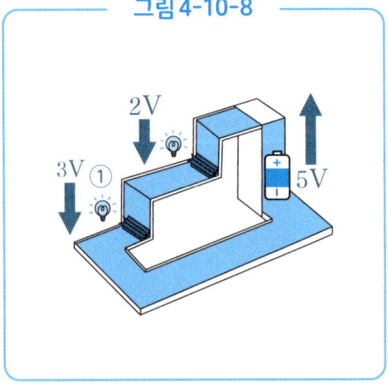

그림 4-10-8

전원에서 전압의 높이는 5V이므로 높이가 5V 올라간다고 생각하세요. 이후, 첫 번째 전구가 있는데, 여기서 2V의 전압이 가해집니다. 즉, 높이가 2V 낮아진 셈이네요.

그럼 ①의 전구에서는 높이가 몇 V 낮아진다면 1바퀴 돌았을 때 높이가 0이 될까요. 물론 3V입니다. 따라서 정답은 3V가 됩니다. 이것이 전구가 직렬로 접속되었을 때 전압의 개념입니다. 그렇다면 이것을 식으로 나타내보겠습니다(전구 사이에 저항도 넣어 보겠습니다).

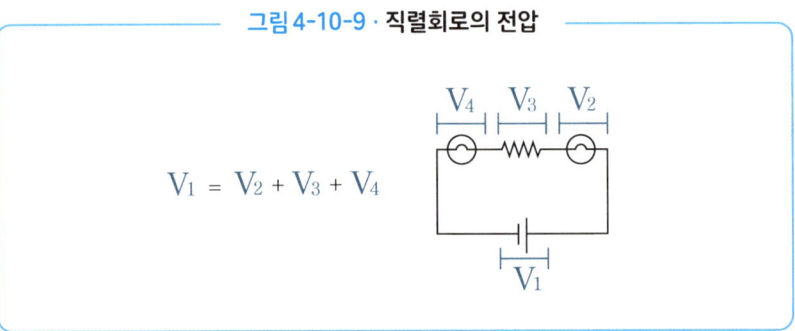

그림 4-10-9 · **직렬회로의 전압**

즉, 전원의 전압은 **전구나 저항에 가해지는 전압을 더한 값**이 됩니다(회로의 계산에서는 전구와 저항은 같은 것이라 생각해도 무방합니다).

이것이 직렬회로에서 전압의 개념입니다. 그럼 이어서 병렬로 접속된 전구에 가해지는 전압을 알아보도록 하겠습니다.

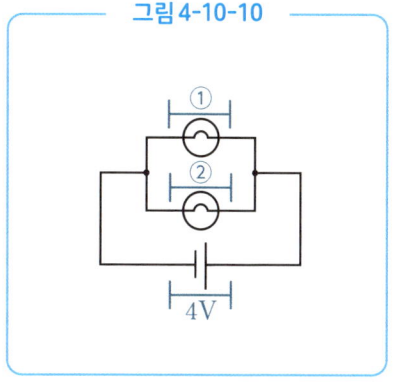

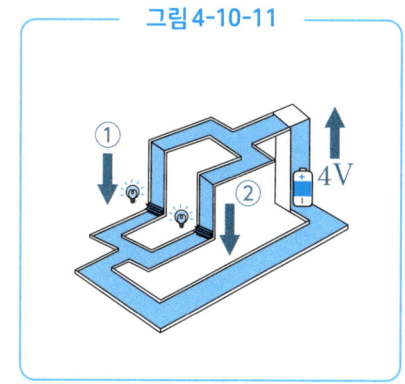

그림4-10-10을 봐주세요. ①, ②에 가해지는 전압은 각각 어느 정도일까요. 그림 4-10-11의 가상도를 보면서 생각해봅시다.

우선 전원에서 4V 높이로 올라갑니다. 그 후, 갈림길이 나옵니다. **어느 쪽으로 나아가더라도 상관없지만** 우선은 ①로 나아가보겠습니다(그림4-10-12). 그러면 딱 하나의 전구를 거치며 회로를 일주하게 됩니다.

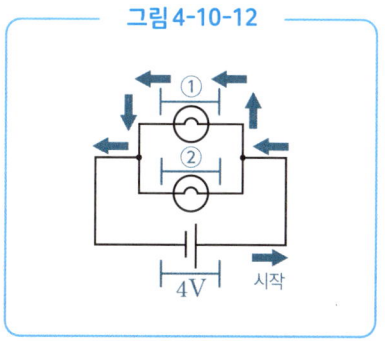

회로를 1바퀴 돌았을 때 높이는 0V로 돌아와야 하므로 ①에 가해지는 전압은 4V임을 알 수 있습니다.

이어서 **②로 나아갔을 경우**를 생각해봅시다(그림4-10-13). 이때 역시 딱 하나의 전구를 거치며 회로를 일주하게 됩니다. 따라서 ②에 가해지는 전압 역시 4V가 됩니다.

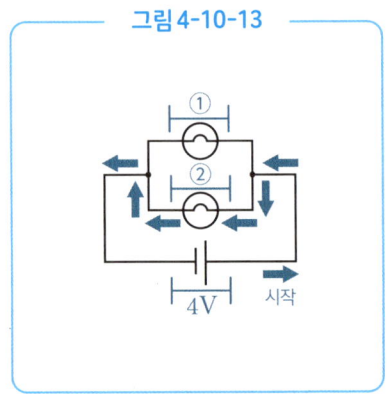

그림 4-10-13

이처럼 병렬회로의 경우, 전원의 전압은 각각의 전구나 저항에 걸리는 전압과 같아집니다.

식으로 나타내면 그림4-10-14와 같습니다.

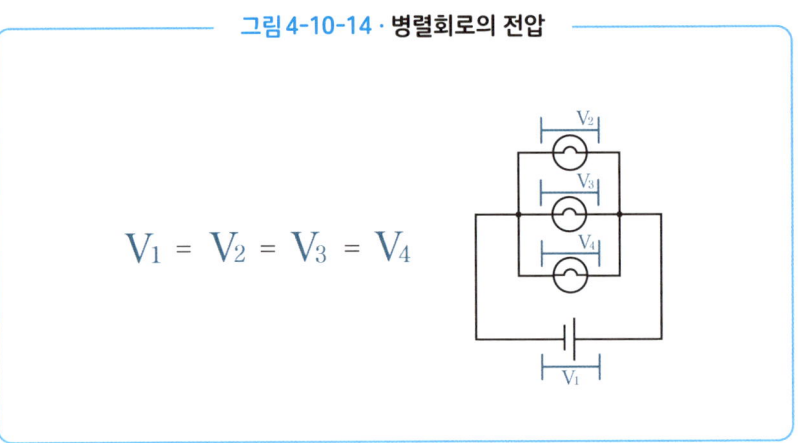

그림 4-10-14 · **병렬회로의 전압**

$$V_1 = V_2 = V_3 = V_4$$

병렬회로의 경우, 전원의 전압은 각 전구에 걸리는 전압과 같아진다는 뜻이죠.

그렇다면 마지막으로 전구가 직렬·병렬로 접속된 응용문제에 도전해봅시다.
   그림4-10-15를 봐주세요. 우선은 V_2에 걸리는 전압을 알아보겠습니다. 전원의 전압은 5V입니다. 이후 하나의 전구를 거치며 회로를 일주하게 됩니다. 일주한 뒤에 전압의 높이는 0V로 돌아와야 하므로 V_2에 가해지는 전압은 **5V**입니다.

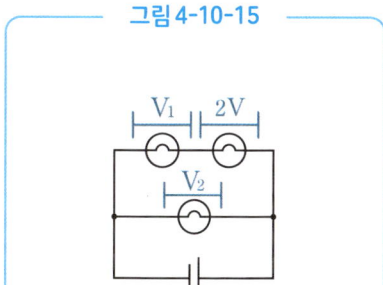

그림 4-10-15

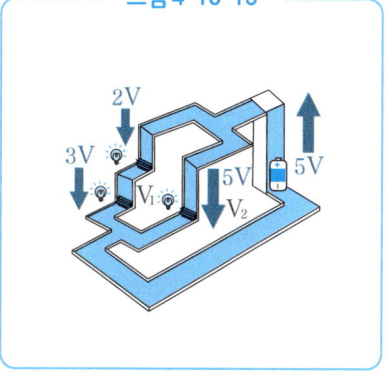

그림 4-10-16

V_1에 가해지는 전압도 생각해봅시다. 전원의 전압은 5V이며, 이후의 전구에 2V의 전압이 가해진 상태입니다. 그렇다면 V_1에 몇 V의 전압이 가해진다면 회로를 일주했을 때 높이 0V로 돌아올 수 있을까요.

정답은 **3V**입니다. 이처럼 이미지를 그릴 수 있다면 어떤 문제든 풀 수 있습니다. 전류와 혼동하지 않도록 주의하며 정리해서 이해해봅시다.

4-11

2학년

옴의 법칙 - 이토록 편리한 법칙은 없다

—— 옴의 법칙의 계산

지금까지 전류·전압에 대해 설명했지만, 회로에는 또 한 가지 중요한 요소가 있습니다. 바로 **저항**이죠. 저항이란 그 이름에서 알 수 있듯이 **전류의 흐름을 방해하는 것**입니다. 저항의 단위는 Ω(옴)을 사용합니다.

그림4-11-1과 그림4-11-2를 비교해봅시다. 모두 전원의 전압은 10V입니다. 하지만 그림4-11-2에서는 저항이 그림4-11-1의 2배인 2Ω입니다. 같은 전압이라도 **저항이 2배가 되면 회로에 흐르는 전류는 2분의 1**이 됩니다. 이처럼 저항이 커지면 흐르는 전류는 작아지는 것입니다.

전류·전압·저항이라는 세 가지의 관계를 나타낸 법칙을 '**옴의 법칙**'이라고 합니다. 옴의 법칙의 공식은 그림4-11-3과 같습니다.

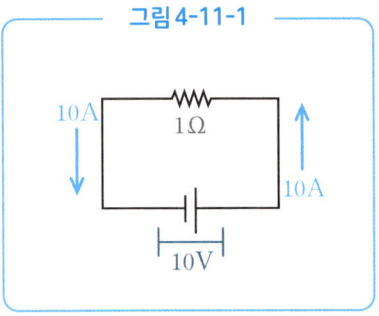

그림 4-11-1

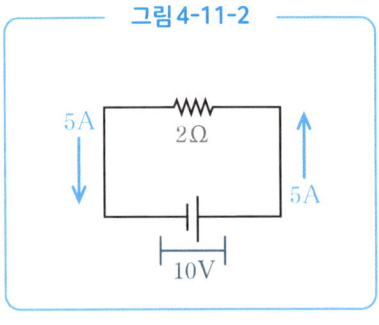

그림 4-11-2

─── 그림 4-11-3 · 옴의 법칙의 공식 ───

$$전류(A) = \frac{전압(V)}{저항(\Omega)}$$

즉, 전류의 크기는 전압의 크기에 비례하며, 저항의 크기에 반비례한다는 뜻이죠.

이 법칙을 바꾸어 말한다면 '전류', '전압', '저항' 중에서 **두 가지를 알 수 있다면 나머지 한 가지를 알 수 있다**는 뜻이 됩니다. 회로에서 이토록 편리한 법칙은 또 없답니다.

예를 들어보겠습니다. 오른쪽 그림은 전구에 걸리는 전압이 5V, 전구의 저항은 20Ω입니다. 이때, 흐르는 전류의 크기는 어느 정도일까요.

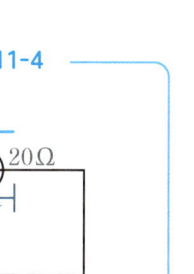

그림 4-11-4

옴의 법칙을 이용한다면 간단합니다. 전압/저항으로 전류를 구할 수 있습니다. 즉, 전류는 0.25A가 됩니다. 직렬회로를 흐르는 전류는 어느 곳이나 동일하므로 이 회로에는 0.25A의 전류가 흐른다는 사실을 알 수 있습니다.

물론 전류 말고 다른 값을 구하는 것도 가능합니다. 그림4-11-5는 전류와 저항은 알고 있지만 전압을 알 수 없습니다. 옴의 법칙의 공식에 전류와 저항의 수치를 넣어보면 '0.5=전압/30'이 됩니

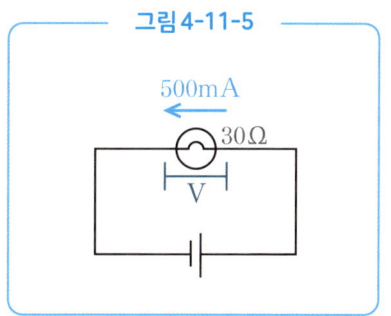

그림 4-11-5

다(옴의 법칙을 사용할 때는 전류의 단위를 mA에서 A로 고친다는 사실에 주의합시다). 그렇다면 정답은 **15V**가 되겠네요.

이처럼 옴의 법칙을 이용하면 회로에서 다양한 정보를 얻을 수 있습니다. 회로 외에도 겉모습으로는 판별할 수 없는 물질에 전압을 걸어서 전류의 크기를 조사해 물질이 무엇인지를 알아볼 수도 있습니다. 공부할 때는 어려움도 많았겠지만 옴의 법칙이 가진 매력이나 편리함을 알아주신다면 감사하겠습니다.

4-12 정전기는 어째서 발생할까? 물체에 전기가 모이는 원리

2 학년

—— 정전기가 발생하는 원리

이번에는 '**정전기**'에 대해 설명하겠습니다. 앞서 알아보았던 '전류'는 '동전기'라고 부르기도 합니다. 문자 그대로 전기가 움직이고 있기 때문에 동전기라 부르는 것이죠.

한편, 정전기란 **물체에 쌓인 전기**를 말합니다. 동전기(전류)가 강물의 흐름이라고 한다면 정전기는 연못에 고인 물이라고 볼 수 있습니다. 정전기는 무척이나 친숙한 현상으로, 많은 사람들이 정전기로 장난을 치거나 정전기 때문에 곤란을 겪었던 경험이 있을 것입니다.

정전기는 어떻게 발생하는 것일까요. 정전기를 이해하기 위한 포인트는 두 가지입니다. 첫 번째는 '전기가 쌓여 있지 않은 상태란 **양전기와 음전기의 수(양)가 동일한** 상태'라는 사실입니다. 우리의 몸을 비롯해 모든 물체 안에는 **본래 양과 음의 전기를 지닌 입자가 있습니다.** 하지만 양전기와 음전기의 수가 동일하기 때문

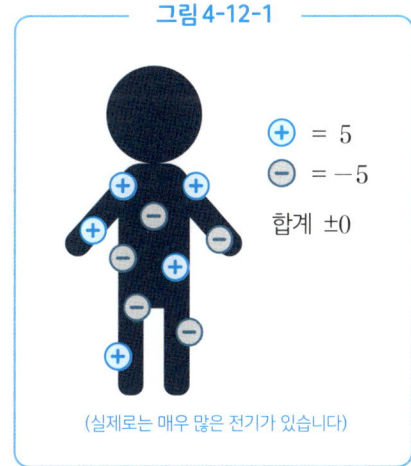

그림 4-12-1

⊕ = 5
⊖ = −5

합계 ±0

(실제로는 매우 많은 전기가 있습니다)

에 ±0이 되어 전기를 갖고 있다는 느낌을 받지 못하는 것이죠.

두 번째 포인트는 '음전기를 가진 입자는 마찰 등에 따라 이동하는 경우가 있다'는 사실입니다. 음전기를 지닌 입자(이것을 '전자'라고 합니다)는 물질끼리 마찰했을 때 이동하는 경우가 있습니다.

예를 들어, 티슈(종이)로 빨대(폴리프로필렌)를 문질렀을 경우의 모습을 생각해보겠습니다.

그림4-12-2처럼 문지르기 전에는 티슈와 빨대 모두 양전기와 음전기가 동일한 상태입니다.

문지르면 티슈의 전자가 빨대로 이동합니다. 이동한 뒤 전기의 모습을 비교해보면 티슈는 양전기를 띤(쌓인) 상태, 빨대는 음전기를 띤 상태가 됩니다. 이것이 정전기의 발생 원리입니다.

참고로 다른 종류의 전기를 띤 물질끼리는 자석처럼 끌어당기므로, 이 경우 티슈와 빨대는 서로를 끌어당깁니다. 한편 티슈로 빨대 2개를 동시에 문질렀을 경우, 음전기를 띤 2개의 빨대는 서로를 밀어냅니다. 이 또한 자

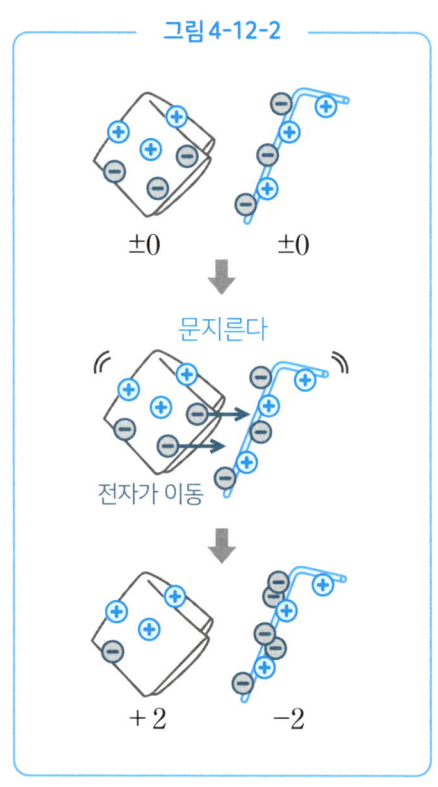

그림 4-12-2

석과 마찬가지로 같은 종류의 전기는 반발해 서로를 밀어내는 성질이 있기 때문입니다.

전자를 떼어내기 쉬운지, 건네받기 쉬운지는 물질마다 정해져 있습니다. 떼어내기 쉬운 물질은 양전기를 띠기 쉽고, 건네받기 쉬운 물질은 음전기를 띠기 쉽죠. 그림 4-12-3은 어떤 전기를 띠기 쉬운지를 나타낸 것입니다. 옷을 고를 때는 사람의 피부와 대전률이 비슷한 소재의 옷을 입으면 몸에 전기가 쌓이는 현상을 쉽게 방지할 수 있습니다.

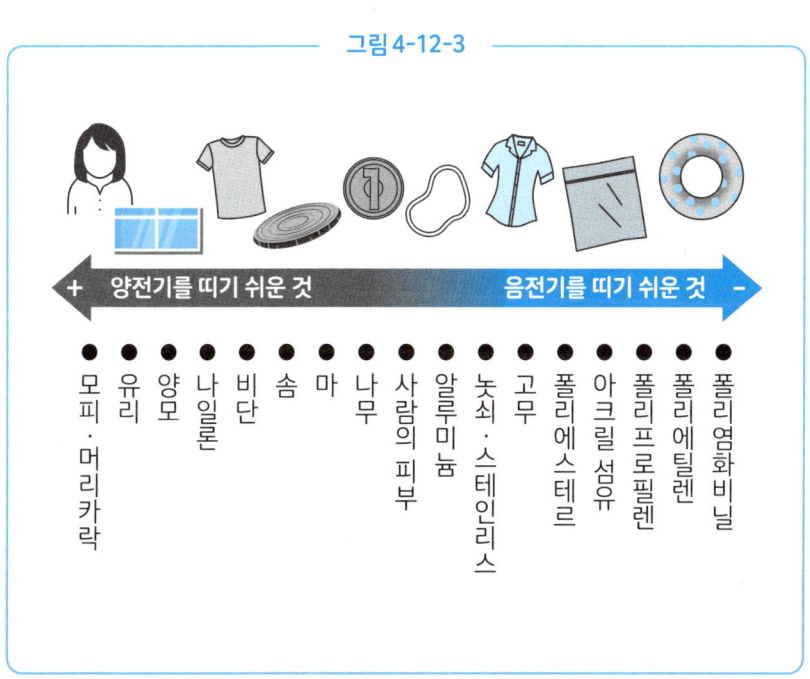

그림 4-12-3

전류의 정체는 무엇일까?
전자의 신비를 알아보자

2학년

―― 전류의 정체

앞선 설명을 통해 정전기가 발생하는 원리는 이해하셨을 것입니다.

이번에는 **전류**의 정체는 무엇인지, 그에 대해 설명해보겠습니다. 정전기는 지난번에 설명한 '서로를 끌어당긴다', '반발해서 밀어낸다'라는 현상 외에도 쌓인 전기가 흘러서 전류가 되는 현상을 일으키기도 합니다. 문고리 등을 만졌을 때, '파지직' 하는 소리와 통증을 느낄 때가 있죠. 이때 전류가 흐르는 것입니다(전자가 공간을 이동할 경우, **방전**이라는 표현을 사용하기도 합니다).

공기는 전기가 잘 통하지 않으므로 방전을 일으키려면 매우 강한 전압이 필요합니다. 유도 코일이라는 장치를 사용하면 수만V라는 전압을 발생시킬 수 있으므로 다양한 상황에서의 방전을 관찰할 수 있죠(오른쪽 QR 동영상 참조).

유도 코일을 사용해 공기 중에서 방전시키면 번개 같은 전기의 흐름을 관찰할 수 있습니다. 이것을 불꽃방전이라고 합니다.

불꽃방전에서는 전류의 정체를 알아보기 어려우므로 전류의 정체를 더욱 자세히 관찰하려면 전압을 발생시키는 유도 코일과 함께 **크룩스 관**이라는 장치를 이용합니다. 그림4-13-1이 크룩스 관입니다. 크룩스 관은 관 안을 진공 상태에 가깝게 해서 전류가 흐르기 쉽게끔 되어 있습니다(이러한 상태에서 일어나는 방전을 **진공 방전**이라고 합니다). 그림4-13-2를 봐주세요. 이 크룩스 관의 평평한 부분(그림 오른쪽)에는 형광물질이 발라져 있으며, 관 안에는 십자 모양의 칸막이가 놓여 있습니다. 이 크룩스 관에 방전을 일으켜봅시다.

그림 4-13-1

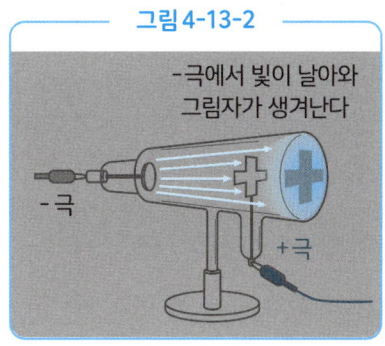

그림 4-13-2

-극에서 빛이 날아와 그림자가 생겨난다

그러면 형광물질을 바른 곳에 그림자가 생겨나는 모습을 관찰할 수 있습니다(오른쪽 QR 동영상 참조). 만약 음극과 양극을 바꾼다면 그림자는 생겨나지 않습니다. 이 사실을 통해 전류의 근원이 되는 물질은 **음극에서 나온다**는 사실을 알 수 있죠. 이 선을 **음극선**(혹은 **전자선**)이라고 합니다.

이어서 그림4-13-3의 크룩스 관으로 실험을 해보겠습니다. 이 크룩스 관에는 음극선을 가늘게 만드는 슬릿(틈)이 설치되어 있습니다. 게다가 형광판이 부착되어 있어서 음극선이 지나는 모습을 관찰하기 쉽게 되어 있죠.

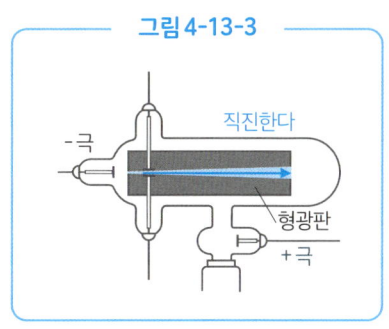

그림 4-13-3

직진한다
-극
형광판
+극

이러한 장치로 전압을 가하면 빛줄기의 형태로 음극선을 관찰할 수 있습니다.

그림4-13-3의 상태에서 그림4-13-4처럼 위아래에도 전압을 가해봅시다. 그러면 음극선은 양극 쪽으로 휘어지는 모습을 관찰할 수 있습니다. 이 사실을 통해 전류의 근원은 음전기를 띠고 있음을 알 수 있습니다. 음전기는 양극 쪽으로 끌려가기 때문입니다.

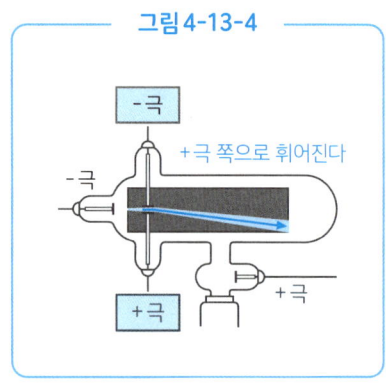
그림 4-13-4

이러한 연구를 거듭한 결과, 전류의 근원이 되는 물질은 매우 작은 질량을 지녔으며 음전기를 띤 입자라는 사실이 밝혀졌습니다. 이 물질에는 '**전자**'라는 이름이 붙었죠. 전류의 근원은 전자로, **전자가 이동하면 전류의 흐름이나 방전이 일어나는** 것입니다.

그럼 마지막으로 도선을 흐르는 전류와 전자의 관계를 알아보겠습니다. 전압에 대해 알아보았을 때 설명했지만, 전원(전지)을 연결하기 전의 도선에는 이미 전류의 근원(전기의 근원)이 들어 있습니다. 이것이 전자입니다.

그림4-13-5는 스위치를 넣기 전 도선의 모습입니다. 도선 안에는 자유롭게 돌아다닐 수 있는 전자가 무수히 존재하고 있습니다. 이 시점에서 전자는 다

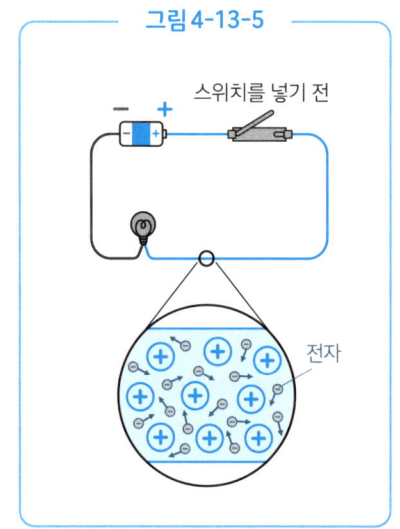
그림 4-13-5

양한 방향으로 움직이고 있죠.

그림4-13-6을 봐주세요. 스위치를 넣으면 전자가 음극에서 양극으로 일제히 이동하기 시작합니다. 이러한 전자의 흐름이 **전류**가 되는 것입니다.

하지만 전자는 음극에서 양극 방향으로 흐르는데 전류의 방향은 양극에서 음극으로 정해져 있습니다. 어째서 이처럼 헷갈리게 되어 있을까요.

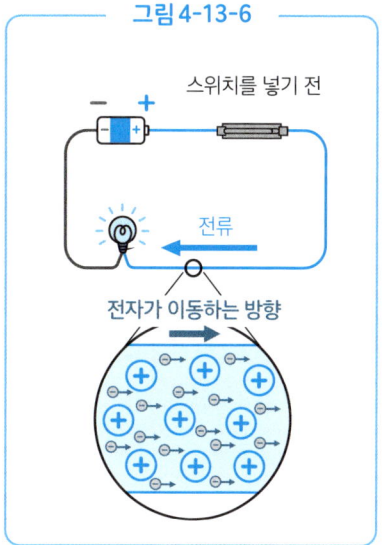

사실은 전자가 제대로 밝혀져 있지 않던 시대에 '전류의 방향은 양극에서 음극으로 한다'라는 약속을 정해버렸기 때문입니다. 하지만 이후에 연구를 거듭하면서 전류의 정체인 전자는 전류와는 반대 방향으로 이동한다는 사실이 밝혀졌죠.

하지만 이제 와서 '전류의 방향을 음극에서 양극으로 바꾸자'라고 번복할 수는 없었기에 지금까지도 '전류는 양극에서 음극', '전자는 음극에서 양극'이라는 식으로 굳어진 것입니다.

2학년

 # 자기장이란? 전류와의 신비한 관계

―― 전류와 자기장

이번에는 전류와 자기장의 관계에 대해 설명해보겠습니다. 전류에 대해서는 지금까지 설명해왔습니다. 이어서 자력과 자기장에 대한 설명부터 시작하겠습니다.

철로 만들어진 빈 깡통에 자석을 가까이 가져가면 빈 깡통은 자석으로 끌려갑니다. 이 힘을 **자력**이라고 합니다.

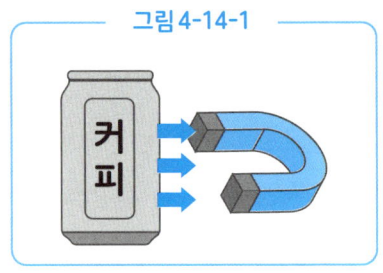

그림 4-14-1

하지만 빈 깡통과 자석의 거리가 너무 멀 경우에는 빈 깡통이 자석으로 끌려가지 않겠죠. 빈 깡통을 끌어당길 만한 자력이 작용하는 범위에는 한계가 있습니다.

이처럼 자력이 작용하는 범위(공간)를 가리켜 자기장이라고 합니다. **자기장**은 눈으로 볼 수 없지만 가상도로 나타낸다면 그림4-14-2와 같습니다. 자석에서 멀리 떨어질수록 자기장은 약해집니다.

그림 4-14-2

자기장에는 또 하나의 중요한 포인트가 있습니다. 그것은 **자기장에는 방향이 있다**는 사실입니다. 자기장의 방향을 알아보는 방법 중 하나로 나침반을 이용하는 방법이 있습니다.

자석이 없는 장소에 나침반을 놓으면 N극은 북쪽을 가리킵니다. 이것은 지구 자체가 거대한 자석의 역할을 하기 때문입니다(이것을 지자기라고 합니다).

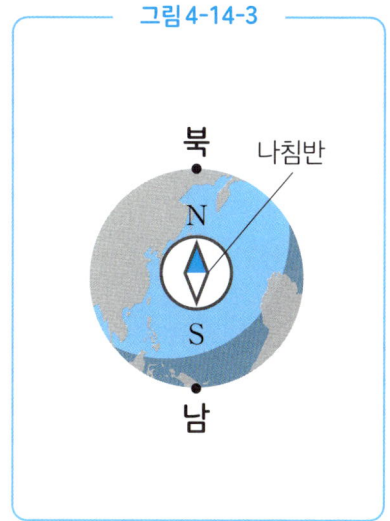

그림 4-14-3

하지만 나침반 근처에 자석을 놓으면 자석의 강한 자기장에 따라 나침반이 가리키는 방향이 바뀝니다. 이렇게 자석을 놓았을 때, 나침반의 N극이 가리키는 방향을 자기장의 방향이라고 합니다.

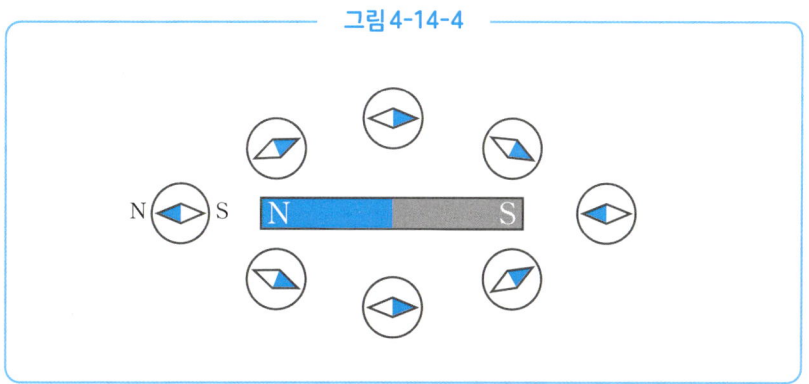

그림 4-14-4

자기장의 방향을 좀 더 알아보기 쉽게끔 **자기장의 방향**을 선으로 나타내보겠습니다. 그러면 그림4-14-5와 같은 선이 그려집니다.

이처럼 자기장의 방향을 이은 선을 가리켜 **자기력선**이라고 합니다. 자기력선은 반드시 **N극에서 나와 S극으로 들어가게** 됩니다. 또한 선의 간격이 좁을수록 자력이 강하고, 간격이 넓은 곳은 자력이 약하죠.

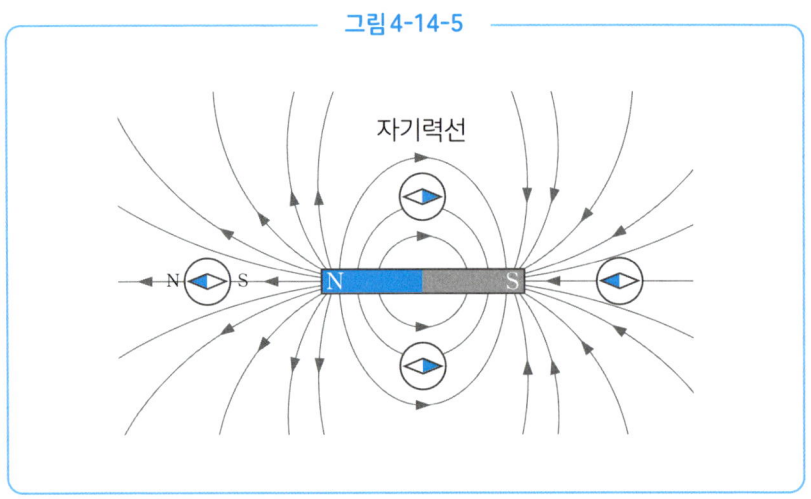

그림 4-14-5

마지막으로 전류와 자기장의 신기한 관계를 살펴보겠습니다. 그림4-14-6과 같은 코일에 전류를 흘려보내봅시다. 그러면 그림4-14-5와 동일한 자기력선이 생겨납니다.

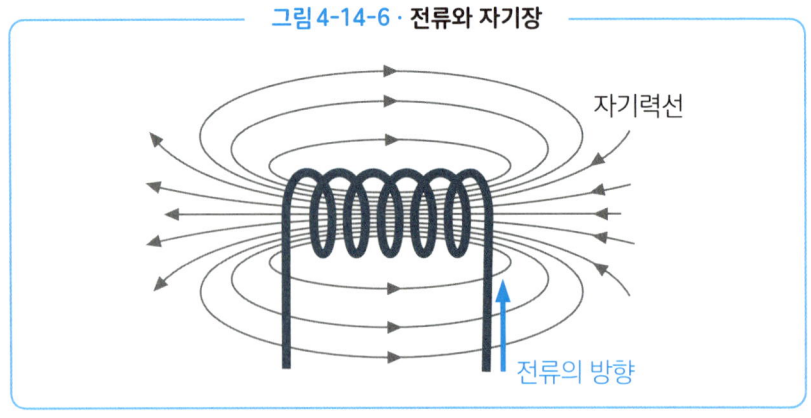

그림 4-14-6 · 전류와 자기장

이처럼 도선에 전류를 흘려보내면 **자기장이 발생**하게 됩니다. 이 자기장은 코일을 감은 횟수를 늘리거나, 더욱 강한 전류를 흘려보내거나, 코일 안에 쇠막대를 넣어서 한층 강하게 만들 수 있습니다.

  도선에 전류를 흘려보내서 자기장을 발생시키는 장치를 **전자석**이라고 합니다. 전자석은 전기를 켜고 꺼서 자력을 전환할 수 있으므로 매우 사용하기 편리한 장치입니다. 전류와 자기장에는 밀접한 관계가 있다는 뜻이죠.

4-15 전자기 유도와 유도 전류 - 발전의 원리

2학년

―― 전자기 유도와 유도 전류

코일에 전류가 흐르면 그 주변에 자기장이 발생한다는 사실을 알아보았습니다. 그렇다면 반대로 코일 안의 자기장을 변화시키면 어떤 현상이 일어날까요.

그림4-15-1처럼 코일 안에 자석을 넣거나 빼면 검류계의 바늘이 움직입니다. 검류계란 **전류계**의 일종으로, 매우 작은 전류를 측정할 수 있는 장치입니다. 즉, 코일 안에서 자석을 움직이면 전류가 발생한다는 사실을 알 수 있죠.

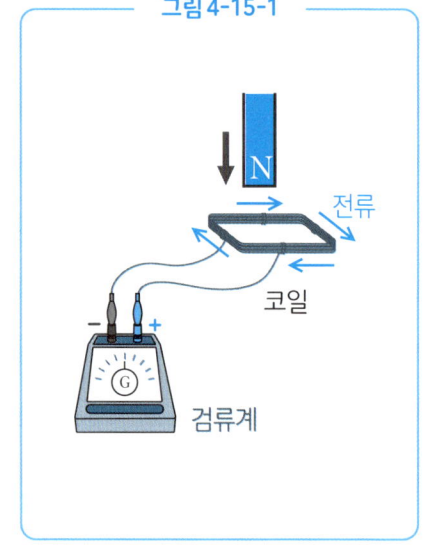

그림4-15-1

코일에 전류를 흘려보내자 자기장이 발생했는데, 그와 반대로 **자기장을 움직여서 전류를 발생시키는** 것도 가능합니다. 이 현상을 **전자기 유도**라고 하며, 전자기 유도에 의해 흐르는 전류를 **유도 전류**라고 합니다. 전지가 없더라도 코일과 자석만으로 전류를 흘려보낼 수 있다니 놀랍죠.

전자기 유도는 코일에 자석을 가까이 가져갔을 때와 떼어놓았을 때 일어납니다. 자석을 코일 안에 정지시켰을 경우에는 전류는 발생하지 않습니다. 코일 안의 자기장이 움직이지 않기 때문입니다.

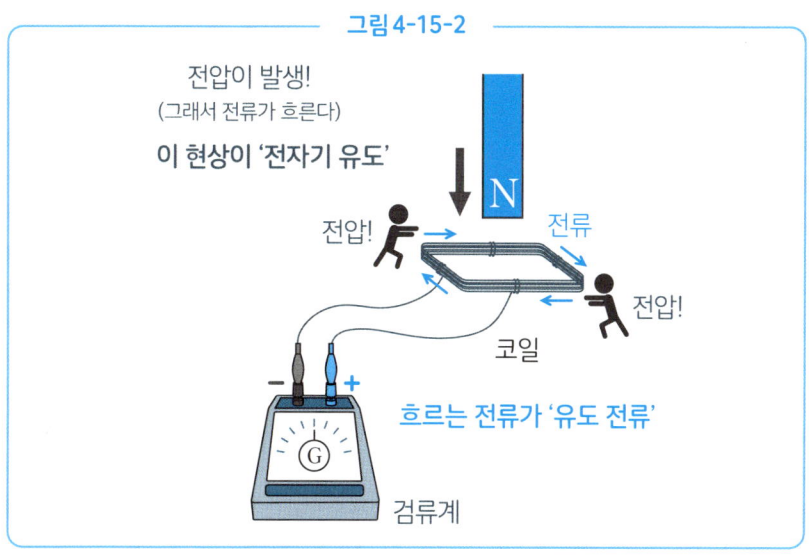

그림 4-15-2

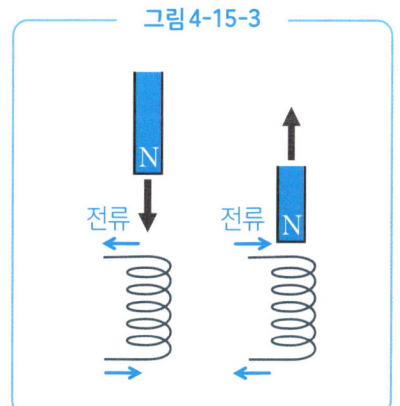

그림 4-15-3

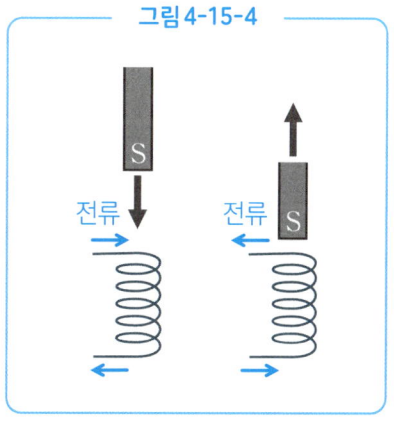

그림 4-15-4

또한 유도 전류가 흐르는 방향은 자석을 코일에 가까이 가져갈 때와 떼어놓을 때가 반대가 됩니다. 또한 N극을 가까이 가져갔을 때(그림4-15-3)와 S극을 가까이 가져갔을 때(그림4-15-4) 역시 반대가 됩니다.

이어서 전자기 유도와 발전기에 대해 설명하겠습니다. 발전기는 전자기 유도의 원리를 이용해 만들어진 도구입니다. 여기서는 간단한 발전기를 소개하겠습니다.

바로 그림4-15-5, 그림4-15-6처럼 코일 근처에서 막대자석을 회전시킨 것입니다. 그림4-15-5의 경우에는 N극이 멀어짐과 동시에 S극이 가까워지므로 유도 전류가 발생합니다.

그림4-15-5에서 자석을 180° 회전시킨 그림4-15-6의 경우에는 S극이 멀어짐과 동시에 N극이 가까워지므로 이 경우 역시 유도전류가 발생합니다.

주의할 점은 그림4-15-5와 그림4-15-6의 경우 전류가 흐르는 방향이 반대라는 사실입니다. 이처럼 주기적으로 방향이 바뀌는 전류를 **교류**(AC)라고 합니다. 일반적으로 발전기에서 만들어진 전류는 교류입니다.

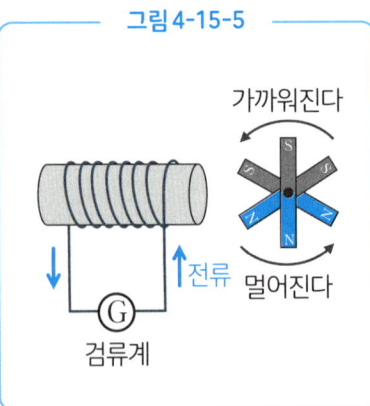

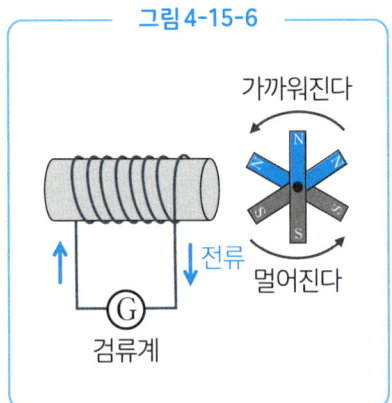

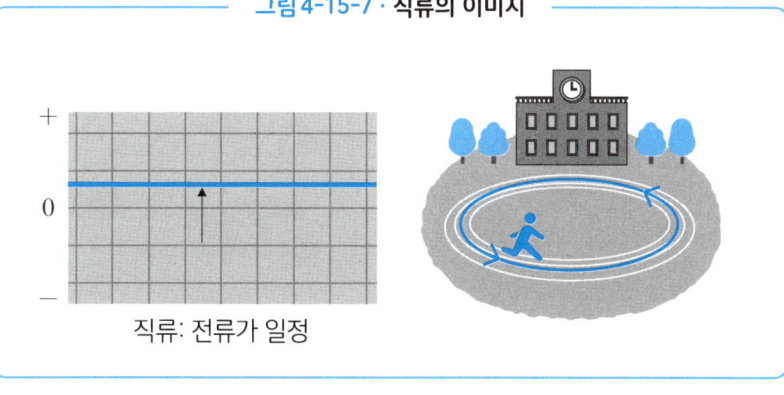

교류와 달리 일정한 방향으로 흐르는 전류를 **직류**(DC)라고 합니다. 직류 전류를 그래프로 나타내면 그림4-15-7과 같습니다. 흐르는 전류는 한 방향이며 전류의 크기 역시 일정합니다. 직류의 이미지는 운동장을 일정한 속도로 달리는 느낌이죠. 건전지 등은 직류 전원입니다.

한편, 교류는 주기적으로 방향이 달라지는 전류죠. 교류 전류를 그래프로 나타내면 그림4-15-8처럼 됩니다. 전류의 크기나 방향이 주기적으로 바뀌고 있죠. 교류의 이미지는 왕복 달리기에 가깝습니다. 달리는 방향이 주기적으로 바뀝니다.

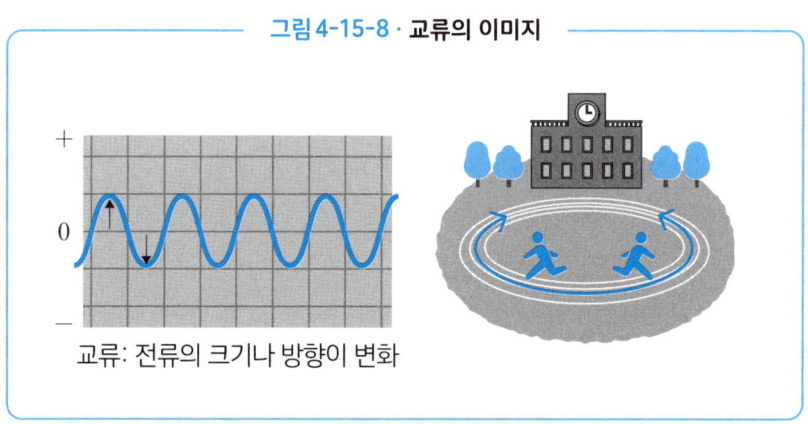

이번에는 발전의 원리부터 직류·교류까지 설명했습니다. 가정용 콘센트는 교류(AC)지만 전자제품 중에는 직류(DC)인 것이 많습니다. 그럴 경우에는 교류를 직류로 바꾸어주는 어댑터가 필요합니다. 전자제품의 전원 케이블에 달려 있는 검고 네모난 상자는 교류를 직류로 바꾸기 위한 것입니다.

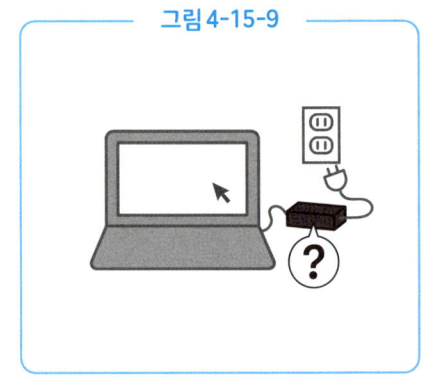

그림 4-15-9

2 학년

플레밍의 왼손 법칙 - 그 유명한 법칙을 알아보자

―― 전류·자기장·힘의 관계

전류와 자기장에는 밀접한 관계가 있음을 알아보았습니다. 이번에는 전류와 자기장, 그리고 힘이라는 세 가지 요소의 관계에 대해 설명하겠습니다.

플레밍의 왼손 법칙이라는 명칭을 들어본 적이 있나요. 명칭만큼은 알고 있거나, 특유의 손동작까지 알고 있을지도 모르겠네요. 이번에는 중학교 과학에서도 대표적인 법칙인 플레밍의 왼손 법칙에 대해 알아보겠습니다.

그림4-16-1을 봐주세요. U자 모양의 자석이 놓여 있죠. 자기장의 방향은 N극에서 S극이므로 아래로 향하고 있습니다.

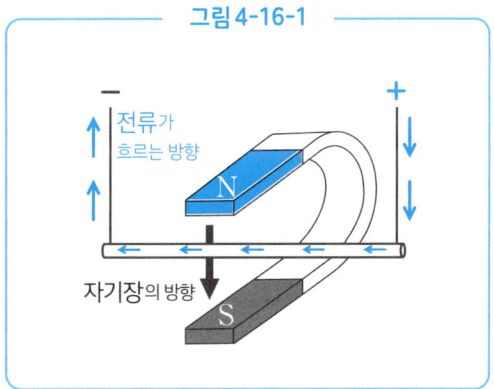

그림 4-16-1

이 그림에서는 자기장 안으로 도선을 지나게 해서 전류를 흘려보내고 있습니다. 전류의 방향은 양극에서 음극이죠.

여기서 자기장 안에 전류를 흘려보내면 신기한 일이 벌어집니다. 자기장 안의 전류가 힘을 받아서 도선이 움직이는 것이죠. 이 모습은 QR코드를 통해 동영상으로도 볼 수 있습니다. **전류를 흘려보내면 코일이 크게 움직이는** 모습을 확인할 수 있습니다.

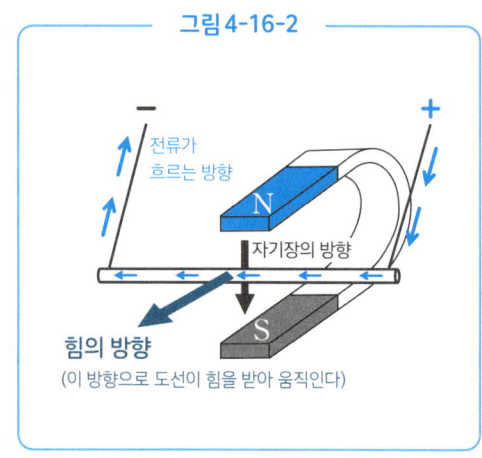

이때 자기장의 방향, 전류의 방향, 그리고 힘의 방향(도선이 움직이는 방향)은 서로 직행하는 관계에 있습니다. 이를 나타내는 것이 플레밍의 왼손 법칙입니다.

손가락 모양을 그림4-16-3처럼 만들어서, 중지를 전류의 방향으로, 검지를 자기장의 방향으로 맞추어줍니다. 그러면 나머지 엄지의 방향으로 도선이 힘을 받아 움직이게 됩니다. 중지부터 순서대로 '전류·자기장·힘'으로 외우면 되겠죠.

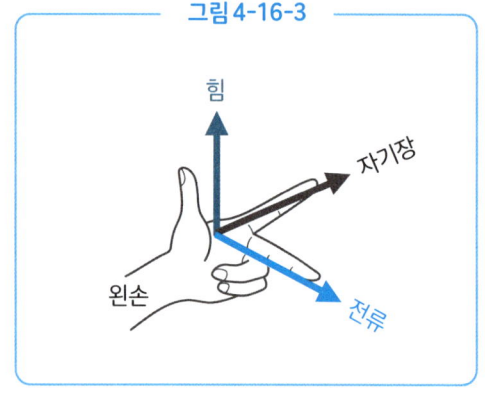

그림4-16-1에 플레밍의 왼손 법칙을 적용해보겠습니다. 그림4-16-2처럼 힘이 가해지는 방향을 이끌어낼 수 있습니다.

어째서 이러한 힘이 발생할까요. 다소 어려워지겠지만 간단하게 설명하겠습니다. 일직선으로 흐르는 전류 주변에는 동심원 형태의 자기장이 형성됩니다. 그림4-16-4의 도선 왼쪽에서는 자석에 의한 자기장과 전류에 의한 자기장이 서로 강해지고, 오른쪽에서는 서로 상쇄됩니다. 이때 전류는 자기장이 강해지는 쪽에서 약해지는 쪽을 향해 힘을 받게 되는 것입니다. 이것이 힘이 발생하는 이유입니다.

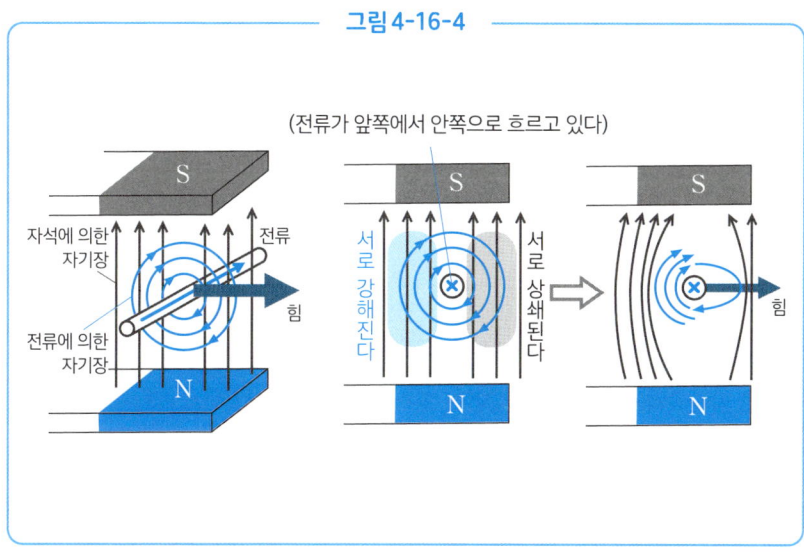

그림 4-16-4

조금 이야기가 어려워졌지만 전류와 자기장, 힘이 밀접하게 관련되어 있음을 이해했기를 바랍니다. 다음에는 이 원리들을 교묘하게 이용한 발명품을 소개해보겠습니다.

2학년

모터가 돌아가는 이유는?
인간이 가진 지혜의 결정체

── 모터의 구조 ──

이번에는 전류·자기장·힘의 관계를 교묘하게 활용한 장치인 **모터**에 대해 자세히 알아보겠습니다. 모터란 **전기의 힘에서 기계적인 힘을 얻을 수 있게끔** 만들어낸 장치입니다.

모터는 세탁기·선풍기·청소기 등, 일상생활 곳곳에서 이용되고 있습니다. 모터는 전기의 힘을 어떻게 물체를 움직이는 힘으로 변환하는 것일까요. 이번에는 간단한 모터를 통해 모터가 움직이는 원리를 알아보도록 하겠습니다.

그림4-17-1은 모터의 모식도 입니다. **정류자(전류 전환 스위치)는 코일과 연동해 회전**하며, 브러시(정류자와 접촉해 전류를 공급하는 부품)와 접촉할 때만 전류가 흐릅니다(자세한 내용은 이후에 설명).

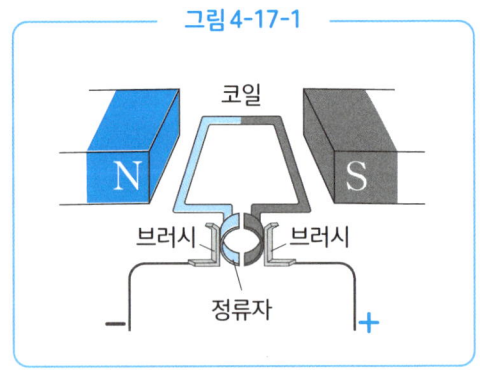

그림 4-17-1

우선 자석에 따른 자기장의 방향을 확인하겠습니다. **자기장의 방향은 N극→S극**이 되겠죠. 이어서 전류의 방향을 확인하겠습니다. **전류는 양극→음극**의 방향으로 흐릅니다. 자기장의 방향과 전류의 방향을 정리하면 그림4-17-2처럼 됩니다.

전류의 흐름을 더 자세히 살펴봅시다. 브러시, 정류자, 코일, 이 세 가지는 연결되어 있으므로 전류의 흐름은 양극에서 브러시→정류자→A→B→C→D→정류자→브러시→음극이 됩니다.

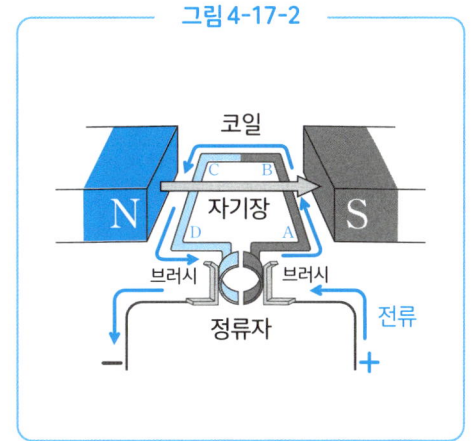

그림 4-17-2

여기서 떠올렸으면 하는 내용이 앞서 배운 플레밍의 왼손 법칙입니다. **자기장 안에서 전류가 흐르면 힘이 발생**했죠. 코일의 A→B 부분과 C→D 부분에 플레밍의 왼손 법칙을 적용해보겠습니다.

A→B의 경우 가해지는 힘은 아래로, C→D의 경우 가해지는 힘은 위로 향하게 됩니다. 각각 그림4-17-3과 같이 되겠죠. 이러한 힘이 작용하면 코일은 시계 방향으로 회전하기 시작합니다.

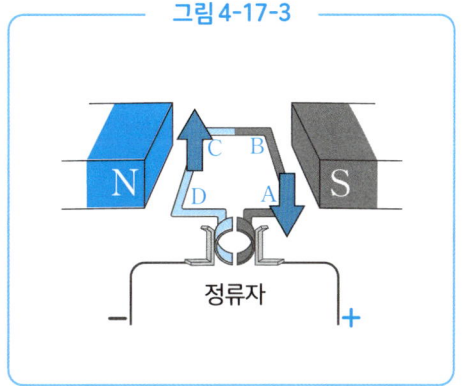

그림 4-17-3

코일이 그림4-17-3에서 **90° 회전했을 때, 정류자와 브러시의 모습**을 살펴봅시다. 이때 브러시와 정류자는 순간적으로 접촉이 끊어지게 됩니다(그림4-17-4). 이 순간은 전류의 흐름이 멈추지만 코일에는 회전하던 기세가 남아 있기 때문에 회전이 이어집니다.

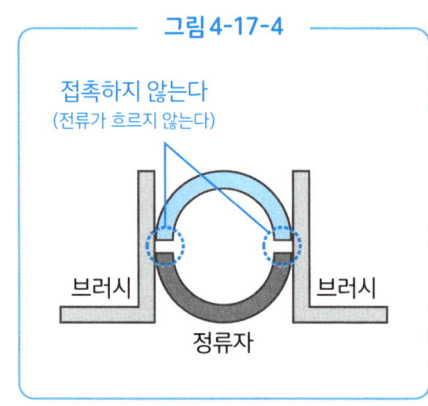

그림4-17-5를 봐주세요. 이것은 그림4-17-2에서 코일이 **180° 회전했을 때의 그림**입니다. 언뜻 보면 그림4-17-2와 변하지 않은 것처럼 보이지만 자세히 보면 코일·정류자가 180° 회전해 있음을 알 수 있습니다.

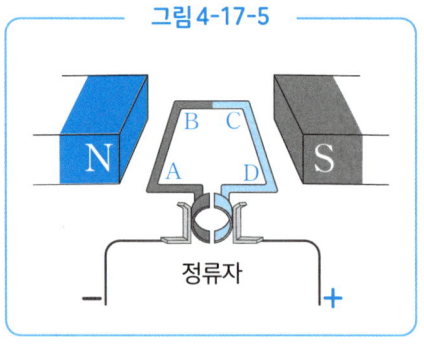

이 그림일 때 전류의 흐름을 확인해 봅시다. 전류가 흐르는 방향은 양극→음극이므로 전류는 브러시→정류자→D→C→B→A→정류자→브러시로 흐릅니다.

이때, 코일에 흐르는 전류의 방향은 그림4-17-2일 때와 반대가 됩니다. **겉모습이 아니라 기호로 생각해보면 반대 방향**임을 이해하기 쉽겠죠.

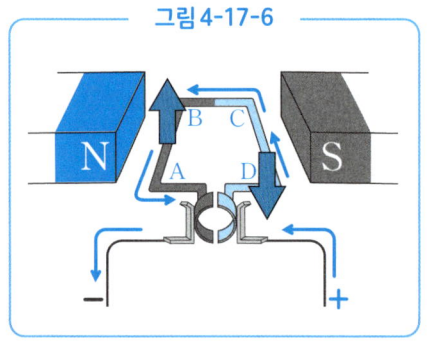

그림4-17-5일 때, 코일에 가해지는 힘을 알아봅시다. 플레밍의 왼손 법칙을 사용하면 코일에 가해지는 힘은 그림4-17-6과 같습니다.

이 **힘의 방향은 그림4-17-3일 때와 동일**합니다. 즉, 코일이 반회전하더라도 힘은 같은 방향으로 가해지는 것이죠. 이 힘으로 코일이 여기서 다시 180° 회전하면 코일은 그림4-17-2의 상태로 돌아갑니다.

이처럼 연속적으로 힘이 가해지기 때문에 코일은 계속 회전할 수 있는 것입니다. 이것이 모터의 원리입니다. 몇 번을 보더라도 '정말 잘 짜여 있구나' 하고 감탄하게 됩니다.

만약 **브러시와 정류자가 없었을 경우,** 모터는 어떻게 될지도 생각해봅시다. 브러시와 정류자가 없을 경우에는 코일이 180° 회전했을 때 코일은 반대 방향으로 회전하기 시작합니다.

즉, 그림4-17-1의 상태에서 시계 방향으로 180° 회전→반시계 방향으로 180° 회전→시계 방향으로 180° 회전, 이런 식으로 반복되는 것입니다. 이래서는 모터로 사용하기 어렵겠죠.

모터는 플레밍의 왼손 법칙, 그리고 브러시와 정류자를 잘 조합한 대단히 획기적인 도구입니다.

이것으로 회로와 자기장에 관한 이야기는 끝났습니다. 특히 문과 여러분에게는 무척 어려운 단원이었을 텐데, 우리 주변에 넘쳐나는 전기나 자기장의 원리에 대해 조금이라도 지식이 깊어지는 기회가 되었다면 기쁘겠습니다.

4-18

등속직선운동과 관성의 법칙

3학년

—— 힘과 물체의 운동

앞서 힘의 작용에는 '①물체의 형태를 바꾼다', '②물체의 움직임을 바꾼다', '③물체를 지탱한다'의 세 가지가 있다고 했죠. 이번에는 ②**힘과 물체의 움직임의 변화**에 대해 자세히 알아보겠습니다(과학에서는 물체의 움직임을 '운동'이라고도 부릅니다).

물체에 힘을 가하면 물체의 운동이 변합니다. 지구상에서는 중력이나 마찰력 등 다양한 힘이 작용하고 있어 운동의 변화를 포착하기 어려우므로 일단은 우주 공간을 예로 들어 생각해봅시다.

우주에서 정지한 물체에 힘을 가하면 물체는 힘을 가한 방향으로 움직입니다. 재미있는 사실은 물체에 한 번 힘을 가하면 물체는 **힘을 가한 방향으로 영구히 같은 속도로 나아간다**는 사실입니다.

이처럼 일정한 방향으로 같은 속도로 나아가는 운동을 **등속직선운동**이라고 합니다

등속직선운동은 무척이나 기본적인 운

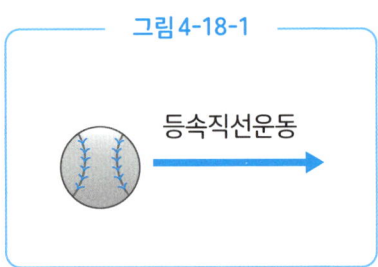

그림 4-18-1

등속직선운동

동이지만 **지구상에서는 마찰력이나 공기 저항이 있기** 때문에 거의 관측할 수 없습니다.

기원전, 아리스토텔레스는 '운동하는 물체는 힘을 가하지 않으면 언젠가 멈춘다'라고 주장했습니다. 이 생각은 대단히 오랫동안 지지를 받아왔습니다. 하지만 이 생각을 뒤집은 인물이 나타납니다. 바로 뉴턴이죠.

뉴턴은 '운동하는 물체는 힘을 가하지 않는 한, 등속직선운동을 계속한다'라고 주장했습니다. 물체의 운동이 멎는 것은 마찰력이나 공기 저항 등 움직임을 방해하는 힘이 작용하기 때문으로, 그러한 힘이 없다면 물체는 운동을 계속한다는 주장이었습니다.

현재는 뉴턴의 사고방식이 널리 받아들여지고 있지만 뉴턴이 이러한 주장을 내세우지 않았더라면, 아직도 우리는 '운동하는 물체는 힘을 가하지 않으면 언젠가 멈춘다'라는 아리스토텔레스의 주장을 믿고 있었을지도 모릅니다.

뉴턴이 말했듯이 물체는 힘을 가하지 않는 한 등속직선운동을 이어나갑니다(속도가 0인 경우는 정지 상태를 유지하려 합니다). 이 운동의 성질을 '**관성**'이라고 합니다.

예를 들어, 전철을 타고 이동하고 있을 때, 전철에 급브레이크가 걸리면 우리는 앞으로 고꾸라지게 됩니다. 이것은 전철이 브레이크를 밟아 멈추려 하더라도 우리는 브레이크를 밟기 전의 속도로 계속해서 나아가려 하기 때문입니다(그림4-18-2).

반대로 전철이 갑자기 출발하면 우리는 정지한 상태를 유지하려 하기 때문에 뒤로 넘어지게 됩니다. 물론 전철이 일정한 속도로 달리고 있을 경우는 우리 역시 그 속도

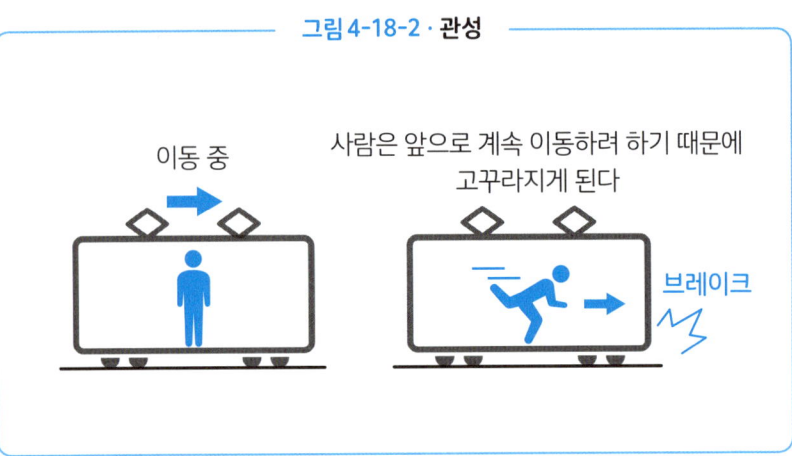

그림 4-18-2 · 관성

이동 중

사람은 앞으로 계속 이동하려 하기 때문에 고꾸라지게 된다

브레이크

를 유지하려 하기 때문에 힘을 받지 않습니다.

이는 지구에 서 있는 우리에게도 똑같이 적용할 수 있습니다. 지구는 약 24시간 동안 1바퀴를 돌고(자전) 있습니다. 도쿄 부근의 경우, 지면은 시속 1500km 정도의 속도로 움직이는 셈이죠.*

하지만 우리는 공기까지 포함해 그 속도를 유지하려 하고 있으므로 **자전의 속도를 실감할 수는 없습니다.** 만약 급브레이크를 밟았을 때처럼 자전이 멈추어버린다면 우리는 시속 1500km의 속도로 날아가고 말겠죠.

관성의 법칙은 일상생활의 다양한 상황에 적용되는 법칙입니다. 꼭 주변에 있는 관성을 찾아보기 바랍니다.

---

* 지구의 자전 속도는 위도에 따라 다르게 나타나기 때문이다. 참고로 적도 부근에서 지구의 자전 속도는 시속 1660km-옮긴이

일이란?
과학에서 말하는 일과 일의 원리

3학년

—— 힘과 일의 관계

일반적으로 일이라 하면 '직업'이나 '업무'를 의미하는 경우가 대부분입니다. 하지만 과학에서도 '**일**'이라는 용어가 있는데, 이때는 **직업과는 전혀 다른 의미**입니다. 이번에는 중학교 과학시간에 배우는 '일'에 대해 설명해보겠습니다.

과학에서는 '물체에 힘을 가해, 그 힘의 방향으로 물체를 움직였을 때' 힘은 물체에 대해 '일을 했다'라고 표현합니다. 일의 크기는 '**힘의 크기(N)×힘의 방향으로 움직인 거리(m)**'로 구할 수 있습니다. 일의 단위는 J(줄)입니다. 구체적인 예를 들어 생각해보겠습니다.

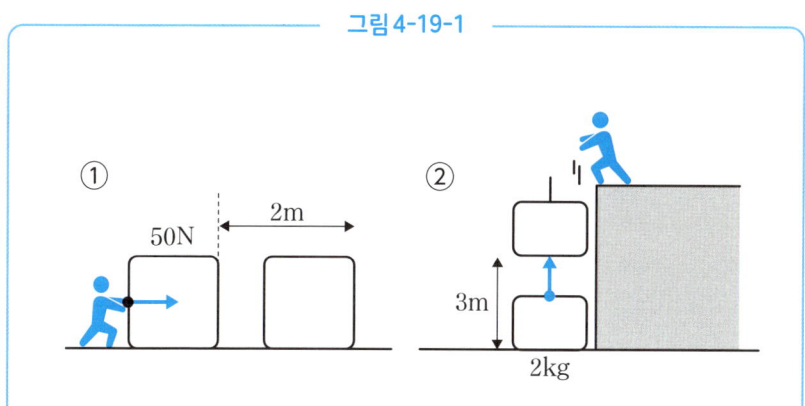

그림 4-19-1

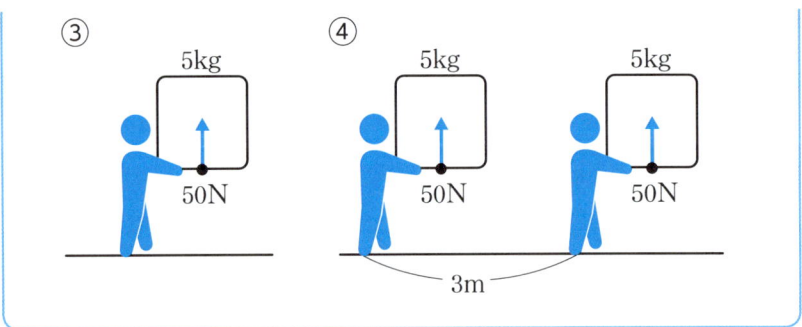

그림4-19-1의 ①을 봐주세요. 50N의 힘으로 물체를 힘의 방향으로 2m 움직였습니다. 이 경우 일은 50×2이므로 100J이 됩니다.

②를 봐주세요. 질량 2kg의 물체를 3m 들어 올릴 때의 일을 생각해봅시다. **질량 2kg의 물체에는 20N의 중력**이 걸립니다(중학교 과학에서는 100g의 물체에 걸리는 중력이 1N이라고 했죠). 즉, 중력에 반발해 이 물체를 들어 올리는 데 필요한 힘은 20N이 됩니다. 들어 올리는 거리는 3m이니 일은 20×3, 즉 60J이 됩니다.

③은 5kg의 물체를 떠받친 채 정지해 있습니다. 이 경우 물체를 떠받치는 데에는 50N의 힘이 필요합니다. 하지만 물체는 떠받쳐져 있을 뿐이므로 **움직이지 않습니다.** 즉, 움직인 거리는 0m이므로 이때의 일은 50×0으로 0J이 됩니다.

우리가 느끼기에는 떠받치고만 있어도 지쳐버릴 것 같지만 **과학에서 말하는 일로서는 0**이 되고 만답니다.

④는 물체를 떠받친 채 3m 움직였습니다. 이때 일의 크기는 어느 정도가 될까요. 결론적으로 말하자면 일은 0J이 됩니다. 어째서 물체를 떠받치며 움직였는데 일이 0J일까요.

포인트는 일이란 물체의 크기×**힘의 방향**으로 움직인 거리에 따라 구해진다는 사실입니다. 핵심은 '힘의 방향으로 움직인 거리'라는 대목으로, ④의 경우 사람은 물체를 떠받치기 위해 위쪽 방향으로 힘을 가하고 있습니다. 하지만 걷는 방향은 수평 방향이므로 **물체는 힘의 방향으로 움직이고 있지 않은** 셈입니다. 따라서 일은 50×0이므로 0J이 되는 것입니다.

이것이 과학에서 말하는 일입니다. 이어서 '**일의 원리**'에 대해 알아보겠습니다. 세상에는 (과학에서 말하는) 일을 편하게 하기 위한 도구가 무척이나 많습니다. 대표적인 도구로는 '지레'가 있죠.

그림4-19-2를 봐주세요. 지레를 이용해 4kg의 물체를 0.5m 들어 올리려 하고 있습니다.

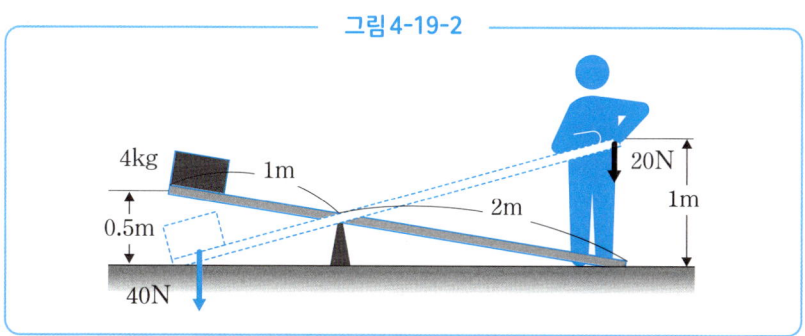

그림 4-19-2

이 일을 지레를 사용하지 않고 수행했을 경우, 일의 크기는 40×0.5이므로 20J이 됩니다. 하지만 지레를 사용하면 들어 올리는 데 필요한 힘을 줄일 수 있습니다.

그림과 같은 지레를 사용했을 경우, 물체를 들어 올리는 데 필요한 힘은 절반으로 줄어듭니다. 즉, 20N의 힘으로 물체를 들어 올릴 수 있게 되는 셈이죠.

하지만 필요한 힘이 절반으로 줄어들었으니 일의 크기도 절반이 되었는가 하면 그렇지 않습니다. 다시 한번 그림을 살펴봅시다. 물체를 0.5m 움직이는 데 팔은 2배의 거리인 1m를 움직이고 있죠. 즉, 지레를 사용했을 경우 일은 20×1이므로 20J로, **지레를 사용하지 않은 경우와 비교해 일의 총량은 변하지 않는다**는 뜻입니다.

이처럼 도구를 사용해서 필요한 힘을 줄였다 하더라도 움직여야 하는 거리가 늘어나므로 일의 총량은 변하지 않습니다. 이것을 '일의 원리'라고 합니다.

하지만 일의 총량은 변하지 않더라도 필요한 힘이 줄어든다면 우리로서는 편하게 일을 할 수 있는 경우가 많으므로 다양한 도구의 유용함을 의심할 여지는 없습니다.

지레 이외의 친숙한 예로는 펜치를 꼽을 수 있습니다. 펜치는 손을 크게 움직여서 끝부분에 강한 힘을 가하게 해줍니다(그림4-19-3).

사람은 다양한 도구를 활용해서 가하는 힘을 변화시키고자 노력해왔습니다. 하지만 그 이면에는 일의 원리가 버젓이 존재하고 있음을 이해하도록 합시다.

그림 4-19-3

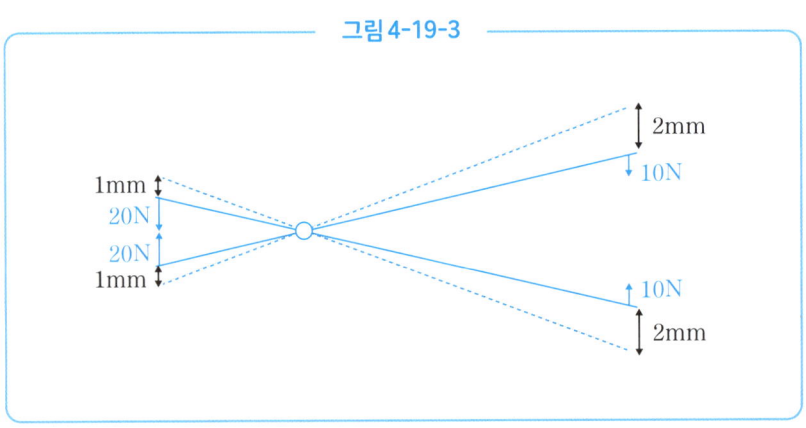

역학적 에너지 보존의 법칙이란?

―― 운동 에너지와 위치 에너지

이번에는 물체의 **운동과 에너지의 관계**에 대해 설명해보겠습니다. 과학에서 말하는 **에너지**란 '일을 하는 능력'을 말합니다. 일을 하는 능력이 있는 물체를 두고 우리는 '에너지를 갖고 있다'라고 말합니다. 이번에는 대표적인 에너지인 운동 에너지, 위치 에너지, 그리고 역학적 에너지에 대해 설명하겠습니다.

우선 **운동 에너지**부터 알아보겠습니다. 운동 에너지란 '운동하는 물체가 지닌 에너지'를 말합니다. 운동하는 물체는 일을 하는 능력이 있다는 뜻이겠네요.

예시로 운동하는 공이 물체에 부딪히는 상황을 생각해봅시다. 운동하는 공이 물체에 부딪히면 물체는 이동하게 됩니다. 이것은 공이 물체에 일을 한 것으로 볼 수 있습니다. 즉, 공은 에너지를 갖고 있는 셈이죠. 이때의 에너지를 운동 에너지라고 합니다.

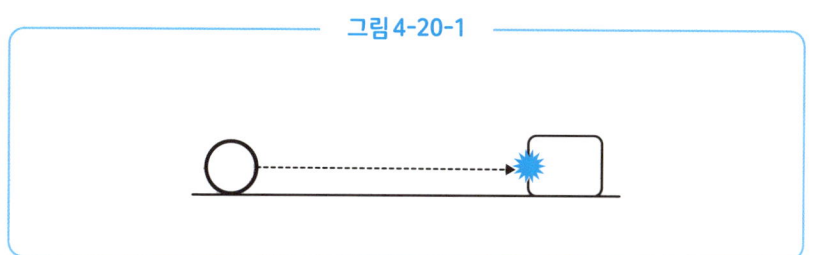

그림 4-20-1

운동 에너지의 크기는 **물체의 질량과 속도에 따라 정해집니다.** 그림4-20-2를 봐주세요. 같은 속도라도 질량이 클수록 운동 에너지가 커집니다. 이건 쉽게 상상할 수 있는 내용이죠.

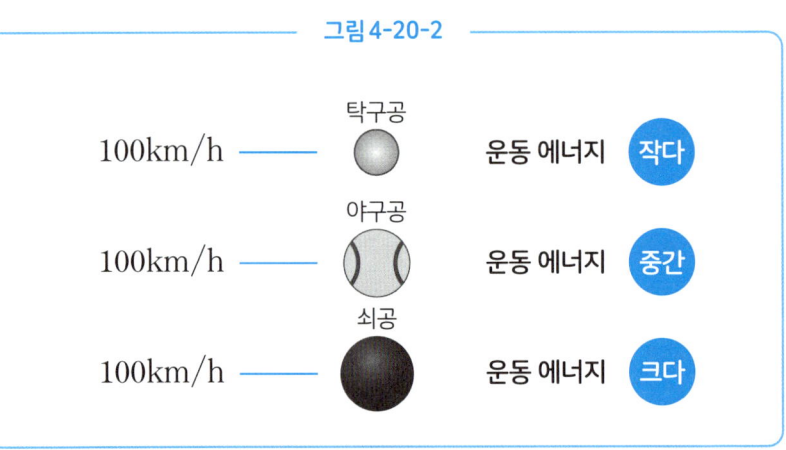

그림 4-20-2

물체가 운동하는 속도에 대해서도 마찬가지입니다. 같은 질량이라 하더라도 물체가 운동하는 속도가 빠를수록 운동 에너지는 커집니다.

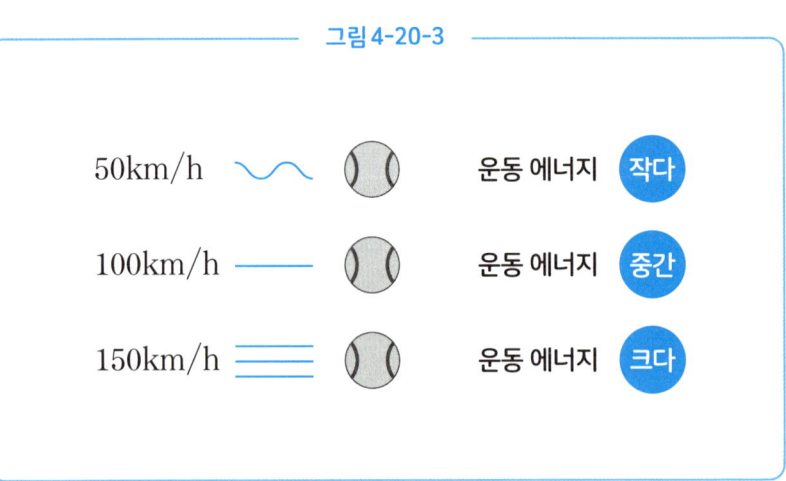

그림 4-20-3

이것이 운동 에너지입니다. 참고로 운동 에너지의 크기는 질량의 크기에 비례하며, 속도의 제곱에 비례합니다. 속도가 2배, 3배로 늘어나면 운동 에너지는 4배, 9배로 늘어난다는 뜻이죠. 이 사실을 통해 자동차를 운전할 때, 속도가 빠르다는 것은 매우 위험하다는 사실을 알 수 있습니다.

이어서 **위치 에너지**에 대해 알아보겠습니다. 위치 에너지란 '높은 위치에 있는 물체가 지닌 에너지'를 말합니다. 물체는 **높은 위치에 있기만 하더라도 에너지를 갖는다는** 뜻입니다.

그 예시로 그림4-20-4처럼 높은 위치에 매달린 물체의 끈을 끊는 상황을 생각해보겠습니다. 끈을 끊으면 물체는 낙하하고 말뚝이 박히게 됩니다.

즉, 물체는 높은 위치에 있기만 해도 일을 할 능력을 갖는다고 볼 수 있습니다. 이 에너지를 위치 에너지라고 합니다.

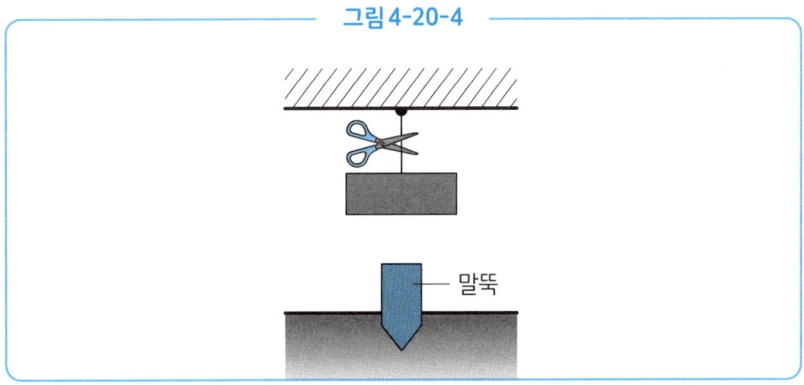

그림 4-20-4

위치 에너지의 크기는 **물체의 질량과 높이에 따라 정해집니다.** 그림4-20-5처럼 같은 높이라도 물체의 질량이 클수록 위치 에너지는 커지게 됩니다.

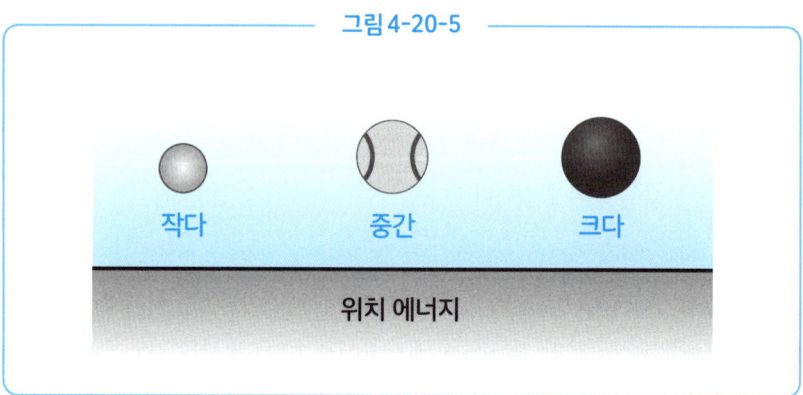

또한 그림4-20-6과 같이 같은 질량이라도 물체의 위치가 높을수록 위치 에너지는 커집니다.

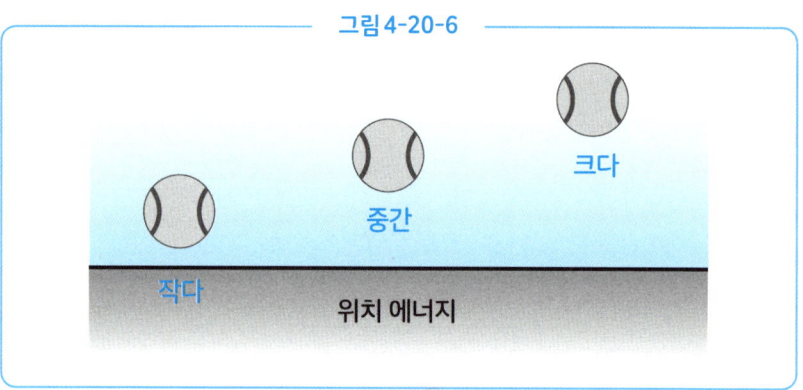

위치 에너지의 크기는 물체의 질량과 높이에 비례합니다.

마지막으로 **역학적 에너지**에 대해 설명하겠습니다. 위치 에너지와 운동 에너지의 합(더한 것)을 역학적 에너지라고 합니다.

마찰이나 공기 저항을 무시하고 생각했을 때, 역학적 에너지는 언제나 일정하게 유지됩니다. 이것을 **역학적 에너지 보존의 법칙**이라고 합니다. 글만 봐서는 이해하기 어려우므로 예를 들면서 설명하겠습니다.

그림4-20-7을 봐주세요. 공이 마찰, 공기 저항을 무시한 채 경사면을 내려오는 운동입니다. A 지점의 위치 에너지를 100이라 하겠습니다. 이 지점에서는 아직 물체는 움직이고 있지 않으므로 운동 에너지는 0입니다. A 지점의 역학적 에너지는 100+0이므로 100이 됩니다(수치는 가상의 수치입니다).

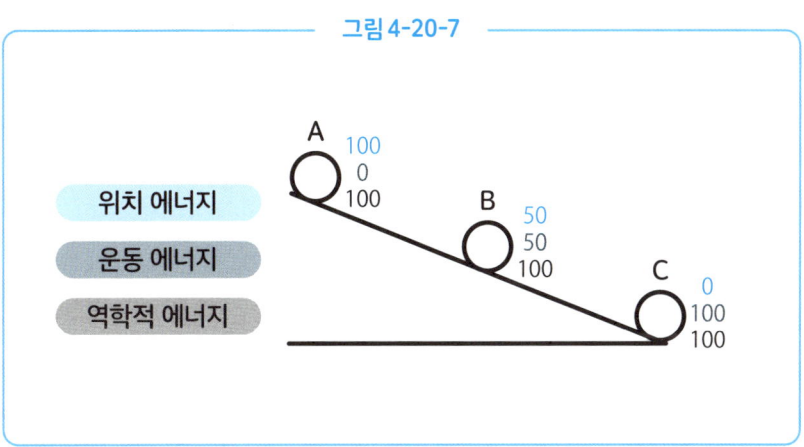

그림 4-20-7

B 지점을 봐주세요. 공이 낮은 위치로 내려왔기 때문에 위치 에너지는 감소합니다. 한편, 공의 속도는 빨라졌기 때문에 운동 에너지는 상승합니다. 각각의 에너지는 모두 50이 되었습니다. 여기서 포인트는 두 에너지의 합인 **역학적 에너지는 100으로, A 지점과 달라지지 않았다**는 사실입니다.

공이 C지점까지 내려오면 위치 에너지는 0이 됩니다. 하지만 속도는 한층 빨라졌기 때문에 운동 에너지는 100이 됩니다. 이때 역학적 에너지는 0+100이므로 100이 됩니다.

이처럼 마찰이나 공기 저항을 무시할 경우, 역학적 에너지는 일정하게 유지됩니다. 이것이 역학적 에너지 보존의 법칙입니다.

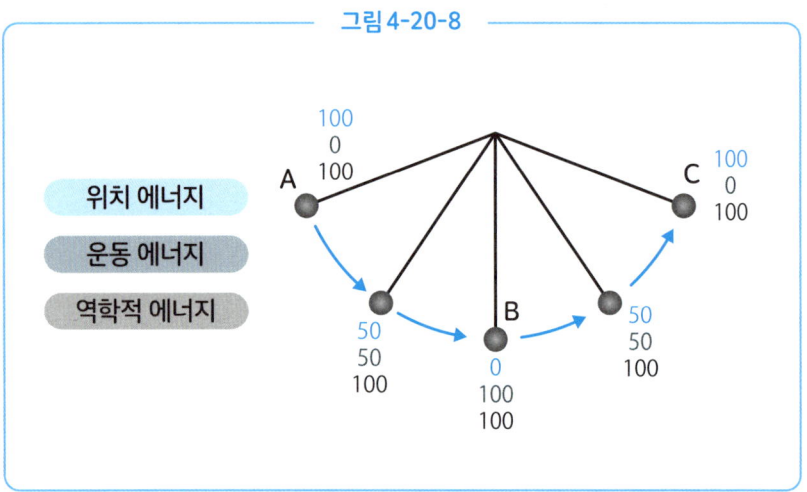

그림 4-20-8

역학적 에너지 보존의 법칙은 그림4-20-8과 같이 진자를 통해서도 확인할 수 있습니다. 주의할 점은 역학적 에너지는 어디까지나 마찰이나 공기 저항을 무시할 수 있는 상황에서만 보존된다는 사실입니다.

실제 지구상에서는 마찰이나 공기 저항이 발생하기 때문에 역학적 에너지는 보존되지 않아 점차 속도가 떨어져 정지하고 맙니다. 이 경우 에너지는 소리 에너지나 열 에너지로 변해버립니다.

다음에는 운동 에너지, 위치 에너지 이외의 에너지에 대해서도 설명하겠습니다. 에너지에 대한 이해가 한층 깊어질 것입니다.

에너지의 변환과 보존

3 학년

―― 다양한 에너지

앞서 운동 에너지, 위치 에너지, 그리고 두 에너지의 합인 역학적 에너지에 대해 설명했습니다. 하지만 에너지에는 이외에도 다양한 종류가 있습니다. 이번에는 다양한 에너지에 대해 설명해보겠습니다. 우선 열 에너지부터 살펴볼까요.

열 에너지란 열이 지닌 에너지를 말합니다. 열 에너지를 적절하게 활용한 발명품으로 증기기관차를 꼽을 수 있습니다. 증기기관차는 열을 이용해 수증기를 발생시켜서 그 압력을 이용해 달립니다. 그 외에도 물체가 이동할 때 마찰이 일어나면 열 에너지가 발생합니다.

한편, 소리가 지닌 에너지를 **소리 에너지**라고 합니다. 불꽃놀이나 북 등을 통해 큰 소리가 발생하면 몸에서 진동이 느껴지는 경우가 있죠. 소리 또한 에너지를 갖고 있기 때문입니다. 또한 물체가 운동할 때 소리가 나는 경우가 있는데, 이는 운동 에너지가 소리 에너지로 변환된 결과입니다.

빛이 지닌 에너지는 **빛 에너지**라고 합니다. 태양광 자동차나 태양광 발전 등이 빛 에너지를 활용하는 대표적인 사례입니다. 그 외에도 식물은 빛 에너지를 이용해 물과 이산화탄소에서 전분을 만들어내는 광합성을 합니다.

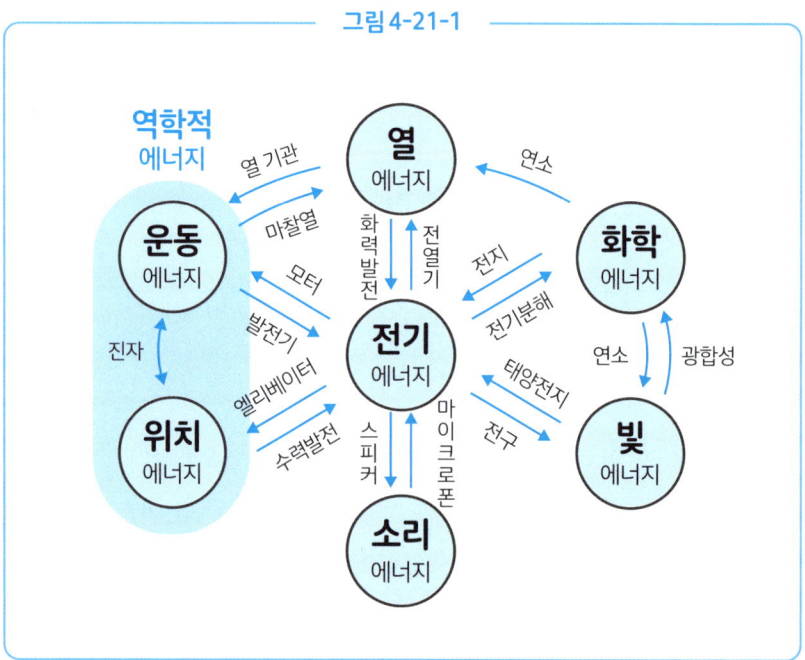

그림 4-21-1

화학 에너지는 조금 상상하기가 어려울지도 모르겠네요. 화학 에너지란 화학 변화를 통해 얻을 수 있는 에너지를 말합니다. 화학 에너지를 많이 가진 대표적인 물질로 석유나 석탄 등을 꼽을 수 있습니다. 이러한 물질들은 잘 활용한다면 자동차를 움직이거나, 방을 따뜻하게 데우는 등 매우 강력한 에너지를 얻을 수 있습니다. 화석연료는 매우 많은 화학 에너지를 지닌 물질인 셈입니다.

마지막으로 **전기 에너지**가 있습니다. 이것은 문자 그대로 전기가 지닌 에너지를 말합니다. 그림4-21-1에서 중심에 자리하고 있다는 사실에서도 알 수 있듯이 전기 에너지는 다른 에너지로 변환하기 쉽기 때문에 매우 다루기 편한 에너지입니다. 그렇기 때문에 일상생활에서 가장 자주 이용되는 에너지라고도 할 수 있습니다.

여기서 소개한 에너지 외에도 수많은 종류의 에너지가 있습니다. 인간은 다양한 에너지를 능숙하게 활용하면서 살아가고 있습니다.

앞 단원에서 역학적 에너지 보존의 법칙에 대해 배웠습니다. 이것은 마찰이나 공기 저항을 무시했을 때, 역학적 에너지가 일정하게 보존된다는 법칙이었죠.

이번에는 '에너지 보존의 법칙'에 대해 설명하겠습니다. 이 법칙이 역학적 에너지 보존의 법칙과 다른 점은 **마찰이나 공기 저항을 무시하지 않는 경우에도 적용할 수 있다**는 점입니다.

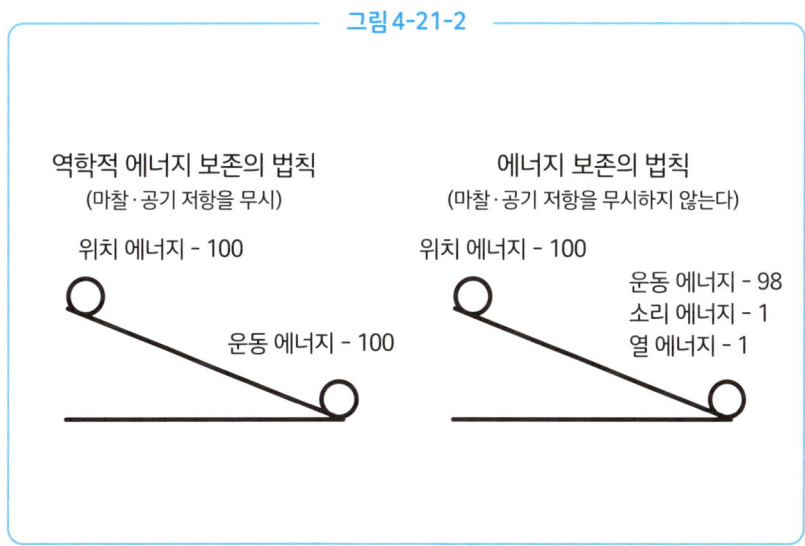

그림 4-21-2

그림4-21-2를 봐주세요. 실제 세계에서는 그림의 오른쪽과 같이 마찰이나 공기 저항이 존재하기 때문에 역학적 에너지는 보존되지 않습니다. 위치 에너지가 운동 에너지로 변할 때, 그 일부가 소리 에너지나 열 에너지로 변해버리기 때문입니다. 그림 4-21-2를 보면 역학적 에너지는 100에서 98로 감소해버리고 말았죠(이 수치는 어디까지나 가상의 수치입니다).

하지만 소리나 열 에너지를 합친 에너지 전체로 보자면 수치는 100 그대로 보존되어 있습니다. 이것을 에너지 보존의 법칙이라고 합니다. 에너지는 다양한 형태로 변하지만 그 총량은 변하지 않는다는 뜻이죠.

그럼 우리가 이용하는 에너지의 근본은 어디에서 오늘 것일까요. 이는 태양에서 비롯된 에너지와 큰 관련이 있습니다. 태양에서 내리쬐는 빛이나 열은 물론 바람이나 비, 석유나 석탄 등의 연료 역시 근본으로 거슬러 올라가면 태양에서 비롯된 에너지와 관련이 있습니다. 태양은 우리가 사는 지구에 존재하는 다양한 에너지의 원천이라 해도 과언이 아닙니다.

마지막으로 에너지의 변환에 대해 알아보겠습니다(그림4-21-3). 본래의 에너지에서 목적한 에너지로 변환된 비율을 **변환 효율**이라고 합니다.

예를 들어, 전기 에너지를 빛 에너지로 변환하는 경우를 생각해봅시다. 100J의 전기 에너지를 빛으로 바꿀 경우, 그 모두를 빛 에너지로 바꿀 수 있다면 이상적이겠죠.

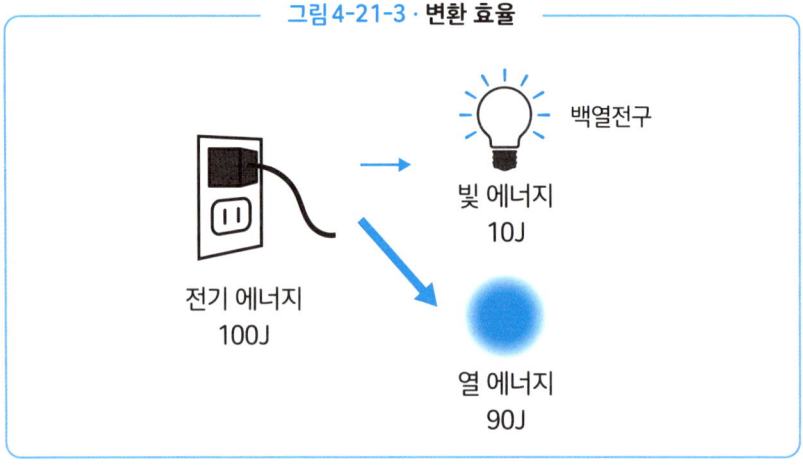

그림 4-21-3 · 변환 효율

하지만 실제로는 에너지에 유출분이 생겨나고 맙니다. 예를 들어, 백열전구의 경우 100J의 전기 에너지는 겨우 빛 에너지로 10J 정도가 변환됩니다. 나머지는 열 에너지 등 본래 목적이었던 에너지 이외의 다른 에너지로 바뀌어버리는 것이죠. 이 경우 변환 효율은 10%가 됩니다.

한편 LED 전구는 변환 효율을 30~50% 정도까지 높일 수 있습니다. 최신 LED 전구조차 변환 효율은 50% 정도이니 본래 목적이었던 에너지로 변환하기가 얼마나 어려운 일인지 아시겠죠.

참고로 생물인 반딧불은 몸 안에서 일어나는 화학 변화를 이용해 빛을 내는데, 그 변환 효율은 약 90%나 된다고 합니다. 생물의 신체 구조는 정말로 놀랍기만 하네요.